Extreme Lebensräume: Wie Mikroben unseren Planeten erobern

Skander Elleuche

Extreme Lebensräume: Wie Mikroben unseren Planeten erobern

Skander Elleuche
Hamburg, Deutschland

ISBN 978-3-662-56014-3   ISBN 978-3-662-56015-0   (eBook)
https://doi.org/10.1007/978-3-662-56015-0

Die Deutsche Nationalbibliothek verzeichnet diese Publikation in der Deutschen Nationalbibliografie; detaillierte bibliografische Daten sind im Internet über http://dnb.d-nb.de abrufbar.

Illustrationen: Claudia Styrsky, München
Verantwortlich im Verlag: Stefanie Wolf
Einbandabbildung: Skander Elleuche

Gedruckt auf säurefreiem und chlorfrei gebleichtem Papier

Springer ist ein Imprint der eingetragenen Gesellschaft Springer-Verlag GmbH, DE und ist ein Teil von Springer Nature
Die Anschrift der Gesellschaft ist: Heidelberger Platz 3, 14197 Berlin, Germany

Für meine Ehefrau

Vorwort

„Bazillen, überall sind Bazillen!"
Diesen oder einen vergleichbaren Satz hat wahrscheinlich schon jeder einmal gehört oder gelesen. Vielleicht in der Schule, während des Studiums oder in der Zeitung. Beginnen wir direkt mit einer kurzen Erläuterung: Alle Bazillen sind zwar Mikroben, aber nur verhältnismäßig wenige Mikroben gehören tatsächlich zur Gattung *Bacillus.* Ein Ausruf wie die Überschrift soll andeuten, dass Mikroben auf unserem Planeten allgegenwärtig sind. Sie sind nur so klein, dass sie für unser Auge unsichtbar bleiben. Sie bevölkern eine unsichtbare Welt in unserer Welt. Wir finden sie überall: in der Luft, im Wasser, im Boden, sogar in uns selbst. Jeder von uns hat mehr Mikrobenzellen im Körper als eigene Körperzellen. Unsere Körpertemperatur schafft mit 37 °C auch eine angenehme Atmosphäre. Warum sollten sich unsere Mitbewohner also nicht

besonders wohlfühlen? Nebenbei bemerkt fühlen auch wir uns mit einigen von ihnen ganz wohl und sind sogar auf das Zusammenleben angewiesen.

Wenn wir genau nachschauen, dann finden wir Mikroben sogar an Orten, wo wir sie niemals vermuten würden. Sie leben in den giftigsten Abwässern, in radioaktiv verseuchten Gegenden, im salzigen Wasser des gar nicht so toten Toten Meeres und unter kilometerdickem Gletschereis. Selbst von der Internationalen Raumstation ISS wurde eine Mikrobe isoliert, die bisher nicht auf der Erde gefunden wurde. Sie ist zwar vermutlich kein Außerirdischer, aber sie toleriert sehr hohe Dosen an Strahlung und kann deshalb im Weltraum überleben. Und auch der erste lebende Einzeller auf unserem Planeten hat sich wahrscheinlich vor fast vier Milliarden Jahren im brodelnden Urmeer ohne Sauerstoff besonders wohlgefühlt.

In diesem Buch werden wir gemeinsam eine Reise zu so manchem extremen Mikroorganismus unternehmen, den es auf unserem Planeten gibt. Wir werden uns anschauen, was die talentiertesten Wissenschaftlerinnen und Wissenschaftler[1] unternehmen mussten, um diesen winzigen Überlebenskünstlern auf die Spur zu kommen, und wie es den Mikroben gelang, sich an ihre spezifischen Habitate anzupassen oder auf sich verändernde Umweltbedingungen zu reagieren. Durch den globalen Eingriff des Menschen in die Natur werden nicht nur die Lebensräume von Tieren und Pflanzen beeinträchtigt oder gar vollständig zerstört. Auch Mikroorganismen

---

[1]Im Folgenden werde ich den Begriff Wissenschaftler stellvertretend für alle schlauen Köpfe verwenden und auch auf jede weitere geschlechtliche Dopplung verzichten.

verlieren durch die Rodung des Regenwaldes, die Urbanisierung ländlicher Gegenden, durch den Einsatz von Atomwaffen oder den Klimawandel ihren Lebensraum.

Auf unserer Reise werden wir Einzeller kennenlernen, die so gut angepasst sind, dass sie fast alles können. Sie zerfressen das Wrack der Titanic oder ernähren sich vom ausgetretenen Öl nach Ölkatastrophen. Manche von ihnen konsumieren Plastikverbindungen und könnten beim Abbau von Plastikverschmutzungen von großem Nutzen sein. Auch der Mensch hat sich die besonderen Fähigkeiten dieser Mikroben zunutze gemacht. Der Siegeszug der sogenannten Polymerasekettenreaktion, vielleicht der wichtigsten molekularbiologischen Methode überhaupt, wäre ohne die Entdeckung von Bakterien, die im brodelnden Wasser von heißen Quellen leben, nicht möglich gewesen. Unsere Wäsche wird durch den Einsatz von Enzymen aus kälteliebenden Mikroben bereits bei niedrigen Temperaturen sauber. Und auch die israelische Nobelpreisträgerin Ada Yonath machte einige ihrer bahnbrechenden Entdeckungen mithilfe einer salzliebenden Mikrobe aus dem Toten Meer.

Dennoch haben die meisten Menschen noch nichts von den Mikroben, die das Extreme lieben, den sogenannten Extremophilen, gehört. Für die Neulinge auf dem Gebiet möchte dieses Buch einen Überblick geben, während die kundigen (Mikro-)Biologen hoffentlich ebenfalls noch die ein oder andere interessante Neuigkeit oder Anekdote entdecken werden.

Hamburg   Skander Elleuche
September 2017

Inhaltsverzeichnis

1 Tiere suchen ein Zuhause   1
Von den kältesten Polarmeeren bis zur
heißesten Wüste   2
Bizarre Ungeheuer der Tiefsee   10
Ein tapsiger und widerstandsfähiger Sonderling   11
Wer ist der Methusalem unter den Lebewesen?   16
Die unsichtbaren Bewohner der extremsten
Lebensräume   21

**2 Klein und extrem – Extremophile
Mikroorganismen**   29
Die menschliche Komfortzone   30
Die Kleinsten sind die Extremsten   34
Wo sind ökologischen Nischen, die eigentlich
keine Besiedelung möglich machen sollten?   36
Erst ab 45 °C wird es richtig angenehm   39

„Brr, bei euch ist es ja richtig kalt"   41
Unter extremem Druck stehende Bakterien   44
Vom Leben in der Säure und in der Lauge   45
Versalzen? Nicht für Halophile!   47
Vergiftete, verstrahlte und hungernde
Extremophile   48
In und unter Gesteinen lebende Extremophile   50
Die (Fast-)Alleskönner unter den
Extremophilen   52
Welche Extremophilen suchen wir bisher
vergeblich?   54

3   **Pioniere der Extremophilenforschung**   57
Tauchgänge zu den druckliebenden Bakterien   59
Die Entdeckung der Alkaliphilen   64
Spektakuläre Entdeckungen im Yellowstone
Nationalpark   69
Die Jagd nach den Hyperthermophilen   72

4   **Temperaturen unter Null sind doch
nicht so kalt**   79
Zur ersten Orientierung   80
Typische Vertreter von kälteliebenden
Mikroben   83
Nördlich von uns   87
Antarktische Oasen   91
Leben unter dem Eis   96
Mehrere Hundert Seen unter den Gletschern
der Antarktis   101
Welche genetische und physiologische
Ausstattung erleichtert das Leben im Eis?   104

5   Unter Druck gesetzt   109
Ein gigantischer Lebensraum im Dunkeln   110
Der tiefste Punkt der Ozeane   113
Im Tiefseesediment   118
Die genetische Ausstattung von
Tiefseebakterien   124

**6   Hitzeliebende Mikroben in Wüsten,
Schlammtöpfen und kochendem Wasser**   127
Trockene und heiße Lebensräume   128
Rauchende Schornsteine auf dem Grund der
Tiefsee und heiße Quellen   131
Die Azoren – Ein Dorado für den
passionierten Extremophilenjäger   138
Island – Ein vom Vulkanismus geprägtes
Paradies für Thermophile   142
Heiß, Heißer, Hyperthermophile   146
Genetische Ausstattung von hitzeliebenden
Mikroben   150

7   Überleben in gesättigten Salzlösungen   153
Salzige Lebensräume   154
Das Tote Meer und andere salzige
Lebensräume   162
Im Salzwerk sind sie zu Hause   165
Die osmotische Balance aufrechterhalten   167
Artgerechte Pflege von Halophilen   172

8   Überleben in Säure und Lauge   175
Sauer bis basisch   176
Leben in Lauge   178

Im Natronsee ist es ungemütlich 180
Leben in Säure 185
Wie schützen sich säureliebende
Mikroben vor ihrer sauren Umgebung? 190

9 Katastrophale Lebensräume 195
Durch Öl angetriebene Mikroben 197
Biologische Sanierung durch
Mikroorganismen 203
Im Schlaraffenland der Radiotoleranten 209

10 Industrielle Biokatalyse mit Extremozymen 215
Was sind Biokatalysatoren? 216
Extremozyme sind die Enzyme der
Extremophilen 219
Der ewige Klassiker –
Polymerasekettenreaktion 226
Kalt waschen, um Energie zu sparen 228
Zuckersüße Thermozyme in der
Lebensmittelindustrie 230
Kann ich mit Stroh mein Auto tanken? 235

**11 Von vermeintlich Außerirdischen bis zum
schnellsten Bakterium der Welt** 243
Sind wir allein im Universum? 244
Voraussetzungen für außeririsches Leben 246
Sind Extremophile vielleicht selbst
Außerirdische? 248
Das Arsenbakterium der NASA 252
Mikroorganismen aus dem Weltall 255

12 Tummelten sich extremophile Mikroorganismen schon in der Ursuppe?   261
Fragen zur Entstehung des Lebens   262
LUCA – der ursprünglichste Extremophile   265
Das Leben nach LUCA   269

Anhang   273

Glossar   277

Literatur   285

Sachverzeichnis   305

Tiere suchen ein Zuhause

Außergewöhnliche Orte auf unserer Erde zeichnen sich durch eindrucksvolle Bewohner und ihre cleveren Anpassungsstrategien an einzigartige Lebensbedingungen aus. Durch seine behaarten Sohlen fühlt sich der Wüstenwuchs selbst auf dem heißen Boden der Wüste sehr wohl. Ebenso kennt wahrscheinlich jeder die Bilder des verschlafenen

© Springer-Verlag GmbH Deutschland 2018
S. Elleuche, *Extreme Lebensräume: Wie Mikroben unseren Planeten erobern,* https://doi.org/10.1007/978-3-662-56015-0_1

Eisbären, der sich nach überstandenem Winterschlaf aus seiner Höhle gräbt, um den arktischen Frühling zu begrüßen. Obwohl derartige Leistungen bereits äußerst beeindruckend sind, versetzt uns der Lebenswandel manch anderer Tiere in noch größeres Erstaunen. So haben selbst einige Fische ihre ökologische Nische in der heißen Wüste gefunden. Ein kleiner Frosch friert im Winter in Alaska fast vollständig ein, bevor er im Sommer wieder aus seiner Starre erwacht. Andere Lebensräume, auch Habitate genannt, sind aber so extrem, dass wir lange davon ausgehen mussten, dass dort gar kein Lebewesen zurechtkommen kann; beispielsweise trockene Eiswüsten, Tümpel mit kochendem Wasser, Salzseen oder giftige Abwässer. Aber auch hier finden wir lebende Zellen, denn dies ist das Reich der Mikroorganismen. Auf unserer Reise werden wir sehen, dass es unter diesen winzigen Lebenskünstlern Exemplare gibt, die selbst in den heißesten Wüsten noch frieren oder solche, die sogar durch Sauerstoff getötet werden. Auch das enorme Alter von Tiefseeschwämmen oder einer einsamen schwedischen Fichte wird von ihnen nur belächelt, da sie im ewigen Eis oder in kleinsten Salzkristallen Jahrtausende überdauern, bis sie durch veränderte klimatische Bedingungen wieder zum Leben erwachen.

Von den kältesten Polarmeeren bis zur heißesten Wüste

In der Sonne am Strand liegen, ab und zu zur Abkühlung in die blauen Fluten springen, bei schönem Wetter im Biergarten oder wenn der Wind draußen pfeift mit einer

Tasse Tee vor dem Kamin sitzen: So stellen sich die meisten von uns wahrscheinlich einen angenehmen, entspannten und lebenswerten Tag vor. Manche suchen vielleicht auch einen Adrenalinkick beim Klettern oder Fallschirmspringen oder sie joggen locker durch den Stadtpark. Die Umwelt unseres Planeten bietet jedoch viel mehr als moderate bis tropische Temperaturen oder das kühle Nass im Meer und kann uns Menschen dazu bringen, extremen Bedingungen trotzen zu müssen. Der eine oder andere von uns verfolgt beispielsweise das Ziel, die Polregionen bei Temperaturen weit unter dem Gefrierpunkt zu erwandern oder einen Ultramarathon in der glühenden Hitze der Wüste zu absolvieren. Für derartige Unternehmungen brauchen wir allerdings eine optimale Vorbereitung, jahrelanges Training, passende Kleidung zum Schutz vor Kälte oder starker Sonnenbelastung und die perfekte Ausrüstung. Trotz alledem wären wir aber auch dann nur für kurze Momente in der Lage, uns den extremsten Witterungen entgegenzustellen. Anschließend muss sich unser Körper wieder erholen und oft lange Zeit regenerieren. Der Mensch hält außerdem dauerhaft seine Körpertemperatur bei angenehmen 37 °C aufrecht, was unsere Verbreitung auf der gesamten Erde nahezu unmöglich macht. Andauernde körperliche Strapazen erdulden darum die nomadischen Beduinen, welche die Wüsten der arabischen Halbinseln und Teile der Sahara bevölkern, oder die Inuit und Yupik, die das nördliche Polargebiet von Grönland und Kanada bis Sibirien besiedeln. Auch die Oasen der extrem trockenen Atacamawüste, die den Norden Chiles und den Süden Perus durchzieht, wurden schon vor einigen Tausend Jahren von Menschen bevölkert, deren

Herausforderung darin bestand, sich an die vorherrschenden Witterungsbedingungen anzupassen.

Im Gegensatz zum Menschen nutzen auch Tiere und Pflanzen individuelle Strategien, um sich in unnachgiebigen Lebensräumen auszubreiten. So bilden Seerobben in der Arktis und Seelöwen in der Antarktis immense Fettschichten aus, während der Eisbär ein enorm dichtes Fell trägt, um sich vor Erfrierung zu schützen. Wie Menschen müssen diese Säugetiere dabei ihre eigene Körpertemperatur unabhängig von der Umgebung konstant halten. Zur Erzeugung von Körperwärme müssen die Muskeln in Bewegung bleiben. Das kostet Energie, welche die Tiere sich selbst zuführen müssen. Eine andere Strategie verfolgen wechselwarme Amphibien und Reptilien in kalter Umgebung, die ihre Aktivität schnell einstellen und dadurch abkühlen. Schildkröten und Eidechsen etwa können in tropischen Breitengraden leicht dabei beobachtet werden, wie sie bereits die ersten Sonnenstrahlen nutzen, um nach einer kühlen Nacht Wärme zu tanken.

Eine weitere Anpassungsstrategie verfolgen Fische in den Polarmeeren. Der Eiskrokodilfisch bevorzugt ein Leben bei Temperaturen unter dem Gefrierpunkt. Dass sein Lebensraum dabei nicht gefriert, liegt am erhöhten Salzgehalt des Meerwassers (Kap. 4, Abschn. „Zur ersten Orientierung"). Diese Eisfische sind in der Antarktis weit verbreitet, wo die Wassertemperatur normalerweise 2 °C nicht überschreitet. Sie wurden erstmals vor mehr als 150 Jahren beschrieben und werden in manchen Ländern schon lange als Speisefische geschätzt. Der Berliner Autor Wladimir Kaminer setzte dem Eiskrokodilfisch in seinem Buch „Meine russischen Nachbarn" ein unterhaltsames und satirisches Denkmal (Kaminer 2009). Er erzählte, dass dieser Leckerbissen in der ehemaligen Sowjetunion als Grundnahrungsmittel angesehen wurde. Tatsächlich standen verschiedene Arten von Eisfischen in mehreren Ländern so lange Zeit auf dem Speiseplan, dass die Bestände zurückgegangen sind. Eine biologische Ausnahmestellung unter den Fischen nehmen die Eisfische ein, da sie keine roten Blutkörperchen aufweisen und deshalb als „Fische ohne Blut" bekannt sind (Kock 2006). Heute wissen wir, dass sie tatsächlich mehr Blut als andere Fische ihrer Größe besitzen. Allerdings fehlt ihnen der rote Blutfarbstoff **Hämoglobin,** sodass ihr Blut farblos ist. Da das eisenhaltige Hämoglobin im Blut aller Lebewesen vor allem für den Transport von Sauerstoff essenziell ist, mussten die Eisfische einen anderen Weg zum Überleben finden. Glücklicherweise benötigen sie in ihrem kalten Lebensraum für die Aufrechterhaltung des Stoffwechsels weniger als 20 % der Sauerstoffmenge, die gleichgroße Fische in tropischen Lebensräumen brauchen. Um eine ausreichende Sauerstoffversorgung gewährleisten zu können, verfügen Eisfische ebenfalls über ein vergrößertes Herzvolumen. Der Sauerstoff wird bei ihnen direkt an das Blutplasma gebunden, welches sehr dünnflüssig ist und somit einen schnellen Transport ermöglicht.

An Land toleriert der Eisfrosch sogar noch niedrigere Temperaturen als der Eiskrokodilfisch im Polarmeer. Auch bekannt als nordamerikanischer Waldfrosch, überlebt der Eisfrosch selbst den kalten Winter in Kanadas und Alaskas Wäldern bei Temperaturen weit unter dem Gefrierpunkt. Dabei erfriert dieser Frosch im wahrsten Sinne des Wortes. Untersuchungen haben gezeigt, dass er seine

Körpertemperatur auf weniger als −15 °C abkühlt und dabei die Atmung, Herz- und Hirnfunktionen und den Blutfluss praktisch vollständig einstellt. Erstaunlich ist aber vor allem, dass der nordamerikanische Waldfrosch wieder auftaut, sobald er die warmen Sonnenstrahlen des Frühlings spürt – ohne bleibende Schäden. Mittlerweile konnte die Ursache für diese besondere Fähigkeit erklärt werden: Diese kleinen Frösche lagern ein besonderes Frostschutzmittel in die Zellen ein, damit sie nicht einfrieren und das Zellinnere flüssig bleibt, was zum Überleben notwendig ist. Lediglich die Zellzwischenräume frieren vollständig ein, was die einzelnen Zellen aber nicht schädigt. Die Eiskristalle schimmern übrigens in der Haut der Frösche und sind sichtbar. Interessanterweise ist das verwendete Frostschutzmittel ein einfacher Zucker, nämlich Glukose. Diese wird vermehrt gebildet, sobald die Temperatur sinkt. Bei moderaten Temperaturen hingegen bleibt der Zuckergehalt in den Zellen niedrig. Auf diese Weise können bis zu zwei Drittel des Frosches vollständig einfrieren.

Im Gegensatz zu dem kalten Wasser im Südpolarmeer und den eisigen Landschaften in Alaska und Kanada, bieten trockene und heiße Wüsten vor allem einen geeigneten Lebensraum für Reptilien und zahlreiche Käfer. Sie sind ebenfalls perfekt an ihre Umgebung angepasst. Wüstenschlangen zum Beispiel gleichen den temperaturbedingten Wasserverlust nahezu ausschließlich durch die Aufnahme von Beutetieren aus. Um die Wasserabgabe weitgehend minimieren zu können, haben sie außerdem nur sehr kleine Nasenlöcher und zischeln auch nicht wie Schlangen in feuchteren Gefilden mit ihren Zungen, um Feinde zu vertreiben. Wüstenschlangen schrecken ihre Feinde ab, indem sie mit dem Schwanz rasseln oder mit den Schuppen klappern.

Allerdings leben nicht nur Reptilien und Insekten in Wüsten. Selbst einige Lebewesen, die wir in einem solchen Lebensraum überhaupt nicht erwarten würden, können wir hier entdecken *(Kasten 1.1 – Ein Fisch in der Wüste).* Wegen seiner überdimensionierten Ohren ist der Wüstenfuchs (auch Fennek genannt) dagegen ein sehr auffälliger Bewohner, der besonders in der extrem trockenen Sahara im Norden Afrikas beheimatet ist. Die riesigen Ohren dienen vor allem dazu, Wärme an die Umgebung abzugeben und eine Überhitzung des Körpers zu verhindern. Dazu erweitern sich die Blutgefäße in den Ohren des Fuchses. Seinem schneeliebenden Verwandten, dem Polarfuchs, würden solche riesigen Ohren zwar sicherlich auch hervorragend zu Gesicht stehen, allerdings würden sie bei den eisigen Temperaturen in seinem Lebensraum auch sehr schnell erfrieren. Deshalb besitzt der Polarfuchs kleine Ohren. Besonders beeindruckend ist auch der Umstand, dass der Fennek seinen Energiehaushalt enorm gut regulieren kann. So atmet er normalerweise mit weniger als 30 Atemzügen pro Minute. Bei Stress und Anstrengung schafft er aber bis zu 700 Atemzüge, um seinen kleinen Körper schnell mit Sauerstoff zu versorgen. Im Ruhezustand atmet der Mensch je nach Alter etwa 12- bis 20-mal pro Minute. Durch die Ausscheidung von hochkonzentriertem Urin verhindert der Fennek außerdem eine übermäßige Abgabe von kostbarem Wasser in seinem trockenen und heißen Zuhause.

Kasten 1.1 – Ein Fisch in der Wüste

Der Teufelskärpfling ist ein etwa 3 cm kleiner, vom Aussterben bedrohter Fisch, den wir normalerweise in einem Fluss oder einem Teich vermuten würden. Der kleine Kerl bevorzugt allerdings heiße Umgebungen und hat sich deshalb in die Wüste im kalifornischen Death Valley aufgemacht. In einer kleinen Population von etwa hundert Exemplaren lebt der Teufelskärpfling in einer lebensfeindlichen Umgebung über einer Thermalquelle in einem Kalksteinbecken, das durch Felsen von der Oberfläche abgeschirmt ist. Passenderweise wird der Eingang zu dieser Thermalquelle als Teufelsloch (engl. *Devil's hole*) bezeichnet.

Aufgrund der kontinuierlichen Sonneneinstrahlung im Sommer bei angenehmen 30 bis 40 °C bildet sich ein dichter Algenrasen am Teufelsloch, der von den kleinen Fischen abgeweidet werden kann. Wenn im Winter die Tage jedoch kürzer und dunkler werden, geht der Algenbewuchs so stark zurück, dass der Teufelskärpfling hungern muss. Umso erstaunlicher ist es, dass sich die einzige Population dieser Art in diesem Lebensraum ansiedeln konnte und bis heute überlebt hat. Erst kürzlich fanden einige Wissenschaftler um den amerikanischen Evolutionsbiologen Christopher Martin heraus, dass der Zeitpunkt, an dem die Teufelskärpflinge das Teufelsloch eroberten, längst nicht so lange her ist, wie sie ursprünglich vermutet hatten (Martin et al. 2016). Dazu verglichen sie das **Genom** mit nahe verwandten Arten und konnten belegen, dass der Teufelskärpfling erst vor etwa 10.000 Jahren das Death Valley erreicht hat. Glücklicherweise fällt dieser Zeitraum auch mit einer Zeit zusammen, zu der große Teile des Tals zum letzten Mal vollständig überflutet waren, sodass die Besiedelung durchaus plausibel erscheint. Noch erstaunlicher werden diese Belege aber erst durch die Hypothese von Martin und seinen Kollegen, die besagt, dass der Fisch seinen jetzigen Lebensraum, das Teufelsloch, erst mehr als 9000 Jahre nach der Eroberung des Death Valley, also vielleicht erst im vergangenen Jahrhundert, erreichte. Da es keine Verbindung zwischen der Höhle und anderen Gewässern gibt, müssen kurzzeitige

Regenfälle und dadurch entstandene Rinnsale für den kleinen Wüstenfisch ausreichend gewesen sein, damit er seine Höhle beziehen konnte.

Doch es geht noch effektiver: Im Gegensatz zum Wüstenfuchs verzichtet die Kängururatte gänzlich auf das Trinken. Man könnte jetzt vermuten, dass sie somit auch kein Wasser ausscheiden kann, aber so einfach ist es nicht. Auch der Körper dieser winzigen Springmaus besteht zu einem Großteil aus Wasser, welches sie vor allem aus ihrer Nahrung bezieht. Erstaunlicherweise fressen Kängururatten aber ausschließlich Samen, die so trocken sind, dass sie durch die Lebensmittelfeuchte ihren Wasserbedarf unmöglich decken könnten. Diesen Widerspruch konnten Forscher mit einer spektakulären Erklärung auflösen: Indem der Körper des kleinen Nagers die nährstoffreichen Samen verbrennt, entsteht genug Wasser das der Maus zum Leben reicht. Dieses Wasser wird auch als Stoffwechselwasser bezeichnet, da es während des Stoffwechsels in den Zellen von allen Lebewesen entsteht. Jedoch sind nur sehr wenige trockenliebende Geschöpfe wie die Kängururatte in der Lage, mit diesem Wasser nahezu ihren kompletten Feuchtigkeitsbedarf zu decken. Um einen lebensfeindlichen Wasserverlust zu vermeiden, verbringt sie übrigens die meiste Zeit des Tages unter der Erde und geht erst während der Nacht in der kühlen Wüste auf die Jagd. Dabei macht die kleine Maus ihrem Namen alle Ehre und bewegt sich, für sie typisch, hüpfend auf den großen Hinterbeinen fort, was stark an die Miniaturausgabe eines Kängurus erinnert.

Bizarre Ungeheuer der Tiefsee

Abseits der Wüsten, Meere und Wälder bieten besonders die kalten Regionen in der nahezu unerforschten Tiefsee Lebensräume für die wundersamsten Tiere. Sie sind optimal an ihr jeweiliges **Habitat** angepasst, ohne dass ihre Körper durch den enorm hohen Druck der Tiefsee zerquetscht oder die lebenswichtigen Gase aus den Zellen herausgepresst werden. Der Mensch hingegen kann nur wenige hundert Meter tief tauchen, bevor der enorme Druck dem Körper schadet. Der Lebensraum der Tiefsee reicht bis mehr als 10.000 m hinunter. In dieser erdrückenden Umgebung sind einige der faszinierendsten Kreaturen zuhause. Hier finden wir etwa die Riesenkalmare und den „Vampirtintenfisch aus der Hölle" mit dem klangvollen Namen *Vampiroteuthis infernalis*. Einige der sicherlich bizarrsten Lebewesen sind beispielsweise die leuchtenden Angler- und Drachenfische. Auch die mehrere Kilogramm schweren Riesenasseln, die mit den bekannten kleineren Kellerasseln verwandt sind, fühlen sich in der kalten Finsternis sehr wohl. Ein wenig gruselig wird es, wenn wir den Gespensterfisch mit seinem transparenten Kopf und dunklen Körper betrachten. Seine Augen sind im durchsichtigen Kopf eingelassen und frei bewegbar, sodass er sowohl nach oben als auch geradeaus schauen kann, wodurch er stets den Überblick behält, den er in seinem dunklen Lebensraum dringend benötigt.

Sehr eigenartige Vertreter sind auch die Scheibenbäuche. Diese Fische wurden in Tiefen von mehr als 8000 m gefangen und halten seit einer Sichtung im

Marianengraben den Rekord der am tiefsten lebenden Fische. An der tiefsten Stelle aller Ozeane, im **Challengertief** innerhalb des Marianengrabens, sind zum Beispiel auch die Flohkrebse der Art *Hirondellea gigas* zuhause. Über diesen Lebensraum wissen wir bisher fast nichts und selbst auf dem Mond waren bereits viermal so viele Menschen wie am tiefsten Punkt der Ozeane. Der Marianengraben ist etwa 11.000 m tief und erstreckt sich über eine 2500 km lange Distanz im Pazifik zwischen Papua-Neuguinea und Japan nahe der mikronesischen Inseln (Kap. 5, Abschn. „Der tiefste Punkt der Ozeane"). Im Vergleich dazu beträgt die durchschnittliche Tiefe der Weltmeere nur etwa 4000 m. Die Flohkrebse aus der Tiefsee werden mit 5 cm mehr als doppelt so groß wie ihre Verwandten, die gemeinen Strandflöhe, welche praktisch alle Sandstrände Europas (Strände des Mittelmeers, des Atlantiks, der Nord- und Ostsee) bevölkern. Ihre Größe gibt allerdings zahlreiche Rätsel auf, da in den Tiefen der Ozeane meistens ein extremer Nahrungsmangel vorherrscht und diese kleinen Krebse trotzdem in großen Schwärmen auftreten.

Ein tapsiger und widerstandsfähiger Sonderling

Äußerst interessante Bewohner im Meer finden wir jedoch nicht nur in der Tiefsee. Eine der wundersamsten Tiergruppen ist in allen Meeren und selbst in feuchten Gegenden an Land zu Hause. Sie sind winzig klein, wirken etwas plump und haben einen eigenartigen Gang. Bärtierchen sind mikroskopisch kleine Lebewesen von etwa 1 mm Länge, die durch ihre Erscheinung entfernt an Bären erinnern. Mithilfe ihrer acht beinähnlichen Ausstülpungen bewegen sie sich langsam vorwärts. Allerdings laufen sie nur selten, da sie hauptsächlich passiv durch Strömungen oder Wind fortbewegt werden. Bärtierchen kommen praktisch überall vor, wo nasse oder wenigstens feuchte Lebensräume zu finden sind. Aufgrund ihrer Vorliebe für Gewässer werden sie auch als Wasserbären bezeichnet. Sie fühlen sich überall wohl und ernähren sich von allem, was sie finden. Dabei machen sie keinen Unterschied zwischen einem vegetarischen Speiseplan oder dem Fressen von Kleinstlebewesen. Auch bei der Fortpflanzung sind sie sehr speziell. Wenn kein männlicher Partner zugegen ist, können die Weibchen auch unbefruchtete Eier ablegen, denen sie eine Befruchtung vorgaukeln und die dann trotzdem mit der Zellteilung beginnen und zu Nachkommen heranwachsen. Da Bärtierchen bisher keinerlei medizinische, biotechnologische oder wirtschaftliche Relevanz besaßen, sind sie den meisten Menschen eher unbekannt. Unter wissenschaftlichen Gesichtspunkten sind sie aber enorm faszinierend.

Entdeckt wurden Bärtierchen bereits vor mehr als 200 Jahren. Seit einiger Zeit sind sie besonders in der Entwicklungsbiologie beliebte Forschungsobjekte. Ebenso wie bei Fadenwürmern, die als Modellorganismen in dieser Disziplin weit verbreitet sind, wird ihre Entwicklung durch einen genau festgelegten Plan definiert, der in einer exakten Anzahl von Zellen im erwachsenen Tier resultiert. Interessanterweise entwickelt sich ein Bärtierchen auch dann noch normal, wenn nach der ersten Zellteilung eine der beiden Tochterzellen abgetötet wird. Allerdings besteht der wachsende Embryo dann nur noch aus halb so vielen Zellen. Zudem wachsen Bärtierchen im Alter nicht mehr auf herkömmliche Art und Weise, sondern häuten sich ähnlich wie Spinnen. Taxonomisch werden sie passenderweise in den Überstamm der Häutungstiere eingeordnet, zu denen ebenfalls weitere äußerst skurrile Lebewesen wie die Stummelfüßer, Korsetttierchen und Hakenrüssler gehören.

Mit dem Blick auf besondere Lebensräume sind Bärtierchen aber vor allem aufgrund ihrer Widerstandskraft gegenüber verschiedenen physikalischen Einflüssen interessant. Sie trotzen der eisigen Kälte im Himalaya und auf dem antarktischen Kontinent, sie überleben zeitweise bei Sauerstoffmangel und sind sogar in der Lage, im Nichts des Weltalls zu existieren. Wenn die Umweltbedingungen zu harsch werden, verlangsamen sie einfach ihren Stoffwechsel und verändern die Zellstruktur. Das kann sogar dazu führen, dass sie beginnen, ihre eigenen Organe abzubauen, um ihre übrigen Zellen mit Energie zu versorgen. Bärtierchen können nicht nur einen derartigen Zustand lange beibehalten, sie sind außerdem in der Lage, sowohl Temperaturen nahe des absoluten Nullpunkts (also −273,15 °C) als auch von kochendem Wasser zu widerstehen und können sogar mit erhöhten Dosen radioaktiver Strahlung oder fast vollständiger Austrocknung gut umgehen. Lazzaro Spallanzani, ein italienischer Universalgelehrter, stellte bereits im 18. Jahrhundert fest, dass Bärtierchen unter geeigneten Umweltbedingungen „wieder von den Toten aufzuerstehen scheinen". Da sie nicht altern, so lange sie ihren Stoffwechsel gestoppt haben, können sie in diesem Zustand viele Jahre überdauern.

Das erst kürzlich sequenzierte **Erbgut** eines Bärtierchens sollte Aufschluss darüber geben, wie es möglich ist, dass dieser winzige Organismus so unglaublich widerstandsfähig ist. Sollte sich die Resistenz gegenüber verschiedensten extremen Bedingungen langsam im Laufe der Evolution entwickelt und sollten die Eigenschaften in den Bärtierchen sich gezielt angesammelt haben? Eine US-amerikanische Forschergruppe um den Entwicklungsbiologen Bob Goldstein staunte nicht schlecht, als sie herausfand, dass das erste sequenzierte **Genom** des Bärtierchens zu mehr als 15 % aus Erbinformation besteht, die ursprünglich nicht aus dem Bärtierchen selbst oder seinen Vorfahren zu stammen scheint (Boothby et al. 2015). Diese fremde genetische Information wurde wahrscheinlich durch **horizontalen Gentransfer** von Bärtierchen oder ihren Vorfahren aufgenommen. Horizontal bedeutet in diesem Zusammenhang, dass fremdes Erbgut aus der Umwelt oder von anderen Lebewesen erhalten wurde, während der vertikale Gentransfer die Vererbung an die eigenen Nachkommen während der Reproduktion beschreibt. Erstaunlicherweise konnten die Wissenschaftler etwa 6000 **Gene** nachweisen, die aus **Bakterien,** Pflanzen und Pilzen zu stammen scheinen. Es wurde spekuliert, dass der verringerte Stoffwechsel und die lange Zeit andauernde Leblosigkeit bei extremen Bedingungen dazu führen könnten, dass das Erbgut der Bärtierchen zerfällt und gleichzeitig ihre Zellhüllen brüchig werden. Fremdes Erbgut aus der Umwelt dringt dann leicht in die Zellen ein. Wenn die Bärtierchen zu einem späteren Zeitpunkt aus ihrer Starre erwachen, wird ihr Erbgut schnell repariert und die fremden Anteile werden eingebaut, sodass die genetische Information gesichert ist. Wenn es sich dabei um Gene handelt, die ein Überleben unter besonders harschen Bedingungen im natürlichen Lebensraum begünstigen, manifestieren sich diese in der Population und breiten sich aus. Allerdings wurde auch schnell Kritik an der Studie laut, die besagt, dass die fremde genetische Information gar nicht im Genom integriert, sondern bei der Analyse durch Kontaminationen in die Experimente gelangt ist (Koutsovoulos et al. 2016).

Die Analyse eines weiteren Genoms aus einer verwandten Art bestätigte zumindest bereits, dass Bärtierchen ein ausgefeiltes Reparatursystem besitzen, das Schäden im Erbgut womöglich schneller beseitigt als bei jedem anderen Tier. Einige Gene, die für Reparaturwerkzeuge kodieren und das Erbgut vor Schäden schützen, sind im Genom der Bärtierchen in einer Vielzahl von Kopien vorhanden und könnten die erhöhte Resistenz gegen Erbgutschäden erklärbar machen. Diese Analyse zeigte auch, dass die Funktion von fast der Hälfte aller Gene im Erbgut dieser zweiten Art der Bärtierchen völlig unbekannt ist und auch bei anderen Lebewesen nicht vorzukommen scheinen. Ein zuvor unbekannter Faktor konnte bereits im Detail studiert werden: Ein **Protein** lagert sich an das Erbgut in der Zelle an und kann es dadurch vor äußeren Einflüssen schützen. Umso erstaunlicher war es, dass die Wissenschaftler nachweisen konnten, dass dieses Protein auch die Genome in anderen Zellen, beispielsweise in menschlichen Zelllinien, absichert, wenn es verabreicht wird (Hashimoto et al. 2016). Da nicht nur die genetische

Information während des Abwartens bei derartigen Bedingungen geschützt werden muss, machten sich nun einige Bärtierchenforscher auf, um weitere Schutzmechanismen zu analysieren. Und wieder waren die Wissenschaftler um Goldstein am schnellsten, als sie erst kürzlich eine Gruppe von Proteinen identifizierten, die sich schützend um andere Proteine und weitere Zellbestandteile lagern und so deren Zerstörung verhindern (Boothby et al. 2017). Schnell wurde spekuliert, dass derartige Proteine auch genutzt werden könnten, um pharmazeutische Wirkstoffe zu stabilisieren oder Nutzpflanzen widerstandsfähiger zu machen, sodass Bärtierchen nach mehr als 200 Jahren Forschungsgeschichte nun doch noch für angewandte und wirtschaftlich relevante Forschungszweige interessant werden könnten.

Wer ist der Methusalem unter den Lebewesen?

Alt zu werden, ohne dabei in Totenstarre wie die Bärtierchen verfallen zu müssen, ist sicherlich ein erstrebenswertes Ziel für den Menschen. Wir möchten gerne im Alter weise sein und zufrieden auf ein ereignisreiches und langes Leben zurückschauen können. Durch unsere herumtollenden Urenkel könnten wir uns an die eigene lange vergangene Kindheit zurückerinnern und in diesen Gedanken zufrieden schwelgen. Einigen Menschen war es vergönnt, ein wahrlich biblisches Alter zu erreichen. Der erwiesenermaßen älteste Mensch der Welt war die Französin Jeanne

Calment, die 122-jährig im August 1997 verstarb. Damit führt sie eine eindrucksvolle Liste an, wobei sie als einzige Person, die älter als 120 Jahre wurde, einsam an der Spitze thront. Unter den zehn ältesten Menschen der Welt ist übrigens bisher kein einziger Mann zu finden. Der Japaner Jiroemon Kimura erreichte ein Alter von 116 Jahren bevor er verstarb und ist damit auf Platz 14 der Liste der langlebigsten Menschen anzutreffen.

Während der Mensch besonders durch die Fortschritte in der modernen Medizin immer älter wird, leben die meisten Tiere im Vergleich doch eher kurz. Allerdings sollten wir uns von sehr geläufigen Namen nicht unbedingt täuschen lassen. So lebt die Eintagsfliege nicht wirklich nur einen Tag, sondern entwickelt sich über das für Insekten typische Larvenstadium mit vielen Häutungen schließlich zur fertigen Fliege. Ihren bildhaften Namen hat diese Gruppe von Insekten mit einigen Tausend Arten aber tatsächlich dem Umstand zu verdanken, dass das adulte Fliegenstadium extrem kurz ist. Je nach Spezies existieren die erwachsenen Fliegen nur einen bis wenige Tage oder sogar nur einige Minuten, bevor sie sterben. Diese kurze Zeitspanne nutzen sie übrigens nur noch zur Fortpflanzung.

Weit verbreitet in der Natur sind auch einjährige Lebewesen, deren Lebensweise normalerweise besonders stark von den Jahreszeiten abhängt. Bei Pflanzen ist eine Lebensdauer von einem Jahr besonders häufig. Die Samen überwintern normalerweise und im Frühjahr wachsen neue Keimlinge heran. Und selbst bei höheren Tieren ist ein vergleichbarer Lebensrhythmus zu finden. So leben einige der in Afrika und Amerika weit verbreiteten Zahnkärpflinge, die sogenannten Killifische, ebenfalls nur sehr kurz und werden auch als Saisonfische bezeichnet. In diesem Fall sollte die Bezeichnung Saisonfische allerdings nicht mit der aktuellen Speisekarte des Fischrestaurants um die Ecke verwechselt werden. Vor allem manche in Ostafrika lebenden Arten sind enorm von den Witterungsbedingungen abhängig. Ihre Lebensräume sind Tümpel oder kleine Wasserstellen in der Savanne, die oft nur wenige Liter lebenswichtiges Wasser enthalten. In diesen beschränkten Habitaten wachsen die Killifische schnell heran und erreichen bereits nach wenigen Wochen die Geschlechtsreife. Während der Paarung legt das Weibchen die Eier ab, die in dem zumeist sandigen oder schlammigen Boden versinken. Durch den Mangel an Sauerstoff im Boden entwickeln sich die Eier im Tümpel nicht. Mit dem Einsetzen der Trockenzeit, trocknet der Lebensraum sogar aus und während die adulten Killifische sterben, überdauern die Eier bis zur nächsten Regenzeit und beginnen mit der Entwicklung, sobald sie ausgeschwemmt und dem Sauerstoff wieder ausgesetzt werden. Die Nachkommen schlüpfen dann ebenso wie ihre Eltern im neu entstandenen Tümpel und wachsen schnell heran. Um diese farbenprächtigen und äußerst beliebten Zierfische im Aquarium nachzüchten zu können, müssen diese Bedingungen kopiert werden. Der erfahrene Aquarianer entnimmt den in der Regel torfhaltigen Boden aus dem Aquarium, drückt ihn vorsichtig aus und lässt ihn antrocknen, bevor der Boden zumeist in einer Plastiktüte bei kühlen Temperaturen im Keller gelagert wird. Dabei muss die natürliche Trockenzeit möglichst genau beibehalten werden, damit es zur Entwicklung der Embryos kommt. Nach einer entsprechenden „Überwinterung" wird der Boden ins Aquarium zurückgegeben und mit Wasser aufgegossen, sodass die Jungtiere aus den Eiern schlüpfen können. Bei guter Pflege können Killifische im Aquarium übrigens ein höheres Alter als in ihrem natürlichen Lebensraum erreichen.

Die meisten Tiere leben jedoch länger als der durchschnittliche Killifisch. Wir wissen beispielsweise, dass einige Papageien oder die großen Landschildkröten es durchaus mit Jeanne Calment und Jiroemon Kimura aufnehmen können und mehr als 100 Jahre alt werden. Jedoch wird auch dieses bereits sehr hohe Alter noch von verschiedenen Meeresbewohnern mit Leichtigkeit übertroffen. Von einigen Fischen, wie beispielsweise den wertvollen Kois, ist das Alter von einzelnen Exemplaren auf mehr als 200 Jahre geschätzt worden. Der Spitzenreiter unter den Wirbeltieren ist aber sicherlich der Grönlandhai, der aufgrund seiner Vorliebe für extreme Kälte auch als Eishai bezeichnet wird. Er ist ein echter Methusalem. Erst 2016 wurde das Alter eines 5 m langen Weibchens auf 392 Jahre datiert (Nielsen et al. 2016). Die verwendete Methode kann zwar zu einer Ungenauigkeit von mehr als 100 Jahren führen, was allerdings nicht nur eine Korrektur nach unten auf knapp 300 Jahre zur Folge hätte, sondern auch eine mögliche Lebensdauer dieser Geschöpfe von einem halben Jahrtausend in den Bereich des Möglichen schiebt. Weitere Exemplare des Grönlandhais von mehr als 5 m Länge sind jedenfalls keine Seltenheit und weisen deshalb auf ein noch höheres mögliches Alter hin. Da diese Knorpelfische nur etwa einen 1 cm pro Jahr wachsen, ging man schon seit einiger Zeit davon aus, dass sie ganz besonders alt werden müssen, um derartige Größen zu erreichen. Eishaie werden in Zukunft im Hinblick auf ihre lange Lebenszeit weiter untersucht, um das Geheimnis ihres Alters lüften zu können. Es gibt zwar andere größere Haie und auch Säugetiere in den kalten Lebensräumen im hohen Norden, wie den bis zu 18 m langen Grönlandwal. Dieser wird jedoch „nur" etwa 200 Jahre alt, sodass, wie bisher angenommen, die Größe nicht unbedingt im direkten Zusammenhang mit dem Alter stehen muss und eine andere Ursache gefunden werden könnte. Allerdings müssen die Eishaie dazu geschützt werden. Da sie häufig als Beifang in Fischernetzen verenden und erst in einem Alter von etwa 150 Jahren und einer Länge von 4 m geschlechtsreif werden, verkleinern sich die Populationen im natürlichen Verbreitungsgebiet um Grönland und Kanada rapide.

Lediglich einige niedere Lebewesen, wie eine kleine Islandmuschel mit dem klangvollen Namen Ming und verschiedene Schwämme in der Antarktis, können im Tierreich noch mit dem Grönlandhai mithalten und ihn sogar übertreffen. Das Alter der Muscheln kann wie bei einem Baum, relativ einfach über die Anzahl der Ringe ihrer Schale ermittelt werden, von denen jedes Jahr ein neuer wächst. Bei Ming wurden 507 Ringe gezählt. Aber wer weiß, vielleicht gibt es Grönlandhaie, Muscheln oder ganz andere Meeresbewohner, die noch älter werden können. Einige Schwämme, die zu Millionen den Grund des Südpolarmeers bevölkern, wurden sogar auf ein Alter von mehr als 10.000 Jahren geschätzt. Da sie keine natürlichen Fressfeinde haben, sesshaft und in einem Lebensraum beheimatet sind, der sich seit extrem langer Zeit praktisch nicht verändert hat, ist ein solch hohes Alter durchaus denkbar. Auch im Pflanzenreich gibt es einige sehr alte Lebewesen. Bereits vor einigen Jahren wurden Bäume in den Vereinigten Staaten von Amerika und in Japan auf einige Tausend Jahre datiert. Die Medaille des ältesten bekannten Baums kann sich zurzeit allerdings eine kleine Fichte in Schweden umhängen. Der Baum mit dem Namen *Alt Tjikko,* der übrigens nach dem Lieblingshusky seines Entdeckers benannt wurde, konnte mittels der Radiokarbondatierung auf ein Alter von etwa 9500 Jahren geschätzt werden.

Die unsichtbaren Bewohner der extremsten Lebensräume

Entfernen wir uns jedoch aus den Lebensräumen der Tiere und Pflanzen und sehen in eine Welt, in der selbst die putzigen Bärtierchen noch Riesen und die Schwämme der Antarktis junge Hüpfer sind, dann betreten wir die geheimnisvolle Welt der **Mikroorganismen.** Abseits unserer Vorstellungskraft besiedeln winzige Lebewesen **ökologische Nischen,** die dem Menschen auf den ersten Blick als vollkommen lebensfeindlich und aggressiv erscheinen und bis vor Kurzem aufgrund der extremen Bedingungen angenommen wurde, dass hier kein Leben stattfinden kann. So klein wie diese Mikroben sind, so unvorstellbar riesig ist ihr Lebensraum. Sie sind echte Kosmopoliten *(Kasten 1.2 – Der Wanderer zwischen den Polen).* Und ohne sie wäre keine Form von Leben auf der Erde möglich. Trotz ihres einfachen Aufbaus und der Tatsache, dass ihre Gestalt normalerweise einer einfachen Kugel oder einem

Stäbchen ähnelt, leisten sie dennoch den größten Beitrag für alle globalen Stoffkreisläufe. Die Aufrechterhaltung der Natur und aller Umweltbedingungen hängt von den wahren „Herrschern der Welt" ab, wie Mikroorganismen von dem deutschen Sachbuch- und Romanautor Bernhard Kegel wirklich treffend bezeichnet wurden (Kegel 2015).

Kasten 1.2 – Der Wanderer zwischen den Polen

Mithilfe von Verdriftungen, Winden und Strömungen verbreiten sich Mikroben über den gesamten Planeten. Entspricht ein Lebensraum ihren Vorlieben, dann wird dieser besiedelt. Selbst die Distanz zwischen dem Nord- und dem Südpol kann theoretisch von einer mikrobiellen Spezies überwunden werden. Um dieser Frage auf den Grund zu gehen, haben Forscher aus der Arbeitsgruppe von James T. Staley von der Universität in Seattle, Mikroben aus der Arktis mit welchen aus der Antarktis verglichen. Sie suchten dabei eine Art, die an beiden Polen zuhause ist. Allerdings sollte diese Spezies nicht in den dazwischenliegenden, wärmeren Ozeanen verbreitet sein, sondern beispielsweise nur auf einer Reiseroute durch die kalte Tiefsee den gegenüberliegenden Pol erreichen können. Und siehe da, schnell wurden Übereinstimmungen auf Gattungsebene nachgewiesen. Allerdings beweist allein der Nachweis derselben Gattung noch nicht, dass es sich wirklich um dasselbe Bakterium handelt oder dass sich ein naher Vorfahr auf die lange Reise zwischen den Polen gemacht hatte. Um einen eindeutigen Beweis zu erbringen, müssen noch genauere Untersuchungen durchgeführt werden (Staley und Gosink 1999).

Obwohl wir nun bereits einige faszinierende tierische und pflanzliche Überlebenskünstler kennengelernt haben, lagen die beschriebenen Lebensräume noch nicht außerhalb der menschlichen Vorstellungskraft. Lange gingen Wissenschaftler davon aus, dass das Leben auf unserem Planeten durch enge physikalische Grenzen vorgegeben ist. Aus diesem Grund sollten extrem hohe oder niedrige Temperaturen, extreme Trockenheit, salzige oder saure Habitate und durch Gifte belastete Böden oder Abwässer das Überleben jedes Lebewesens verhindern können. Heute wissen wir, dass die Gesetze der Physik und Chemie zwar ein Limit für die Ausbreitung des Lebens setzen, aber die Grenzen weiter auseinanderliegen, als wir vermuten würden.

Wir werden sehen, dass es im Prinzip fast keine Grenzen für die winzigsten **Mikroben** gibt, um jedes noch so extreme Habitat zu erobern. Die vielfältigen Umweltbedingungen auf der Erde bieten eine Unmenge an ökologischen Nischen für die extremsten Anpassungskünstler. So wurde die niedrigste Temperatur von –89 °C auf der Erde in einer russischen Forschungsstation auf dem antarktischen Kontinent gemessen. Selbst während des antarktischen Sommers steigt die Temperatur hier lediglich bis auf lebensfeindliche –30 °C, während in mancher Wüste der Boden etwa 100 °C heiß ist und es in den Thermalquellen der Tiefsee und Vulkaninseln sogar noch heißer sein kann. In beiden Fällen konnte nachgewiesen werden, dass Mikroben diese extremen Lebensräume besiedeln. Außerdem können Mikroorganismen sehr alt werden. Wir gehen heute davon aus, dass selbst mehrere Millionen Jahre der Ruhe manchem Exemplar nichts anhaben können. Eine Theorie sagt einen Zeitraum von 10 bis 100 Mio. Jahren voraus, die Bakterien in Permafrostgebieten überdauern können. Dabei wird kalkuliert, dass es ungefähr so lange dauert, bis die ionisierende Strahlung, die das Eis durchdringt, lange genug auf das Erbgut eingewirkt hat, um dieses irreparabel zu zerstören. In diesem Zusammenhang konnte bereits gezeigt werden, dass Bakterien im Eis ihre Reparatursysteme, die einer Schädigung des Erbguts entgegenwirken, bei Temperaturen von −15 °C am Laufen halten können.

Aufgrund der extremen Lebensräume einiger Mikroben, können wir uns wohl vom zeitlosen Bild des verschrobenen Professors, der in seinem Kämmerlein sitzt und plötzlich die große Erkenntnis hat, mit gutem Gewissen verabschieden. Die Erforschung dieser Lebensräume hat schon so manchen Wissenschaftler zu einem Abenteurer oder Weltreisenden gemacht und erzählt die spannendsten Geschichten aus dem Alltag eines echten „Indiana Jones der Mikroben". Da ist beispielsweise der Tiefseeforscher, der im Unterseeboot ins Dunkel der Meere vordringt und sich bevorzugt an Orten mit hoher Geothermalaktivität herumtreibt oder sein Kollege, der auf Vulkane klettert oder in terrestrischen heißen Quellen sein Glück sucht. Die Polarforscher unter den Mikrobiologen wiederum ergründen das Leben in den eisigsten Gletschern oder bohren Löcher ins tiefste Packeis, um an die wertvollen lebenden Schätze der Erde zu gelangen.

Mancher Mikroorganismus beeindruckt aber auch durch weniger extreme Anpassungen. Das häufigste Lebewesen auf unserem Planeten ist beispielsweise ein marines Bakterium, welches nahezu in jedem Tropfen Meerwasser vorkommt. Diese und andere Mikroben sind auf dem ganzen Planeten beheimatet und können somit keinem einzelnen Standort zugeordnet werden. Sie verbreiten sich durch die Luft mithilfe des Windes oder im Wasser durch Strömungen und gelangen in beinahe jeden Winkel der Ozeane. Die gigantische Anzahl von allen Bakterien beträgt schätzungsweise mehr als 10^{30} Zellen, die den gesamten Planeten bevölkern. Aufgrund dieser Anzahl ist es nicht möglich, wie bei der Kategorisierung von Tieren und Pflanzen, eine Rote Liste zu führen, um bestimmte Arten vor dem Aussterben zu schützen. Der Verlust einer spezifischen Bakterienart bleibt vielleicht unbemerkt, während der Verlust einer wichtigen physiologischen Eigenschaft, wie der Stickstofffixierung oder der Sauerstoffproduktion, katastrophale und nicht kalkulierbare Folgen für das gesamte Leben auf der Erde hätte.

In den folgenden Kapiteln werden wir sehen, dass von der wissenschaftlichen Gemeinschaft zahlreiche Ausdrücke genutzt werden, um Mikroorganismen einzuteilen, die unterschiedliche Lebensräume bevölkern (Kap. 2). Allerdings können hier keinerlei eindeutige Grenzen gezogen werden, da diese kleinen Überlebenskünstler oft mehrere extreme Eigenschaften vereinigen. Anschließend werden wir einige Pioniere der Mikrobiologie kennenlernen (Kap. 3) und teilweise gemeinsam mit ihnen verschiedene Habitate besuchen, um die bekanntesten Mikroben zu treffen, die sich hier und dort tummeln (Kap. 4, 5, 6, 7 und 8). Wir können uns aber schon jetzt merken, dass es fast keinen Lebensraum gibt, der nur von einer Art besiedelt wird, sondern zumeist aufeinander abgestimmte mikrobielle Konsortien in Populationen zusammenleben, die oft direkt voneinander abhängig sind. Die am besten verstandenen und am häufigsten untersuchten mikrobiellen Gemeinschaften bevölkern marine Umgebungen oder den Lebensraum Mensch. Aber auch vom Menschen geschaffene Lebensräume können vielfältig besiedelt sein (Kap. 9). Ihre komplexe physiologische Vielfalt und die enorme Verbreitung von Mikroben spiegeln sich natürlich auch auf genetischer Ebene wider, was wir anhand von verschiedenen Beispielen lernen werden (Kap. 4, 5, 6, 7 und 8).

Die Anpassung an extreme Bedingungen ist somit für jede einzelne Mikrobe eine enorme Herausforderung und es ist in diesem Zusammenhang leicht vorstellbar, dass es für jede Zelle viel einfacher ist, bei konstanten **biotischen** und **abiotischen** Parametern zu wachsen und einen aktiven Stoffwechsel zu betreiben, als auf wechselnde Bedingungen spontan reagieren zu müssen. Kommt es aber beispielsweise zu einer plötzlichen Veränderung, muss ein genetisches Programm abgerufen werden, welches der Zelle hilft, die entstandenen Voraussetzungen zu tolerieren oder besser noch zum eigenen Vorteil nutzen zu können. Interessanterweise ist bei Bakterien beobachtet worden, dass beispielsweise die genetischen Notfallprogramme bei Temperaturerhöhung ähnlich sind, wie bei Temperatursenkung. Die Wissenschaftler bezeichnen diese Vorgänge als Kälte- und Hitzeschockantworten und haben die genetischen Faktoren bereits im Detail untersucht und weitgehend verstanden. Hierbei handelt es sich vor allem um **Enzyme,** die Proteine falten und aktivieren oder abbauen und inaktivieren. Um ihre jeweilige Funktion erfüllen zu können, muss ein Protein sowohl bei niedrigen als auch bei hohen Temperaturen korrekt gefaltet sein. Wenn sich die Struktur von bereits vorhandenen Proteinen nicht mehr reparieren lässt, werden ihre Bestandteile recycelt.

Dadurch kann sofort auf die sich ändernden Umweltbedingungen reagiert werden. Da funktionslose Proteine weder bei kalten noch bei heißen Temperaturen ihre Arbeit erledigen können, ist eine vergleichbare Reaktion trotz der unterschiedlichen Lebensbedingungen verständlich. Wir werden sehen, welche Rolle derartig optimierte Proteine in den unterschiedlichsten biotechnologischen Bereichen, in der chemischen und pharmazeutischen Forschung, im molekularbiologischen Labor und selbst in der Lebensmittel- und Textilindustrie, spielen (Kap. 10). Anschließend werden wir uns noch auf eine Reise in unbekannte Galaxien begeben und herausfinden, was wir von den extremsten Mikroorganismen der Erde über Außerirdische und das Überleben auf fernen Planeten lernen können (Kap. 11), bevor sich der Kreis schließt und wir am Ende einen Blick auf den Anfang von allem werfen werden (Kap. 12).

2

Klein und extrem – Extremophile Mikroorganismen

© Springer-Verlag GmbH Deutschland 2018
S. Elleuche, *Extreme Lebensräume: Wie Mikroben unseren Planeten erobern,* https://doi.org/10.1007/978-3-662-56015-0_2

Menschen bevorzugen gemäßigte Temperaturen, halten sich gerne im Trockenen auf (nur bitte nicht zu trocken), brauchen Luft zum Atmen und ausreichend Nahrung. Einige Mikroben frieren dagegen nicht so schnell, anderen kann es nicht heiß genug sein und wieder andere fühlen sich in saurer Umgebung oder in extrem salzigen Biotopen am wohlsten. Zum Glück für diese Bakterien und Archaeen gibt es fast überall auf der Erde extreme Bedingungen. Da sie sich aber auch schnell ausbreiten und praktisch jede ökologische Nische besiedeln, müssen wir sie unterteilen und explizit benennen können. In diesem Kapitel werden wir unter anderem lernen, mit welchen komplizierten Begriffen die Vorliebe für hohe und niedrige Temperaturen beschrieben wird, was piezo- und halophil bedeutet und was der Unterschied zwischen alkalitolerant und alkaliphil ist.

Die menschliche Komfortzone

Frieren wir besonders schnell oder schwitzen wir schon bei gemäßigten Temperaturen? Was sind aus menschlicher Sicht extreme Lebensbedingungen? Wann kommt die menschliche Physiologie an ihre Grenzen? Und über welche physikalischen Parameter definiert der Mensch extreme Bedingungen? Wo sind die Grenzen für das Leben? Und welcher Organismus toleriert die extremsten Bedingungen, die wir uns überhaupt vorstellen können?

Eine Menge Fragen, die wir versuchen werden zu beantworten, um der enormen Kraft der Evolution auf die Spur zu kommen und um herauszufinden, wo Leben stattfindet.

Beginnen wir mal direkt bei Ihnen. Sie sitzen möglicherweise gerade auf der Couch zuhause, im Bus oder in einem Café. Schauen wir uns zunächst die Umgebungstemperatur an. Ich nehme jetzt einfach mal an, dass die Temperatur in Ihrem Umfeld angenehm ist: wahrscheinlich Raumtemperatur, also ein Temperaturbereich zwischen 18 und 25 °C. Diese Umgebungstemperatur empfinden die meisten von uns als überaus wohltuend. Es ist nicht zu kalt und nicht zu warm. Verändert sich die Temperatur nur ein wenig, sieht es aber schon ganz anders aus. Eine Temperatur von 15 °C zu Hause auf der Couch empfinden wir alle bereits als unangenehm und kalt und 30 °C ist wahrscheinlich manchen von uns bereits zu warm. Es sei denn, Sie liegen gerade am Strand oder sitzen draußen im Café und genießen bewusst die warmen Temperaturen. Im Bus werden Ihnen 30 °C wahrscheinlich als unerträgliche Hitze vorkommen. Ihr Sitznachbar meckert bereits unablässig und wird sich jeden Moment bei dem armen Busfahrer darüber beschweren, dass die Klimaanlage kaputt ist und ein solcher Zustand ja wohl unzumutbar sei. Gemeinsam ist uns aber immer, dass wir unter allen Umständen unsere Körpertemperatur bei stabilen 37 °C halten. Gelingt uns das, ist alles gut. Die kleinsten Schwankungen führen jedoch bereits zum Unwohlsein, sodass wir zu frieren oder zu schwitzen beginnen und der gleichmäßige Betrieb des Kreislaufs nicht mehr gewährleistet werden kann.

Obwohl viele Eindrücke selbstverständlich subjektiv sind und ich in dem kurzen Absatz stark verallgemeinert habe, werden Sie mir dennoch zustimmen, dass der Mensch als Lebewesen und nicht als Individuum ein relativ einheitliches Empfinden hat. Überspitzt könnten wir festhalten, dass uns allen ohne die richtige Kleidung im Winter im Schnee zu kalt ist und uns im Hochsommer leichte Sommerbekleidung zugutekommt, wenn wir im Biergarten entspannen möchten. Es liegt in der Natur des Menschen, dass wir unseren Wohlfühlbereich nur ungern verlassen. Aber genau das werden wir in diesem Buch tun müssen, um uns auf die Spuren von Lebewesen begeben zu können, die aus unserer menschlichen Sicht „extrem" sind.

Selbstverständlich ist aber nicht nur die Temperatur enorm wichtig. Der Mensch benötigt Sauerstoff zum Atmen und verbringt den größten Teil seines Lebens auf der Erdoberfläche. Essenziell sind für uns, wie auch für alle anderen Lebewesen auf dem Planeten, eine stetige Energiezufuhr und eine gleichmäßige Kalorienverbrennung, um unseren Körper „am Laufen zu halten". Auch wenn wir es mögen, im warmen Meer zu schwimmen, sind wir nicht in der Lage, unseren Organismus dauerhaft an diese Bedingungen anzupassen. Ein langer Aufenthalt im Meer wird zwar zeitweise von Extremsportlern gewollt, die davon träumen, den Atlantik in mehreren Wochen schwimmend zu durchqueren. Für den Durchschnittsmenschen ist ein derartiger Traum aber nicht erstrebenswert. Doch auch der Extremsportler ist auf eine stetige Energiezufuhr angewiesen. Damit er vorankommt, benötigt er viele Tausend Kalorien pro Tag. Von dieser Energie muss ein Großteil in Wärme umgewandelt werden, um die Körpertemperatur aufrechterhalten zu können. Da in dem Wort „Extremsportler" aber wieder das kleine Wort „extrem" steckt, wird richtigerweise direkt suggeriert, dass das zumindest für den Menschen und seine optimierte Anpassung an das Leben auf der Erdoberfläche nicht die beste Lebensweise ist. In diesem Zusammenhang beschreibt das Wort „extrem" allerdings die Leistung des Sportlers und nicht den Ozean als Lebensraum, den er durchquert. Daher wird er auch keinen „an das Extreme" angepassten Lebewesen begegnen. In Bezug auf den Lebensraum wird es nämlich erst dann extrem, wenn der Mensch nur noch für einen kurzen Moment oder gar nicht mehr ausharren kann.

Für eine kurze Zeit empfinden viele Menschen auch noch extreme Temperaturen als angenehm. Sie entspannen im warmen, salzigen Thermalbad oder schwitzen bei noch höheren Temperaturen in der Sauna, wobei es dann umso wichtiger ist, den Körper anschließend wieder abkühlen zu können. Sehr hohe Wassertemperaturen würden zu einer schnelleren Wärmeübertragung führen und die menschliche Haut verbrennen, sodass auch der Extremsportler nicht in der Lage ist, in einer 100 °C heißen Quelle auf den Azoren zu baden. Wenn er möglicherweise auf seinem Weg durch den Atlantik an den Inseln am Mittelatlantischen Rücken vorbeikommt und eine Pause einlegt, wird er eindeutig die durch heiße Quellen oder Erdwärme aufgeheizten und vom Menschen erschlossenen Thermen bevorzugen. Bei angenehmen Temperaturen um 40 °C wärmt er sich dann ebenfalls schnell auf und kann neue Kraft tanken, bevor er auf die zweite Hälfte der Reise in Richtung amerikanischen Kontinent startet. Aber genug von uns. Werfen wir jetzt einen Blick auf die Lebewesen, welche die extremsten Bedingungen nicht nur tolerieren, sondern diese Bedingungen lieben. Die **Extremophilen.**

Die Kleinsten sind die Extremsten

Wenn wir einen Blick in das Reich der Mikroorganismen werfen, finden wir schnell echte Exoten unter den wahren Anpassungskünstlern. Wir wissen heute, dass es praktisch keinen Bereich auf unserem Planeten gibt, den sich keine Mikrobe untertan gemacht hat. Alle Lebewesen, die aus menschlicher Sicht extreme ökologische Nischen bevölkern, werden als Extremophile bezeichnet. Sie trotzen nicht nur diesen extremen Bedingungen, sie lieben sie sogar (Madigan und Marrs 1997).

Extremophile sind fast immer einzellig und zumeist **prokaryotischen** Ursprungs. Sie sind also **Bakterien** oder **Archaeen.** Wenige Pilze, die bei erhöhten Temperaturen optimal gedeihen oder verschiedene Algen, die zum Beispiel auf dem Schnee in Polnähe wachsen, bilden einige der wenigen **eukaryotischen** Ausnahmen. Das Wort „extremophil" leitet sich aus dem lateinischen Wort *extrem* ab und bedeutet „äußerst", während *philos* das griechische Wort für die „Vorliebe" ist. Der Begriff „Extremophile" (engl. *extremophiles*) wurde zum ersten Mal von Robert MacElroy in dem Artikel „Some comments on the evolution of extremophiles" in der Zeitschrift *Biosystems* verwendet (MacElroy 1974). Dieses Essay erschien 1974 und damit bereits einige Jahre nach den ersten Entdeckungen der großen Pioniere der Mikrobiologie, die sich mit extremophilen Mikroorganismen beschäftigten (Kap. 3). Die Begriffe „extrem" und „extremophil" sind natürlich in diesem Zusammenhang ausschließlich durch menschliche Vorstellungen definiert. Ein im Eis oder in einem sauren

Tümpel lebendes Bakterium hätte sicherlich eine ganz andere Einschätzung.

Um die Extremophilen von den übrigen Mikroorganismen zu unterscheiden, sind eine eindeutige Zuordnung und eine explizite Definition essenziell. Leider wird eine strikte Kategorisierung deutlich erschwert, da zahlreiche Bakterien und Pilze extreme Bedingungen wie hohe Temperaturen oder einen erhöhten Salzgehalt zeitweise tolerieren können (ähnlich wie wir), aber natürlicherweise „normale" ökologische Nischen bevorzugen. Einen „echten" Extremophilen unter einer Vielzahl von „extrem toleranten" Mikroorganismen zu identifizieren, wird deshalb schnell zur Herausforderung. Manche Mikroben trotzen extremen Bedingungen nur für einen begrenzten Zeitraum, beispielsweise, wenn sie sich in einem Überdauerungsstadium befinden. Zumeist wachsen und vermehren sie sich dann nicht und haben den Stoffwechsel weitgehend eingestellt. Stadien des Überdauerns von Mikroorganismen sind etwa vergleichbar mit dem Winterschlaf im Tierreich. Wir haben bereits erfahren, dass einige Fische ihre Eier zu Beginn der Trockenzeit in einem feuchten Tümpel ablegen, bevor diese vollständig austrocknen. Anschließend sterben die Eltern, während die Eier überdauern. Bei der nächsten Regenzeit füllen sich die Tümpel wieder mit Wasser und die Nachkommen schlüpfen aus den Fischeiern (Kap. 1, Abschn. „Wer ist der Methusalem unter den Lebewesen?"). Ähnliche Tricks kennen manche Mikroorganismen auch. Bei einigen von ihnen können die Stadien der Überdauerung jedoch viel länger andauern, sodass zum Beispiel Bakteriensporen, die seit vielen tausend Jahren in der Nähe der Pole eingefroren sind, wieder

„aufwachen" können. Der wichtigste Unterschied zur Abgrenzung der Extremophilen ist deshalb der Umstand, dass extremophile Mikroorganismen auf extreme Bedingungen explizit angewiesen sind und diese eben nicht nur tolerieren. Schauen wir uns einige Lebensräume an.

Wo sind ökologischen Nischen, die eigentlich keine Besiedelung möglich machen sollten?

Extremophile Mikroorganismen sind echte Lebenskünstler, die sich ihre Umgebung untertan machen und entweder riesige Lebensräume besetzen oder sich an kleinste Nischen optimal anpassen. Wir treffen sie im Boden, im Wasser, in der Luft, auf Pflanzen und in uns selbst. Manche lassen sich in der Tiefsee treiben, während andere Mikroben den sauren Mageninhalt von uns Menschen oder von Tieren bevorzugen oder sie besiedeln noch kleinere Milieus wie Risse in Gestein oder salzhaltige Wassertropfen im Eis *(Kasten 2.1 – Nanonischen)*. Uns werden Mikroben begegnen, die in kochendem Wasser heimisch sind, die unter einer kilometerdicken Eisschicht leben, die eine salzgesättigte Umgebung bevorzugen oder sich in warmer Säure am wohlsten fühlen. Auch von uns Menschen erschaffene Milieus können dicht besiedelt sein. Wir finden Leben in Industrieabwässern oder in strahlungsverseuchten Gegenden wie den Kernreaktoren, die nach der Tschernobylkatastrophe stillgelegt wurden.

Kasten 2.1 – Nanonischen

Die kleinsten ökologischen Nischen werden auch als Nanonischen bezeichnet. Nanonischen bieten winzige Lebensräume in größeren Habitaten, die häufig extreme Bedingungen aufweisen. Diese mikroskopisch kleinen Orte sind oft nur temporär vorhanden oder unterliegen einer stetigen Veränderung. Sie können beispielsweise durch die alkalinen Fäkalien von Lebewesen oder durch die Zersetzung von organischem Material in Mikrobenpopulationen ausgelöst werden. Mikroorganismen nutzen die zeitweise auftretenden Nanonischen und vermehren sich rasend schnell. Dabei teilen sie sich oft viel schneller, als die Bakterien in der Umgebung dieser Nischen. Da diese paradiesischen Bedingungen sehr schnell wieder vergehen können, schlemmen die in den Nanonischen einheimischen Mikroben was das Zeug hält und vervielfältigen ihre kleine Population in einem kurzen Zeitabschnitt mit einer bemerkenswerten Geschwindigkeit.

Um die unterschiedlichsten Extremophilen in ihren vielfältigen Lebensräumen verstehen zu können, müssen wir uns zunächst einmal anschauen, wie sie sich übersichtlich einteilen, definieren und beschreiben lassen. In Analogie zu dem Begriff „Extremophile" hat sich der clevere Mikrobiologe viele ähnliche Begriffe einfallen lassen, um Pro- und Eukaryoten aus den extremsten Lebensräumen kategorisieren zu können (Tab. 2.1). Bevor wir einige Vertreter und ihre jeweiligen Lebensräume in den folgenden Kapiteln dieses Buches besser kennenlernen, beschäftigen wir uns zunächst mit der Bedeutung der heute akzeptierten Begriffe „azidophile", „radiotolerante", „piezophile", „xerotolerante", „psychrophile" und

Tab. 2.1 Klassifizierung von Extremophilen

Azidophile	Bevorzugen saure Tümpel und Solfataren mit einem pH-Wert <4,0
Alkaliphile	In Natronseen, Brackwasser und Industrieabwasser mit einem pH-Wert >9,0
Cryophile	Bevorzugen Eis und Schnee bei Temperaturen unter $-10\ °C$
Endolithen	Im Gestein lebende Mikroorganismen
Extremophile	Überbegriff für alle Mikroben, die extreme ökologische Nischen besiedeln
Halophile	Besiedeln Salzseen mit einem Salzgehalt bis zur Sättigungsgrenze
Hyperthermophile	Lieben es, bei Temperaturen >80 °C zu wachsen, und stellen ihr Wachstum bei Temperaturen unter 65 °C bereits ein
Mesophile	Kommen fast überall vor und bevorzugen Temperaturen zwischen 20 und 45 °C
Metalltolerante	Tolerieren hohe Konzentrationen von Metallionen
Oligotrophe	Sind lediglich auf eine geringe Nährstoffzufuhr angewiesen
Piezophile	Leben in der Tiefsee bei einem Druck bis >100 MPa
Polyextremophile	Sind optimal an mindestens zwei Extreme angepasst
Psychrophile	Kälteliebende Mikroben leben an kalten Standorten bei 0–20 °C
Radiotolerante	Strahlungsresistente tolerieren hohe Dosen Strahlung, die auf den Menschen extrem toxisch wirken
Thermophile	Besiedeln verschiedene Lebensräume wie heiße Quellen, Schwarze Raucher und Kompostanlagen mit Temperaturen zwischen 45 und 80 °C
Toxitolerante	Mikroben, die in der Lage sind, hohen Konzentrationen von Giftstoffen zu widerstehen
Xerotolerante	Bevorzugen trockene Lebensräume

anderer -toleranter oder -philer Mikroben. Bei einer Einteilung von Extremophilen in eine bestimmte Kategorie ist es enorm wichtig, diese im Hinblick auf physikalische und/oder chemische Parameter so genau wie möglich zu definieren.

Erst ab 45 °C wird es richtig angenehm

Die Temperatur ist ein einfach zu ermittelnder Faktor, um Lebewesen zu kategorisieren. Alle Mikroorganismen, die aus menschlicher Sicht betrachtet bei gemäßigten Temperaturen leben, werden als „mesophil" bezeichnet, wobei *meso* ein griechisches Wort ist und „mittig" oder „mittlere" bedeutet. Dabei wird sehr treffend ein etwas weiterer Temperaturbereich beschrieben, den auch der mesophile Mensch weitestgehend bevorzugt und der Temperaturen zwischen 20 und 45 °C umfasst. Darunter ist es kühl und darüber schon ziemlich heiß. Passend dazu werden Mikroben, die Temperaturen zwischen 45 °C und etwa 80 °C bevorzugen als „Thermophile" bezeichnet. Diese Einzeller sind so wie alle Mikroorganismen nicht in der Lage, die Temperatur in ihren Zellen zu regulieren. Bis in die 1960er-Jahre und den revolutionären Entdeckungen von Thomas Brock (Kap. 3) war der wissenschaftliche Konsens, dass es kein Leben bei heißen Temperaturen geben kann, da Proteine denaturieren und inaktiv werden und Nukleinsäuren *(Kasten 2.2 – Nukleinsäuren und Proteine)* nicht mehr als Doppelstrang vorliegen.

> **Kasten 2.2 – Nukleinsäuren und Proteine**
>
> Drei Moleküle stellen die Basis des Lebens von allen Organismen auf der Erde dar. Die genetische Information ist in den Desoxyribonukleinsäuren (DNS, engl. *Deoxyribonucleic Acid –* DNA) gespeichert und wird bei jeder Teilung stabil von Zelle zu Zelle weitergegeben. Sie besteht aus zwei miteinander verbundenen Einzelsträngen, die eine Doppelhelix bilden. Die DNS enthält die Information zur Herstellung einer zweiten Nukleinsäure, der sogenannten Ribonukleinsäure (RNS, engl. *Ribonucleic Acid –* RNA), die wiederum eine Blaupause zur Produktion von Proteinen darstellt. RNS kann außerdem katalytische Aufgaben übernehmen. Zusammen mit den Proteinen verantwortet die RNS vielfältige chemische Reaktionen und macht alle Bestandteile, die für die Funktionalität der Zellmaschinerie benötigt werden, verfügbar.

Jedoch reichte schon sehr schnell der Begriff „Thermophile" nicht mehr aus, um eine neue Gruppe von Mikroben zu beschreiben, die selbst das Dogma der Sterilisation von Louis Pasteur zu Fall brachten. Der große französische Mikrobiologe und Chemiker entwickelte ein nach ihm benanntes Verfahren zur Sterilisation (Pasteurisierung), um Keime und Bakterien abzutöten. Dazu erhitzte Pasteur die zu sterilisierende Flüssigkeit bis sie kochte, sodass keine Lebewesen überlebten. So dachten die Wissenschaftler zumindest. Karl Stetter (Kap. 3) führte nur einige Jahre nach der Entdeckung der Thermophilen den Begriff „Hyperthermophile" ein und definierte, dass diese Mikroorganismen erst ab Temperaturen von mehr als 80 °C besonders gut wachsen und bei Temperaturen unter 65 °C das Wachstum vollständig einstellen. Nach oben wurde keine Grenze gesetzt und mittlerweile sind einige wenige Spezies bekannt, die selbst

Temperaturen von über 110 °C noch tolerieren (Kap. 6, Abschn. „Heiß, Heißer, Hyperthermophile").

Wenn wir uns typische thermophile und hyperthermophile Mikroben unter dem Mikroskop anschauen, fällt uns zunächst nichts auf, was diese enorme Hitzeakzeptanz erklären würde. In Form und Struktur unterscheiden sich die Hyperthermophilen nicht von anderen Prokaryoten. In ihrer genetischen Ausstattung und ihrer Physiologie weisen sie jedoch gravierende Unterschiede auf (Kap. 6, Abschn. „Genetische Ausstattung von hitzeliebenden Mikroben"). Im Stammbaum des Lebens sind hyperthermophile Mikroorganismen ausschließlich innerhalb der Prokaryoten zu finden. Ihre systematische Verbreitung an der Basis des Stammbaums deutet außerdem auf eine ursprüngliche Abstammung hin (Kap. 12). Heutzutage werden die meisten Vertreter der Hyperthermophilen in das Reich der Archaea eingeordnet, während einige wenige Bakterien beschrieben wurden, die Temperaturen im Grenzbereich zwischen Thermophilen und Hyperthermophilen von etwa 80 °C bevorzugen. Die hitzebeständigsten Eukaryoten sind ein paar Schimmelpilze, die lediglich Temperaturen bis etwa 65 °C aushalten und bisher scheinbar keine Strategie entwickelt haben, um unter noch heißeren Bedingungen zu überleben.

„Brr, bei euch ist es ja richtig kalt"

Die altgriechische Bezeichnung für die Kälte oder das Kühle liebende Mikroorganismen ist Psychrophile, wobei *psukhros* das griechische Wort für „kalt" ist. Aber was ist *per definitionem* wirklich kalt? Wir Menschen sind bereits unterkühlt, wenn unsere Körpertemperatur auf unter 35 °C sinkt. Dann fangen wir an zu zittern, da unser Körper versucht, über Bewegungen verlorene Wärme zu erzeugen beziehungsweise nicht noch weiter abzukühlen. Psychrophile Bakterien würden darüber wahrscheinlich nur kühl lächeln.

Als psychrophil beziehungsweise kälteliebend werden nämlich alle Mikroorganismen bezeichnet, die eine Temperatur von etwa 10 °C bevorzugen und ihr Wachstum bei Bedingungen in einem Bereich zwischen 25 und 40 °C normalerweise bereits einstellen. Die Temperaturgrenzen schwanken je nach Lehrbuch und Forschungsarbeit jedoch leicht. Im Detail wurden die Psychrophilen in den 1960er-Jahren beschrieben und Richard Morita formulierte 1975 eine erste Definition: Ein „echter" Psychrophiler fühlt sich bei Temperaturen unter 15 °C am wohlsten und ist bei Bedingungen unter dem Gefrierpunkt noch lebensfähig, während er bei über 20 °C nicht mehr wächst (Morita 1975). In seiner wegweisenden Studie stellte Morita, der übrigens bei Claude ZoBell gelernt hatte (Kap. 3, Abschn. „Tauchgänge zu den druckliebenden Bakterien"), bereits die „echten" Psychrophilen den Kältetoleranten (Psychrotoleranten oder Psychrotrophen) gegenüber. Er definierte, dass die toleranten Spezies zwar noch bei Temperaturen unter 15 °C wachsen können, sich aber bei Temperaturen über 25 °C wohler fühlen. Für Psychrophile, die am liebsten bei Temperaturen unter dem Gefrierpunkt leben, wurde der Begriff „Cryophile" (Eisliebende) eingeführt, um die ganz Extremen eigens hervorheben zu können. In der Tierphysiologie werden bis heute vereinzelt auch noch die beiden Begriffe „stenopsychrophil" und „eurypsychrophil" genutzt. Das griechische Wort *steno* bedeutet „eng" und beschreibt die „echten" Psychrophilen, während den „Psychrotoleranten" nachgesagt wird, dass sie einen „breiten" *(eury)* Temperaturbereich akzeptieren. Allen Psychrophilen gemeinsam ist jedoch ein extrem langsames Wachstum. Dabei kann die Geschwindigkeit, mit der sich Zellen von psychrophilen Spezies teilen, zwischen einigen Stunden und mehreren Monaten liegen. Wir müssen aber unbedingt einen eindeutigen Unterschied zwischen dem verlangsamten Metabolismus in der Zelle und echtem Wachstum machen: Die langsame Zellteilungsgeschwindigkeit kann zwar als typisch für die erste Einordnung von Psychrophilen angesehen werden, allerdings ist der Vergleich von physiologischen und genetischen Faktoren für eine exakte Eingruppierung essenziell, da auch meso- und thermophile Spezies ein langsames Wachstum aufweisen können. Nichtsdestotrotz machen Psychrophile oft den Eindruck, dass sie nur überdauern, aber ihr Leben nicht in vollen Zügen genießen. Dabei benutzen sie beispielsweise Tricks wie die Einlagerung von natürlichen Frostschutzmitteln, um das Zellinnere flüssig zu halten.

Auch die Zusammensetzung der Fette innerhalb der Zellmembran unterscheidet sich bei den kälteliebenden Mikroben deutlich von der meso- und thermophiler Mikroorganismen. Aufgrund ihrer besonderen Lebensumstände müssen einzellige Mikroorganismen bei kühlen Temperaturen ihre Zellform flexibel und „fließend" halten. Wir werden später noch sehen, dass Psychrophile beispielsweise besonders häufig kurzkettige und ungesättigte oder verzweigte Fettsäuren in ihrer Membran aufweisen, damit ihre Zellhülle bei niedrigen Temperaturen nicht gallertartig oder völlig starr wird (Kap. 4, Abschn. „Welche genetische und physiologische Ausstattung erleichtert das Leben im Eis?").

Unter extremem Druck stehende Bakterien

Extrem heiße und kalte Bedingungen gibt es auch in der Tiefsee. Wenn wir tief in die Ozeane vordringen, dominiert aber vor allem ein extrem hoher Druck. Die „Piezophilen" haben sich erfolgreich in der Tiefsee angesiedelt und widerstehen dem immensen Druck ohne zusammengequetscht zu werden. Früher wurden sie auch als „Barophile" bezeichnet. Der Begriff „barophil" wird heutzutage allerdings nicht mehr verwendet.

Die „Druckliebenden" bevorzugen einen hydrostatischen Druck von 40 MPa oder mehr, was in etwa dem 400-fachen Druck auf der Erdoberfläche entspricht. Auf dem Grund des **Marianengrabens**, dem tiefsten Punkt der Ozeane, ist der Druck sogar mehr als 1000-fach so hoch. Ein Druck von dieser Größenordnung ist auf unserem Planeten ausschließlich in der Tiefsee zu finden, sodass diese Extremophilen keine Möglichkeit haben, neue Lebensräume auf der Erde zu erobern. Da die durchschnittliche Wassertiefe aller Meere und Ozeane auf der Erde aber fast 4000 m beträgt, bietet sich eine enorme Vielfalt an Lebensräumen für diese kleinen Überlebenskünstler.

Piezophile Mikroben sind aufgrund der Größe unserer Ozeane deshalb auch fast auf dem ganzen Planeten verbreitet und stellen einen Großteil der lebenden Biomasse dar (Kap. 5). Die meisten piezophilen und piezotoleranten Spezies sind außerdem auch kälteliebend und stellen oft das Wachstum bei Temperaturen über 20 °C ein.

Vom Leben in der Säure und in der Lauge

Nicht nur anhand der Temperatur und des Drucks lassen sich Extremophile kategorisieren. Ein weiterer wichtiger Faktor ist der pH-Wert des Lebensraums (Kap. 8). Lebende Zellen müssen in den Zellen (intrazellulär) einen pH-Wert im neutralen Bereich aufrechterhalten, um die Funktionalität der Zellinhaltsstoffe wie Proteine, Nukleinsäuren und Stoffwechselprodukte zu gewährleisten. Je höher oder niedriger der umgebende pH-Wert ist, umso schwieriger ist es aber, den intrazellulären pH-Wert zu regulieren. Mikroorganismen, die an einen sauren pH-Wert in der Umgebung angepasst sind, werden als Azidophile bezeichnet. In der Regel bevorzugen sie einen pH-Wert von unter 4 und überleben in einer extrem sauren Umgebung mit einem pH-Wert, der sogar oftmals kleiner als 2 ist. Vertreter dieser Extremophilen finden wir in allen **drei Domänen** des phylogenetischen Stammbaums, den Archaeen, Bakterien und Eukaryoten – wobei Archaeen die sauersten Bedingungen tolerieren. Ihnen ist gemein, dass sie versuchen, durch Pumpsysteme die einströmenden Protonen, die für das saure Milieu verantwortlich sind, wieder aus der Zelle zu transportieren, oder sie versuchen, ihre Aufnahme gleich vollständig zu verhindern. Bei den Eukaryoten finden wir sowohl verschiedene Algen als auch Hefen, die eine saure Umgebung bevorzugen.

Das Gegenteil zu den Azidophilen sind die sogenannten alkaliphilen Mikroben. Diese sind ebenfalls bei einem neutralen pH-Wert nicht lebensfähig. Im Hinblick auf ihre Präferenz können sie von den alkalitoleranten Spezies unterschieden werden. Alkalitolerante Mikroorganismen sind zwar in der Lage, unter alkalischen Bedingungen bei einem pH-Wert um 9 zu wachsen, aber sie bevorzugen trotzdem eher neutrale Bedingungen, während die Alkaliphilen sich erst in basischer Umgebung so richtig wohl fühlen. Eine weitere Unterteilung in Hyperalkaliphile wird diskutiert, wobei diese Mikroben optimal bei pH-Werten um 10 wachsen und gedeihen. Die Mikrobiologen und Zellphysiologen glauben heute, dass kein Lebewesen bei einem pH-Wert über 12 außerhalb der Zelle (extrazellulär) überleben kann, da das sogenannte Zytoplasma in der Zelle dann wahrscheinlich einen tödlichen Wert von mehr als 10 erreichen würde. Wir können davon ausgehen, dass ein derartiger intrazellulärer pH-Wert wahrscheinlich zu lebensfeindlich für das Zusammenspiel der in der Zelle vorhandenen Proteine und Metaboliten ist. Bisher wurden jedenfalls keine Alkaliphilen gefunden, die einen intrazellulären pH-Wert über 9,9 aufwiesen.

Versalzen? Nicht für Halophile!

Das klassische salzliebende Lebewesen ist sicherlich der Urzeitkrebs *(Artemia salina)*. Den Eiern dieses kleinen Krebses begegnen wir seit Generationen als Gimmick in populärwissenschaftlichen Zeitschriften für Kinder und Jugendliche. In Salzwasser inkubiert und ausreichend belüftet, schlüpfen nach einiger Zeit die kleinen, durchsichtigen Urzeitkrebse, die bei guter Pflege auf eine Länge bis zu 2 cm heranwachsen können. Während diese Krebse mit etwa 3 % nur relativ geringe Mengen von Salz benötigen, werden in der Natur Lebensräume mit einem Salzgehalt von mehr als 200 g/L (>20 %) von salzliebenden Extremophilen, den sogenannten Halophilen, besiedelt (Kap. 7). Hierbei spielt vor allem die Konzentration von Kochsalz (Natriumchlorid) die größte Rolle, welches am häufigsten vorkommt.

Bereits im 19. Jahrhundert wurden Mikroorganismen von Fischen isoliert, die durch das Einlegen in Salzlösungen konserviert werden sollten. Die meisten Halophilen sind Bakterien und Archaeen, aber auch einige niedere eukaryotische Algen der Gattung *Dunaliella* sind weit verbreitet. Auch in Bezug auf ihre Vorliebe für Salz wurden Mikroben von Wissenschaftlern weiter unterteilt. Dabei werden wieder die „echten" Halophilen den Halotoleranten gegenübergestellt und aufgrund der bevorzugten Salzkonzentration in ihren Lebensräumen kategorisiert. Die Halotoleranten wachsen bevorzugt in einer Umgebung, die etwa 3 bis 15 % Natriumchlorid aufweist. Der Urzeitkrebs ist also kein „echter" Halophiler. Die „echten" Halophilen wachsen erst ab etwa 15 % Salzgehalt und tolerieren oft Konzentrationen bis 30 % oder überleben selbst noch nahe der Sättigungsgrenze (>30 %). Alle diese Mikroben werden von den Nicht-Halophilen unterschieden, die sich bei Konzentrationen <1 % Salz am wohlsten fühlen. Der Mensch kann übrigens in Bolivien das Leben der Halophilen nachfühlen. Hier finden wir das Hotel „Palacio de Sal", welches, wie der Name schon sagt, teilweise aus Salz gebaut wurde. Insgesamt wurden mehr als eine Million Salzblöcke verbaut und die Nacht kann auf einem Bett aus Salz verbracht werden, wobei der Gast dann eher zeitweise halotolerant ist.

Vergiftete, verstrahlte und hungernde Extremophile

Tatsächlich finden wir an nahezu jedem Ort auf dem Planeten mindestens einen Extremophilen, der sich dort niedergelassen hat. Wie ihr Name schon sagt, tolerieren die Metalltoleranten hohe Konzentrationen verschiedener Metalle wie Kupfer, Kadmium, oder Zink. Aufgrund ihrer unglaublichen Lebensweise könnte man vermuten, dass sie große Unterschiede zu allen anderen bekannten Mikroben aufweisen. Selbst einige renommierte Wissenschaftler der NASA sind einem unscheinbaren Bakterium auf den Leim gegangen und spekulierten, dass es Arsen anstelle von essenziellem Phosphor in seine DNS einbauen kann (Kap. 11, Abschn. „Das Arsenbakterium der NASA"). Im Gegensatz zu den metalltoleranten Extremophilen überleben die Toxitoleranten sogar in der Anwesenheit von Giftstoffen und organischen Lösungsmitteln, deren Aufnahme für andere

Lebewesen fatale Folgen hätte (Kap. 9, Abschn. „Biologische Sanierung durch Mikroorganismen"). Und die Radiotoleranten besiedeln die Abstrahlbecken von nuklearen Brennstäben und stillgelegte Reaktoren. Die extremsten Vertreter tolerieren selbst kurzzeitige radioaktive Dosen, die tausendfach über der Toleranzgrenze des Menschen liegen. Die genetische Ausstattung dieser Bakterien wird dabei zwar zeitweise zerstört, aber sie kann rasend schnell wieder repariert werden (Kap. 9, Abschn. „Im Schlaraffenland der Radiotoleranten").

Zum Überleben braucht der Mensch ebenso wie alle Tiere Nährstoffe, Wasser und Luft zum Atmen, während es unter den Extremophilen Vertreter gibt, die darauf zeitweise oder andauernd verzichten können. Oligotrophe Mikroben sind echte Hungerkünstler. Sie leben in Umgebungen mit einem Mangel an Nährstoffen. Obwohl wir den Stoffwechsel von Mikroorganismen in diesem Buch nicht im Detail beleuchten werden, begegnen uns dennoch neben den Oligotrophen an verschiedenen Stellen auch die sogenannten **Autotrophen,** die wiederum von den **Heterotrophen** unterschieden werden. Die letzteren Begriffe fassen allerdings keine Gruppen von Extremophilen zusammen. Als Autotrophe werden alle Lebewesen bezeichnet, die sich selbst versorgen können und dabei anorganische Stoffe verwenden. Die wichtigste und größte Gruppe der Autotrophen sind die Photoautotrophen. Sie umfassen vor allem Pflanzen, Algen und Cyanobakterien und betreiben Photosynthese. Die Heterotrophen ernähren sich im Gegensatz zu den Autotrophen von organischen Verbindungen und sind auf die Autotrophen als „Lieferanten" angewiesen.

Ebenso ist Wasser für alle Zellen in der Natur essenziell. Und obwohl auch die Xerotoleranten nicht komplett auf das wertvolle Nass verzichten können, benötigen sie nur sehr geringe Mengen davon und bevölkern deshalb die trockensten Orte auf dem Planeten. So gesehen können obligat Xerophile gar nicht existieren. Die Fähigkeit, ohne Sauerstoff zum Atmen zu überleben (anaerobe Mikroben), ist dagegen nicht nur unter den Extremophilen sondern auch unter vielen „normalen" Mikroben weit verbreitet.

In und unter Gesteinen lebende Extremophile

Als endolithische Mikroorganismen werden Lebewesen bezeichnet, die im Gestein leben, wobei die „echten" Endolithen (Euendolithen) noch abgegrenzt werden, da es sich bei ihnen um Mikroben handelt, die aktiv in das Innere von Gesteinen eindringen. Zumeist sind diese Gesteine durchscheinend und porös. Sie dienen vor allem als Schutz vor Wind und ultravioletter Strahlung. Einige Endolithen fressen sich aber auch in das harte Gestein der Erdoberfläche und dringen in unvorstellbare Tiefen von mehreren Kilometern vor. Dabei teilen sich einige Vertreter nur alle hundert Jahre. Und selbst in den extremen, antarktischen Trockenoasen dienen Gesteine als Lebensraum für verschiedene Einzeller (Kap. 4, Abschn. „Antarktische Oasen").

Endolithen werden den Hypolithen gegenübergestellt, die unter Gesteinen leben. Interessanterweise sind diese Mikroben oft zur Photosynthese fähig. Sie nutzen das wenige Sonnenlicht, welches die Unterseite der Steine erreicht. Wenn man unter verschiedene Steine in arktischen und antarktischen Regionen schaut, kann man diese Bakterienkolonien oft mit bloßem Auge erkennen, da sie deutlich grün oder rot gefärbt sind. Photosynthesefähige Cyanobakterien *(Kasten 2.3 – Blaualgen sind keine Algen)* dominieren die bakteriellen Gemeinschaften. Eine weitere Klassifizierung wurde durch die Entdeckung der sogenannten Chasmoendolithen nötig, die in Bruchstellen von Gesteinen leben. Das Wort *chasmo* bedeutet in diesem Zusammenhang „Riss" oder „Kluft". Besonders in trockenen, aber extrem kalten Gebieten, entstehen durch die sinusförmige Über- und Unterschreitung des Gefrierpunkts und die damit verbundenen Frost- und Tauzyklen Risse in Gesteinen. Hier sind Flechten zu finden, die Cyanobakterien oder seltene eukaryotische Algen enthalten.

Kasten 2.3 – Blaualgen sind keine Algen

Cyanobakterien wurden früher auch als Blaualgen bezeichnet. Im Gegensatz zu den eukaryotischen Algen, gehören Cyanobakterien allerdings zu den Prokaryoten und sind somit gar keine Algen, sondern umfassen eine der wichtigsten Gruppen der Bakterien. Sie sind die ältesten **Photoautotrophen** auf unserem Planeten und füllten einst die sauerstofffreie Atmosphäre mit Sauerstoff, wodurch das heutige Leben auf der Erde überhaupt erst möglich geworden ist. Cyanobakterien sind von einer typischen photosynthetischen Membran umgeben und weisen charakteristische Gasbläschen im Zellinneren auf, die einen Aufstieg an die Oberfläche ihrer aquatischen Lebensräume ermöglichen. Vom Wind verweht, sammeln sie sich schließlich in dichten Zellhaufen. Massenentwicklungen als Folge von verstärkter Sonnenlichteinstrahlung führen zu spektakulären Algenblüten in Gewässern und Meeren. Extrem dicke **Biofilme** von thermophilen Cyanobakterien finden wir in geothermalen Habitaten wie den heißen Abflüssen im Yellowstone Nationalpark in den USA.

Abschließend wurden noch die sogenannten Cryptoendolithen definiert, die im Inneren von porösen Gesteinen leben und oft ökologische Nischen besetzen, die zuvor durch Euendolithen generiert wurden. Hier sind ebenfalls vornehmlich von Flechten mit Blaualgen dominierte Gemeinschaften entdeckt worden, wobei eine exakte Abgrenzung gegenüber den Hypolithen nicht immer einfach zu sein scheint. In Gesteinen lebende Mikroben sind vor allem für den noch neuen Wissenschaftszweig der **Astrobiologie** von großem Interesse, da sie Spekulationen über die Besiedelung von fremden Planeten zulassen, bei denen Bakterien auf Asteroiden durch das Weltall „reisen" (Kap. 11).

Die (Fast-)Alleskönner unter den Extremophilen

Nachdem wir gelernt haben, dass es Extremophile in nahezu jedem Biotop gibt, werden wir am Schluss dieses Kapitels noch eine ganz besondere Gruppe der Extremophilen kennenlernen. Die sogenannten Polyextremophilen sind gleichzeitig an mehrere extreme Bedingungen angepasst. Sie bevorzugen beispielsweise kalte und salzige Umgebungen oder große Hitze in einem sauren Milieu. Sie werden ihren Vorlieben entsprechend dann auch als Psychrohalophile oder Thermoalkaliphile bezeichnet. Wie wir noch sehen werden, sind viele verschiedene Kombinationen denkbar.

Interessanterweise sind die Polyextremophilen im Vergleich zu anderen Extremophilen aber nie besonders extrem im Hinblick auf alle Faktoren. So bevorzugen manche Thermoalkaliphile zwar zum Beispiel sehr hohe Temperaturen von 80 °C, aber nur gemäßigte pH-Werte bis etwa 8,5. Andere thermoalkaliphile Vertreter fühlen sich in extrem alkaliner Umgebung mit einem pH-Wert größer als 10 am wohlsten – aber nur, wenn es nicht zu heiß ist und die Temperatur etwa 55 °C nicht übersteigt. Vergleichbare Vorlieben wurden auch für haloalkaliphile Mikroben beschrieben, die hohe Salzkonzentrationen bei leicht basischem pH bevorzugen oder etwas weniger Salz präferieren, aber dafür bei sehr hohen pH-Werten leben.

Die Polyextremophilen sind auf der Erde weit verbreitet. Einige heiße Salzseen finden wir beispielsweise in Tunesien und Ägypten. In der Antarktis hingegen gibt es kalte, unterirdische Salzseen, in denen halophile Mikroben gefunden wurden, die optimal nahe der Sättigungsgrenzen von Salz bei etwa 4 °C wachsen. Da sie außerdem ohne Sauerstoff leben, sind diese Mikroorganismen sogar in dreierlei Hinsicht extrem: Temperatur, Salzgehalt und Sauerstoff.

Eine der am besten untersuchten Gruppen von Polyextremophilen sind die Thermoazidophilen. Wie der Name schon sagt, sind sie sowohl an hohe Temperaturen als auch an saure Milieus optimal angepasst. Sie werden zum Beispiel in heißen und sauren Quellen wie den **Solfataren** in Italien und Japan gefunden. Aus Solfataren strömt Gas aus, das an der Luft zu elementarem Schwefel oxidiert wird. Anschließend wird in wässriger Lösung schwefelige Säure gebildet, die den Untergrund stark ansäuert. Wie schon für die Thermoalkaliphilen gezeigt, lassen sich auch die extremen Thermoazidophilen leicht in zwei Gruppen einteilen. Entweder bevorzugen sie extrem saure pH-Werte unter 2 in Verbindung mit nur gemäßigt heißen Temperaturen um 55 °C oder sie fühlen sich bei Temperaturen um 80 °C am wohlsten. Allerdings tolerieren sie dann nur Säuregrade von einem pH-Wert über 3.

Ferner gibt es auch Vertreter, die eine Kombination von hohem Druck und hoher Temperatur bevorzugen und entweder in der Nähe von hydrothermalen Tiefseequellen oder direkt im Erdinneren leben. Erst kürzlich wurden bei Bohrungen in 2466 m Tiefe im Sediment der Tiefsee noch lebende Zellen gefunden. Im Erdinneren der Tiefsee handelt es sich größtenteils um ein temperiertes Habitat von etwa 40 °C bis 60 °C. Allerdings ist die Zelldichte in diesen Biotopen mit 10–10.000 Zellen pro Kubikzentimeter nur relativ gering. Zum Vergleich finden wir in einem Teelöffel Gartenerde oftmals mehrere Millionen Zellen.

Welche Extremophilen suchen wir bisher vergeblich?

Es bleibt die Frage, ob der Natur Grenzen gesetzt sind oder ob es jede Art von Extremophilen gibt, die wir uns vorstellen können. Bis heute sind manche Polyextremophilen noch nicht entdeckt worden. So fehlen bisher Beweise für die Existenz von Psychroazidophilen, Haloazidophilen und Hyperthermohalophilen. Und obwohl wir viele anaerobe Hyperthermophile kennen, benötigen Thermophile, Alkaliphile und Thermoalkaliphile normalerweise Sauerstoff, um überleben zu können. Bis heute konnte auch noch kein anaerober Thermoazidophiler untersucht werden. Möglicherweise ist die Kombination von mangelndem Sauerstoff und einer sauren, heißen Umgebung zu drastisch, damit Mikroorganismen überleben können. Ausschlaggebend sind natürlich auch die auf der Erde vorkommenden Bedingungen. Saure und salzige Lebensräume sind sehr selten und zumeist auch nicht gleichermaßen extrem. Den höchsten Salzgehalt und die sauerste Umgebung tolerieren innerhalb der Eukaryoten beispielsweise Vertreter der Hefepilzgattung *Hortaea*.

Zusammenfassend können wir festhalten, dass die derzeitigen Grenzen bei Temperaturen unter dem Gefrierpunkt und über dem Siedepunkt von Wasser liegen, während pH-Werte zwischen 0 und 12 toleriert werden können. Einige Extremophile überleben bei Salzkonzentration an der Sättigungsgrenze und auch bei einem Druck jenseits der 100 MPa. Zudem können auch zwei oder mehr Extreme toleriert werden, wobei nicht jede beliebige Kombination möglich ist.

3

Pioniere der Extremophilenforschung

© Springer-Verlag GmbH Deutschland 2018
S. Elleuche, *Extreme Lebensräume: Wie Mikroben unseren Planeten erobern,* https://doi.org/10.1007/978-3-662-56015-0_3

Die Sehnsucht nach spektakulären wissenschaftlichen Entdeckungen ist so alt wie die Wissenschaften selbst. Einige der größten Errungenschaften prägen sich im öffentlichen Gedächtnis nachhaltig ein und verblassen praktisch nie. Oft sind mit diesen Entdeckungen ihre Entdecker untrennbar verbunden, oder aber die Erstentdeckung gerät in Vergessenheit, da die Öffentlichkeit noch nicht bereit für sie ist, bis zu einem anderen Zeitpunkt eine „neue" alte Entdeckung gemacht wird. Auf dem Gebiet der Extremophilenforschung sind einige der spektakulärsten Errungenschaften sicherlich die Erstbeschreibungen von den extremsten Mikroben. Hier stechen beispielsweise die Vertreter hervor, die aus dem tiefsten Ozean isoliert wurden, für Tausende Jahre im Eis eingefroren waren oder sich in kochendem Wasser am wohlsten fühlen. Manche dieser erstmaligen Beobachtungen lagen zeitlich fast 100 Jahre vor der Etablierung des Forschungsfeldes und gerieten deshalb zunächst wieder in Vergessenheit. Die gezielte Jagd nach Extremophilen begann schließlich in der zweiten Hälfte des 20. Jahrhunderts. Eine kleine Auswahl von Pionieren, die das Forschungsgebiet mitbegründeten, wird in diesem Kapitel kurz vorgestellt. Am Ende überdauern ihre Entdeckungen zwar oft ihre Namen, aber dennoch sind manche von ihnen wahrscheinlich für immer untrennbar mit der Mikrobiologie der Extremophilen verbunden.

Tauchgänge zu den druckliebenden Bakterien

Einige Wissenschaftler müssen selbst extreme Abenteuer bestehen, um spektakuläre Entdeckungen zu machen und zu ihren beeindruckenden Erkenntnissen zu kommen. Beste familiäre Voraussetzungen dafür hatte sicherlich der Schweizer Jacques Piccard (1922–2008). Als Sohn des Stratosphärenforschers Auguste Piccard (1884–1962), der in den 1930er-Jahren bereits mit einem Gasballon mehr als 16.000 m in die Höhe stieg und erste Tiefseetauchgänge unternahm, eiferte Jacques seinem Vater früh nach, um ihn später im Hinblick auf die Tiefseeforschung sogar noch zu übertreffen. Gemeinsam tauchten sie mit ihrem selbst konstruierten Unterseeboot „Trieste" Anfang der 1950er-Jahre zunächst bis in eine Tiefe von mehr als 3000 m hinab und stellten damit einen neuen Rekord auf. Allerdings tauchten andere Abenteurer bereits kurze Zeit später noch tiefer, sodass Jacques und Auguste Piccards Tauchgänge wahrscheinlich heute in Vergessenheit geraten wären. Durch diesen nur sehr kurzweiligen Erfolg angestachelt, träumte Jacques Piccard jedoch schließlich von einem Tauchgang in die Tiefe der Meere, dessen Rekord niemals mehr gebrochen werden sollte. Er nahm sich vor, die tiefste Stelle aller Ozeane zu erreichen und plante sein Vorhaben fortan akribisch. Die wichtigste Hürde, die er auf dem Weg zu diesem Rekord nehmen musste, war allerdings, ein entsprechendes U-Boot zu finden, da die von seinem Vater entwickelte Trieste lediglich für eine theoretische Tiefe von etwa 6000 m ausgelegt war. Die tiefste

Stelle im pazifischen Ozean ist aber fast doppelt so tief und war für das damalige U-Boot der Familie Piccard praktisch unerreichbar.

Glücklicherweise kaufte die US-Marine die Trieste auf, um nach verschollenen Booten auf dem Meeresgrund zu suchen. Da außerdem die wissenschaftliche Tiefseeforschung im Fokus des Interesses der US-amerikanischen Regierung stand, wurde Jacques Piccard gleich als Berater miteingestellt. In Zusammenarbeit mit dem Essener Schwerindustrie-Unternehmen Krupp konnte er den Druckkörper des U-Bootes schließlich so verstärken, dass ein Tauchgang bis auf den Grund des **Marianengrabens** möglich wurde. Zusammen mit seinem amerikanischen Kollegen, dem Marineleutnant Don Walsh, war es für Jacques Piccard im Jahr 1960 dann endlich soweit. Die beiden Tiefseereisenden bestiegen die umgebaute Trieste und tauchten in die tiefsten Tiefen des Pazifiks hinab. Der große Traum von Jacques Piccard erfüllte sich schließlich nach langen Jahren der akribischen Vorbereitung. Nach fast 6 h erreichten die beiden Tiefseetaucher schließlich den Grund und verblieben dort für etwa 20 min, bevor sie wieder an die Oberfläche zurückkehrten. Wie erwartet, bleibt dieser Tauchgang in das sogenannte Triestetief, bis heute praktisch unübertroffen. Es dauerte bis zum Jahr 2012, als mit dem amerikanischen Abenteurer James Cameron erst der dritte Mensch die Tiefe des Marianengrabens erreichte. Er tauchte bis auf den Grund des **Challengertiefs** hinab, von dem wir heute wissen, dass es sogar noch einige Meter tiefer als das Triestetief ist. Da Cameron vor allem als Regisseur international bekannt ist, ging er auch in der Tiefsee seiner Liebe für das Kino nach und drehte zum ersten Mal beeindruckende und ausführliche Videoaufnahmen, die anschließend in Form des Dokumentarfilms „Deepsea Challenge" präsentiert wurden (Cameron 2014).

Piccard und Walsh berichteten nach ihrem Abenteuer sogar von der Sichtung verschiedener mysteriöser Lebewesen. Allerdings konnten bei dieser Fahrt weder Proben genommen noch Videos aufgezeichnet werden, sodass auf eine wissenschaftliche Bestätigung ihrer Beobachtungen noch einige Zeit gewartet werden musste. Um in der Tiefsee Mikroben zu finden und zu beschreiben, brauchte es schließlich weder einen Ozeanographen und einen Marineleutnant noch einen Filmregisseur, sondern einen Mikrobiologen. Und wer könnte sich dazu besser eignen, als der „Vater der marinen Mikrobiologie"? Als dieser wurde der amerikanische Wissenschaftler dänischer Abstammung Claude ZoBell (1904–1989) in einem Nachruf bezeichnet und geehrt (Morita 1989). Die längste Zeit seiner wissenschaftlichen Karriere verbrachte ZoBell am renommierten Forschungszentrum „Scripps Institution of Oceanography" in San Diego. Dort beschrieb er zahlreiche Mikroorganismen aus den Meeren und war bereits in den 1930er- und 1940er-Jahren der erste bedeutende marine Mikrobiologe überhaupt. ZoBells Forschungsschwerpunkte umfassten die Erforschung des marinen Lebensraums beispielsweise im Hinblick auf die mikrobielle Physiologie und die Bildung von Biofilmen.

Mit dem Fachgebiet der extremophilen Mikroorganismen ist ZoBells Name für immer verbunden, da er den Begriff der „Barophilie" prägte, der erst kürzlich durch den gleichbedeutenden Begriff „Piezophilie" von der wissenschaftlichen Gemeinschaft ersetzt wurde (Kap. 2, Abschn. „Unter extremem Druck stehende Bakterien"). Die griechische Vorsilbe *baro* bedeutet auf Deutsch „Gewicht", während *piezo* das besser passende griechische Wort für „Druck" ist, der in der Tiefsee vorherrscht. Der erste Mikroorganismus aus der Tiefsee wurde dann auch bereits 1949 von Claude ZoBell beschrieben. Er isolierte einige Bakterien aus einer Sedimentprobe, die in der Tiefsee nahe Bermuda aus 5800 m Tiefe gewonnen wurden (ZoBell und Johnson 1949). Allerdings waren die ersten Spezies „nur" piezotolerant. Sie sind zwar in der Lage, hohen Druck auszuhalten, aber sie wachsen im Labor auch bei gemäßigten Bedingungen.

Die Kultivierung in Hochdruckkammern steckte damals noch in den Kinderschuhen und stellte die Wissenschaftler vor ein experimentelles Problem. Die „echten" Piezophilen überstanden die extremen Druckschwankungen während der Probennahme meist nicht und verstarben so bereits während des Transportes oder sie konnten im Labor einfach nicht angezogen werden, da die natürlichen Bedingungen ihres Lebensraumes nicht ausreichend kopiert werden konnten. ZoBells Team sammelte aber schließlich Proben, die sie direkt in einer eigens hergestellten Druckkammer aus Titan kultivierten. Mit diesem Experiment konnte ZoBell erstmals eine lebendige mikrobielle Vielfalt von druckliebenden Bakterien nachweisen.

Anschließend nahmen viele Forschungslaboratorien auf der ganzen Welt die Arbeit mit piezophilen Bakterien auf. ZoBell intensivierte sein Forschungsthema und begann die isolierten Bakterien aus der Tiefsee im Labor bei hohem Druck zu kultivieren und im Detail zu beobachten. Dabei interessierte er sich besonders dafür, wie sich das Wachstum und die Lebensweise dieser Mikroben von anderen bekannten Spezies unterscheiden. Das Wachstum von drucksensitiven Bakterien verändert sich zumeist mit steigendem Druck, bevor es schließlich ganz eingestellt wird. Die Lieblingsmikrobe der Molekularbiologen, unser Darmbakterium *Escherichia coli,* wächst beispielsweise langsamer und unnatürlich fadenförmig, bevor sie erst bei einem Druck, der etwa 500-fach so hoch ist wie der Luftdruck auf der Erdoberfläche, nicht mehr weiterwächst. Anhand dieser Beobachtungen wurde erst später erkannt, dass zunächst die Zellteilung gestoppt wird. Die Biomasseproduktion aber bleibt anfangs unverändert, da die Zellen noch langsam wachsen. Im Gegensatz dazu haben die piezophilen Mikroorganismen auch bei erhöhtem Druck einen Weg gefunden, sich sowohl zu vermehren als auch zu wachsen.

In einem weiteren ambitionierten Projekt konzentrierten sich ZoBell und seine Nachfolger nicht mehr nur auf Zellen im freien Wasser und im losen Bodensediment. Sie begannen, nach Mikroorganismen in **Bohrkernen** zu suchen, die aus dem Boden der Tiefsee entnommen wurden. Erstaunlicherweise konnte ZoBell bei ersten Bohrungen keine lebenden Zellen in den Bodenproben finden, die aus Tiefen von mehr als 7 m entnommen wurden. Es musste also davon ausgegangen werden, dass es sich hier um keinen geeigneten Lebensraum für marine Mikroben handelt. Das Leben hatte also möglicherweise keinen Weg gefunden, in derartige Tiefen vorzudringen.

Die Entwicklung fortschrittlicher Techniken zur Kultivierung von Bakterien und das Zeitalter der DNS-Sequenzierung erbrachten aber schließlich doch noch den endgültigen Nachweis, dass auch in mehr als 7 m unter dem Meeresgrund noch lebende Mikroorganismen zu finden sind (Kap. 5). Heutzutage wissen wir, dass selbst in Tiefen von 1600 m unter dem Meeresgrund noch Mikroben leben. Ab den späten 1990er-Jahren koordinierte der kürzlich verstorbene japanische Mikrobiologe Koki Horikoshi (1932–2016) große Projekte, in denen neue Bakterien mithilfe von Kultivierungstechniken in Kombination mit ersten Sequenzierungsansätzen aus der Tiefsee identifiziert und beschrieben werden sollten. Der äußerst umtriebige Horikoshi war zu dieser Zeit aber bereits ein echter Pionier der Extremophilenforschung, dessen Name für immer mit der Entdeckung der ersten Alkaliphilen verbunden sein wird.

Die Entdeckung der Alkaliphilen

Das erste Bakterium, welches in einer basischen Umgebung wächst, wurde bereits gegen Ende des 19. Jahrhunderts beschrieben. Zu dieser Zeit wurde die Lebensweise jedoch noch lange nicht als alkaliphil bezeichnet. *Bacillus pasteurii* ist ein von dem US-amerikanischen Wissenschaftler Frederick Dixon Chester identifiziertes Bakterium, das heute den Namen *Sporosarcina pasteurii* trägt und vor allem für die Herstellung von Kalziumkarbonat, besser bekannt als **Biozement,** verwendet wird (Chester 1898). *S. pasteurii* und sein gut untersuchter

Verwandter *S. ureae* sind nämlich in der Lage, Harnstoff abzubauen, wobei der pH-Wert des Lebensraums dramatisch ansteigt. Wie der Name von *S. ureae* erahnen lässt, ist *Urea* auch die lateinische und englische Bezeichnung für Harnstoff. Das beim Abbau von Harnstoff entstehende Karbonat reagiert im Medium mit Kalzium, sodass schließlich Kalziumkarbonat entsteht. Für die gezielte **Biolaugung** und Herstellung von Biozement sind die basischen Vorlieben dieser Bakterien somit eine essenzielle Voraussetzung. Da Biozement auf natürlichem Wege hergestellt wird, können diese Mikroben auch für die Versiegelung von Rissen in Gebäuden eingesetzt werden. Vor allem *S. ureae* ist in landwirtschaftlich genutzten Böden weit verbreitet und ökologisch von besonders großer Bedeutung, da es vermutlich weltweit als natürlicher Hauptzersetzer von Harnstoff fungiert. Nach der ersten Entdeckung durch Chester musste die wissenschaftliche Gemeinschaft jedoch noch bis Mitte der 1950er-Jahre warten, bis ein junger Doktorand in Japan die Spur der Alkaliphilen aufnahm und diese schließlich auch als solche benannte.

Koki Horikoshi untersuchte 1956 den Einfluss des fadenförmigen Gießkannenschimmelpilzes *Aspergillus oryzae* auf den Geschmack des japanischen Reisweins Sake, als ihm zum ersten Mal ein Bakterium auffiel, welches eine basische Umgebung bevorzugt. Ein Umstand, der Horikoshi zunächst noch nicht bewusst gewesen ist. Als er seine Proben genauer inspizierte, stellte er jedoch überrascht fest, dass das **Myzel** des Pilzes, den er eigentlich untersuchte, nach einiger Zeit zersetzt wurde und sich Bakterien in der Kultur ausbreiteten. Horikoshi machte sich auf die Suche nach der Ursache und gelangte in den folgenden Jahren zu wegweisenden Erkenntnissen. Er konnte zeigen, dass das Nährmedium der Kultur mit der Zeit immer basischer wurde. Zunächst wächst der Schimmelpilz in einer leicht sauren Flüssigkeit mit einem pH-Wert von 6 schnell heran. Sobald er das Medium gut bewachsen hat, beginnt ein Stadium der Selbstauflösung, in welchem der Gießkannenschimmelpilz sich teilweise zersetzt. Dadurch steigt der pH-Wert auf etwa 7, was das Wachstum des neutrophilen Bakteriums *Bacillus circulans* einleitet. Die winzige Mikrobe fängt an, ein **hydrolytisches** Enzym freizusetzen, das den Pilz fast vollständig auflöst, wodurch der pH-Wert noch weiter steigt. Sobald eine basische Umgebung vorhanden ist, fühlt sich das alkaliphile Bakterium *Bacillus pseudofirmis* richtig wohl und ist nicht mehr aufzuhalten. Es überwächst die Kultur und übernimmt von seinem Verwandten *B. circulans* den neu entstandenen Lebensraum (Horikoshi und Iida 1958).

Nach Horikoshis wegweisenden Experimenten ist *B. pseudofirmis* ein Modellorganismus der Alkaliphilen geworden. Er ist in der Lage, einen pH-Unterschied von mehr als zwei zwischen der Umgebung und seinem Zellinneren aufrechtzuerhalten und lebt normalerweise in basischen Habitaten mit einem maximalen pH-Wert von 10,5. Bei diesen Bedingungen stellen neutrophile Bakterien wie *Bacillus subtilis* oder unser Darmbakterium *Escherichia coli* das Wachstum bereits vollständig ein. *B. pseudofirmis* ist ein richtig extremer Geselle und baut selbst in einer künstlichen Umgebung mit einem pH-Wert von 11,4 noch Biomasse auf, wobei er seinen intrazellulären pH-Wert dann bis auf 9,6 erhöht.

Nach einigen Jahren als Postdoktorand in den USA und der anschließenden Rückkehr nach Japan kam Horikoshi schließlich während eines kurzen Aufenthalts im italienischen Florenz eine Erkenntnis, die von nun an sein berufliches Leben bestimmen sollte. Vergnügt beschreibt er seinen Besuch in Europa in seiner posthum erschienenen Autobiographie mit dem Titel *Extremophiles – Where it all began* (Horikoshi 2016). Beim Anblick der für ihn völlig unbekannten florentinischen Gebäude fiel ihm auf, wie sehr sich der Renaissance-Baustil von den gewohnten Stadtbildern seiner japanischen Heimat unterscheidet. Er stellte sich die Frage, ob es auch „eine komplette unbekannte Welt von Mikroben geben könnte", von der nicht nur er selbst, sondern die gesamte wissenschaftliche Gemeinschaft bisher nichts wusste. Möglicherweise würden sich diese Bakterien in einem basischen Milieu sogar am wohlsten fühlen, überlegte er. Bisher waren keine Forschungsanstrengungen in diese Richtung unternommen worden. Fieberhaft dachte Horikoshi darüber nach, wo sich das Leben überall versteckt hatte und welche Mikroorganismen bisher beschrieben wurden. Warum wurden beispielsweise die säureliebenden Mikroben bereits früher entdeckt? Und warum interessierte sich vor ihm fast niemand für laugenliebende Bakterien? Horikoshi spekulierte später selbst über mögliche Gründe. Als er seine Forschungsarbeiten aufnahm, wurden viele neue Mikroorganismen in oder auf Lebensmitteln untersucht. Die ersten Radiotoleranten wurden beispielsweise in vermeintlich sterilen Fleischkonserven gefunden oder die Halophilen in gesalzenem Fisch (Kap. 2). Da die meisten Nahrungsmittel oft natürliche Säure aufweisen und es kaum bekannte

Lebensmittel mit einem basischen pH-Wert gibt, lag auch die Entdeckung der säureliebenden Mikroben damals vielleicht einfach näher.

Als Horikoshi von seiner Europareise und dem Besuch in Florenz wieder in sein Labor in Japan zurückkehrte, begann er sogleich mit einem so simplen wie genialen Experiment. Er stellte zwei Nährmedien her, die 1 % Natriumkarbonat enthielten und einen basischen pH-Wert aufwiesen. Horikoshi beimpfte die Medien mit 30 Proben, die er aus den Böden der Gärten seiner heimischen Forschungseinrichtung genommen hatte. Anschließend inkubierte Horikoshi die Ansätze bei 37 °C im Brutschrank und stellte bereits nach einer Nacht überrascht und erfreut fest, dass fast alle Kulturen dicht bewachsen waren. Zu diesem Zeitpunkt waren lediglich 16 wissenschaftliche Arbeiten erschienen, die Mikroorganismen in basischen Lebensräumen erwähnten, bevor Horikoshi diesen Lebewesen den Namen „Alkaliphile" gab.

Nach seinen ersten schnellen Erfolgen weitete Horikoshi seine Suche nach neuen Spezies immer weiter aus und konnte schließlich selbst auf dem Grund des Marianengrabens noch Vertreter seiner Alkaliphilen finden. Er postulierte, dass diese Lebewesen sich auch in neutralen Lebensräumen wie dem Boden gut ausbreiten können, da sie möglicherweise selbst hohe Konzentrationen von alkalinen Substanzen an die Umgebung abgeben und sich so ihren eigenen bevorzugten Lebensraum schaffen. Dennoch ist bis heute nicht endgültig geklärt, warum sie sich so oft in Lebensräume wie beispielsweise den Gärten um Horikoshis Forschungsinstitut verirren, die überhaupt nicht basisch sind. Eine plausible Erklärung könnte der

Umstand sein, dass die weite Verbreitung von vielen Arten aus der Fähigkeit resultiert, dass sie Sporen bilden, um in eigentlich lebensfeindlichen Umgebungen ganz bequem zu überdauern. Da basische Lebensräume auch im Hinblick auf die Erdgeschichte weit verbreitet sind, wurden im Zuge geologischer Veränderungen Sporen möglicherweise einfach verdriftet und können deshalb heute aus so vielen ordinären Bodenproben gewonnen werden. Nach den wegweisenden Arbeiten von Horikoshi machten sich andere Wissenschaftler auf, um Mikroorganismen in weiteren Habitaten zu finden, die bisher für steril gehalten wurden. Dabei folgte besonders bei der Arbeit mit hitzeliebenden Extremophilen eine sensationelle Entdeckung auf die nächste.

Spektakuläre Entdeckungen im Yellowstone Nationalpark

Die Entdeckung der Thermophilen wird heutzutage zumeist dem US-amerikanischen Mikrobiologen Thomas Brock zugeschrieben, der damit die moderne Erforschung der hitzeliebenden Extremophilen einleitete. Jedoch wurden bereits fast 100 Jahre zuvor lebende Mikroben in Geysiren in Kalifornien gefunden. William Brewer beschrieb bereits 1866 die Entdeckung von grünen Mikroorganismen im Wasser der heißen Geysire. Er gibt die Wachstumstemperatur mit 93 °C an, wobei diese Beobachtungen später von Brock und anderen Wissenschaftlern nicht bestätigt werden konnten. Grün gefärbte Zellen, die zur

Photosynthese fähig sind, überleben nur bei Temperaturen unter 80 °C, wie Brock später in seinem Buch *Thermophilic Microorganisms and Life at High Temperatures* selbst schreibt. Hingegen erscheinen Einzeller, die an noch heißere Umgebungen angepasst sind, farblos (Brock 1978).

Erstmals entdeckte Brock im Juni 1965 lebende Mikroorganismen in heißen Quellen. Er isolierte das erste thermophile Bakterium mit dem Namen *Thermus aquaticus* am 5. September 1966 aus einer heißen Quelle mit dem schönen Namen *Mushroom Spring* im Yellowstone Nationalpark. Die entsprechende wissenschaftliche Publikation erschien nach zahlreichen Kultivierungsanläufen und Experimenten 1969 im bedeutenden *Journal of Bacteriology*. Der Co-Autor dieser wegweisenden Arbeit heißt bezeichnenderweise Hudson Freeze. Die beiden Wissenschaftler beschreiben ein Bakterium, das zwar nicht in kochendem Wasser überlebt, aber mit einer maximalen Temperatur von 79 °C schon recht nahe dran ist. Am besten wächst *T. aquaticus* jedoch bei 70 °C (Brock und Freeze 1969). Später fanden Brock und andere Forscher verwandte Stämme an zahlreichen natürlichen und durch den Menschen gemachten heißen Standorten.

Bereits Anfang der 1970er-Jahre isolierte Brock ebenfalls *Sulfolobus acidocaldarius* im Yellowstone Nationalpark (Brock et al. 1972). Dieser Mikroorganismus erhöhte die bis dato höchste optimale Wachstumstemperatur auf 75 °C. *S. acidocaldarius* ist allerdings nicht nur ein hitzeliebendes Archaeon, sondern ein kleiner Künstler, der sich in verdünnter und heißer Säure am wohlsten fühlt. Zu der Zeit von Brocks epochalen Arbeiten war das

Reich der **Archaea** aber noch gar nicht entdeckt worden. Die deutschen Mikrobiologen Karl Stetter (geb. 1941) und Wolfram Zillig (1925–2005) nutzten aber Ende der 1970er-Jahre eben diesen Organismus für ihre Grundlagenforschung. Das Enzym RNA-Polymerase aus *S. acidocaldarius* wurde isoliert und die Wissenschaftler stellten fest, dass diese zwar nicht den typischen Enzymen aus Bakterien glich, aber einem verwandten Enzym aus dem Methanbildner *Methanobacterium thermoautotrophicum*. Beide Mikroben konnten später den Archaea zugeordnet werden, nachdem Carl Woese (1928–2012) im Jahr 1990 die Hypothese zu den **drei Domänen** des Lebens postuliert hatte (Albers et al. 2012).

Brock suchte in der Zwischenzeit weiter nach hitzeliebenden Mikroben und identifizierte nun sehr viele fadenförmige Bakterien in Proben aus der Quelle *Octopus Spring*, die selbst bei der Entnahme eine Temperatur zwischen 82 und 83 °C aufwiesen. Ende der 1970er-Jahre beschrieb Brock dann auch bereits erste Mikroorganismen, die er zwar in kochendem Wasser beobachten, nicht aber isolieren und kultivieren konnte. Anfangs bezeichnete er seine Arbeit noch als exotisch, allerdings lösten seine Entdeckungen einen regelrechten Ansturm auf thermophile Mikroorganismen aus, sodass sich bald auf der ganzen Welt zahlreiche Institute an der Jagd nach immer exotischeren Mikroorganismen beteiligten. Trotz dieses Trends dauerte es noch fast 20 Jahre, bis wiederum Karl Stetter den ersten Mikroorganismus isolierte, der bevorzugt in kochendem Wasser wächst.

Die Jagd nach den Hyperthermophilen

Stetter und Zillig nahmen erste Proben einer heißen Quelle vulkanischen Ursprungs in Italien, nachdem sie zuvor beschriebene Stämme einer italienischen Arbeitsgruppe nicht zur Überprüfung erhalten hatten. Die Möglichkeit, diese Mikroorganismen erneut zu isolieren, erschien durchaus plausibel, da zuvor nur sehr wenige Arten bekannt waren, die extrem heißen Lebensräumen trotzen konnten. Deshalb sollte es relativ einfach sein, dieselben Mikroben in Proben desselben Standortes wiederzufinden, um diese genauer zu untersuchen.

In einer seiner zahlreichen und überaus lesenswerten Beschreibungen der ersten Untersuchung dieser Umgebungen schwärmt Stetter, dass ihm „der Schwefelgestank, der zwar an faule Eier und Stinkbomben erinnerte, wie der Himmel vorkam". Die erneute Isolierung der anschließend als *Sulfolobus solfataricus* beschriebenen Art gelang und somit begann für Stetter eine Jagd auf noch extremere, hitzeliebende Mikroben (Stetter 2006). Nachdem Brock zunächst immer einen Schritt voraus gewesen zu sein schien, kam Stetter erstmals auf die Idee, nach **anaeroben** Spezies zu suchen. Zu dieser Zeit wurde die Existenz von anaeroben und hitzeliebenden Mikroben für extrem unwahrscheinlich gehalten. Das lag aber daran, dass bisher einfach niemand derartige Bakterien oder Archaeen beobachtet hatte. Eine Reise nach Island brachte zunächst für Stetter und anschließend für die wissenschaftliche Gemeinschaft der Mikrobiologen schnell Gewissheit. Die überall auf Island vorkommenden kochenden **Schlammtöpfe** und extrem heißen Quellen, wurden zunächst vor Ort mithilfe von Mikroskopen untersucht. Dabei entdeckte Stetter schnell eine Vielzahl unterschiedlich geformter Zellen. Zurück im Labor trat dann allerdings erst einmal eine große Ernüchterung ein: Viele dieser Zellen wurden unter den verschiedensten und unwirklichsten Bedingungen kultiviert, aber es begannen keine Mikroben zu wachsen. Nach einiger Zeit konnte jedoch in einer Kultur eine deutliche Vermehrung von Zellen beobachtet werden. Die Probe war aus einer kleinen heißen Quelle in *Kerlinarfjöll* genommen worden und bereits für drei Tage bei 85 °C inkubiert worden. Das methanproduzierende Archaeon mit dem klangvollen Namen *Methanothermus fervidus* zeigte ein optimales Wachstum bei 82 °C und teilte sich selbst noch bei einer unglaublichen Temperatur von 97 °C. Kurze Zeit später entdeckten Stetter und Zillig weitere hyperthermophile Arten, die optimal bei mehr als 80 °C wuchsen und ihr Wachstum bei Temperaturen unter 65 °C bereits einstellten (Kap. 2). Darauf aufbauend sollte schon bald das erste Genom aus einer hyperthermophilen Spezies entschlüsselt werden *(Kasten 3.1 – Mit moderner Genomsequenzierung den Extremophilen auf der Spur)*.

Kasten 3.1 – Mit moderner Genomsequenzierung den Extremophilen auf der Spur

Mikroskopisch kleine Lebewesen verbergen sich zwar überall, dennoch ist ihre Entdeckung oftmals schwierig oder sogar völlig unmöglich. Um die optimale Anpassung von Extremophilen an ihre jeweiligen Lebensräume zu verstehen und immer neue Arten zu entdecken, wurden neben klassischer Mikrobiologie und molekularbiologischen Ansätzen schon früh bioinformatische Datensätze generiert und mit modernsten Techniken analysiert. Das erste vollständig sequenzierte Genom eines Extremophilen wurde bereits 1996 von der Gruppe um Craig Venter in der renommierten Fachzeitschrift *Science* publiziert. Venter untersuchte nach der Analyse der genomischen Ausstattung der Krankheitserreger *Haemophilus influenza* und *Mycoplasma genitalium* bereits als Drittes das Genom eines hyperthermophilen Archaeons mit dem Namen *Methanococcus jannaschii* (Bult et al. 1996). Im Hinblick auf die Genomforschung wollte er die Lücke zwischen den Pro- und Eukaryoten schließen, da es sich bei *H. influenza* und *M. genitalium* um Bakterien handelt und im selben Jahr bereits das vollständige Genom der Bäckerhefe *Saccharomyces cerevisiae*, einem Eukaryoten, durch ein Konsortium von mehr als 600 Wissenschaftlern in Europa, den USA und Japan untersucht wurde.

M. jannaschii wurde in den 1980er-Jahren in der Tiefsee nahe eines „**Weißen Rauchers**" entdeckt und wächst am besten ohne Sauerstoff, bei hohem Druck und Temperaturen um 90 °C. Wie der Name schon sagt, produziert dieses Archaeon Methan. Mit dieser Arbeit konnte zum ersten Mal in einer großen Studie bestätigt werden, dass die für den Energiehaushalt und Stoffwechsel relevanten Proteine in Archaeen ihren verwandten Proteinen aus Bakterien ähneln. Auch ihre Einzelligkeit legt eine derartige Verwandtschaft nahe. Hingegen sind Archaeen-Proteine, die an der Verdopplung der DNS und der Proteinbiosynthese beteiligt sind, näher mit Vertretern aus Eukaryoten verwandt. Es ist noch immer nicht endgültig geklärt, wo Archaeen genau im Stammbaum des Lebens eingeordnet werden müssen. Aktuelle Studien über die Verwandtschaft aller Lebewesen und die Anordnung der drei Domänen halten deshalb auch bis heute das spannende Fachgebiet der Evolutionsbiologie auf Trab.

Anschließend machte Stetter sich auf die Suche nach Mikroben, die auch bei Temperaturen jenseits der 100 °C wachsen. Da Wasser bei 100 °C kocht und verdampft und der entstehende Wasserdampf keinen Lebensraum bietet, suchte Stetter nach Orten auf der Erde, wo Wasser auch bei Temperaturen über 100 °C noch in flüssigem Zustand vorkommt. Aus diesem Grund entschloss er sich, Proben aus den submarinen, heißen Quellen nahe der Insel Vulcano in Italien zu nehmen. Durch eine Druckerhöhung um 1 bar steigt der Siedepunkt von Wasser bereits um 21 °C auf 121 °C und eine derartig geringe Druckerhöhung ist schon in Wassertiefen von nur 10 m zu finden. Zu dieser Zeit stieß Stetter bei seinen wissenschaftlichen Kollegen nur auf pures Unverständnis. Er wurde belächelt und musste sich viele hämische Kommentare anhören, da trotz der bisherigen Entdeckungen die Existenz von so extrem hitzebeständigen Einzellern einfach nicht für möglich gehalten wurde. Auch Stetter erkannte schnell, dass bei den vorherrschenden Zweifeln die Aussicht auf Forschungsgelder gering war. Deshalb packte er seine Familie ein und verbrachte die verdienten Sommerferien 1981 auf der Insel Vulcano. Dabei konnte er Sonne und Energie tanken und gleichzeitig erste Proben im Sediment in geringen Wassertiefen nehmen und in sein Labor bringen. Auch die Probennahme selbst gestaltete sich einfacher als gedacht. Stetter schreibt in seinen Berichten über diese Zeit, dass er zuvor erste Tests zuhause durchführte. Er wollte prüfen, ob gewöhnliche Putzhandschuhe vor den hohen Temperaturen schützen. Unterhaltsam erzählt er, dass eine zügige Arbeitsweise schlimme Verbrennungen verhinderte. Im Meer reichte er die Proben anschließend an seine Familie weiter, die in einem Boot in der Sonne bereits wartete. Sie verschlossen die Flaschen luftdicht und reduzierten schnell den verbliebenen Sauerstoff.

Zurück im Labor kultivierte Stetter die erste Mikrobe, die bei 75 °C gar nicht mehr wachsen konnte, aber sich bei 105 °C in der flüssigen Kultur schnell vermehrte und die höchste bekannte Wachstumstemperatur auf 110 °C heraufsetzte. Selbst das Autoklavieren im Labor für eine Stunde bei 121 °C überleben die Zellen dieser Supermikroben. Als Name für das unglaubliche Lebewesen wählte Stetter *Pyrodictium occultum,* was so viel heißt wie „das versteckte, brennende Netzwerk". Nähere Untersuchungen zeigten nämlich, dass dieses Archaeon zwar einzellig wächst, aber die Zellen über eine faserartige Struktur miteinander verwoben sind, sodass ein Geflecht entsteht.

Wie so häufig in der Geschichte führte auch in diesem Fall die Beharrlichkeit und Zielstrebigkeit einer einzelnen Person zum Ziel und eröffnete ein ganz neues Forschungsfeld, das heute von zahlreichen Wissenschaftlern auf der ganzen Welt beackert wird. Stetter selbst und viele seiner wissenschaftlichen Kollegen bereisten anschließend die heißesten Regionen auf dem Planeten, um weitere Hyperthermophile zu entdecken und zu beschreiben. Dabei rückten insbesondere die heißen, submarinen Quellen in der Tiefsee und andere vulkanische Regionen in den Fokus der wissenschaftlichen Projekte. Aufgrund ihrer einfachen Lebensweise wurde postuliert, dass Hyperthermophile theoretisch überall leben könnten — so lange Wasser vorhanden ist, auch auf fernen Planeten wie dem Mars und dem Jupitermond Europa (Stetter 2006). Karl Stetter, mittlerweile pensioniert, aber immer noch voller

Wissensdurst, erzählt seine beeindruckende Geschichte über die Entdeckung der Hyperthermophilen auf wundervolle Art und Weise bei Konferenzen und reist auch weiterhin mit Kollegen nach Vulcano und anderen extremen Standorten auf der Erde, um Proben zu nehmen und dem Planeten weitere Geheimnisse zu entlocken (Antranikian et al. 2017).

4

Temperaturen unter Null sind doch nicht so kalt

© Springer-Verlag GmbH Deutschland 2018
S. Elleuche, *Extreme Lebensräume: Wie Mikroben unseren Planeten erobern,* https://doi.org/10.1007/978-3-662-56015-0_4

Der größte Teil unseres Planeten ist zu kalt für den Menschen. Wir würden in den Tiefen der Ozeane, im Eis und Schnee der Polargebiete und auch in den trockenen Gebieten der arktischen Tundra und der antarktischen Oasen erfrieren. Kälteliebende Mikroben sind in diesen Regionen viel ausdauernder und fühlen sich erst in eisiger Kälte besonders wohl. Sie tummeln sich auf dem Schnee oder suchen sich ihre ökologischen Nischen im Hochgebirge, in gefrorenen Böden oder selbst in Seen unter kilometerdickem Gletschereis. Im Eis eingeschlossene Mikroben bleiben für Tausende oder selbst Millionen von Jahren lebensfähig. Obwohl chemische Reaktionen bei kalten Temperaturen zumeist nur langsam ablaufen, erlaubt die extravagante genetische Ausstattung den Psychrophilen sich an Orten auf unserem Planeten zu tummeln, die für den Menschen vollkommen unzugänglich sind.

Zur ersten Orientierung

Es ist für uns kaum vorstellbar, dass es Lebewesen gibt, die bei Temperaturen von $-20\,°C$ ihren gesamten Stoffwechsel aufrechterhalten können und selbst bei $-50\,°C$ und kälter noch überleben. Kälteliebende Mikroben umfassen vor allem Bakterien und einige wenige Eukaryoten, während Archaeen nur vereinzelt zu finden sind. Wir werden noch sehen, dass die Ausbreitung von verschiedenen Spezies je nach Umgebung sehr unterschiedlich ist, da die Erde einen vielfältigen Lebensraum für Psychrophile aufweist. Der größte Bereich der Erde ist dauerhaft Temperaturen von weniger als $15\,°C$ ausgesetzt, während die

Ozeane noch deutlich kälter sind. Kälteliebende sind also überall zu finden. Mit bloßem Auge sind die Ausbreitungsgebiete von pigmentierten Kieselalgen auf Schnee und Eisschollen aufgrund ihrer braunen und grünen Färbung schon aus weiter Entfernung und großer Höhe zu erkennen. Die anhaltende Algenblüte und die damit verbundene Besiedelung durch Bakterien, dienen als essenzielle Nahrungsquelle für kleine Fische, Krebse (Krill) und auch direkt oder indirekt für Wale, Pinguine und zahlreiche Vögel. Vor allem die Bakterien in den polaren Regionen sind von biogeochemischer Bedeutung, da sie als **Primärproduzenten** die Nahrungsgrundlage für das Leben in den Meeren darstellen.

Ideale Lebensbedingungen für kälteliebende Mikroben bieten vor allem die Arktis und Antarktis, weit verbreitete alpine und vereiste Regionen in den Gebirgszügen auf allen Kontinenten sowie die Meere und Ozeane. Die Oberfläche der Erde ist zu 70 % von Wasser bedeckt, wobei 90 % des Wassers der Ozeane eine Temperatur von etwa 5 °C oder darunter aufweisen. Da sich die Wasseroberfläche der Meere vor allem an klimatisch, für den Sommerurlaub angenehmen Orten enorm aufheizen kann und für Psychrophile keinen idealen Lebensraum bietet, ziehen sich diese Mikroorganismen in den Ozeanen vor allem in tiefere Gefilde zurück. In Tiefen ab etwa 500 m beträgt die Temperatur weniger als 10 °C, während es ab etwa einem Kilometer Tiefe weniger als 4 °C kalt ist. Durch das Ausmaß der Ozeane gibt es hier überall angenehme Lebensräume für zahlreiche Einzeller (Kap. 5).

Die übrigen 30 % unseres Planeten, die nicht von Wasser bedeckt sind, machen die Landoberfläche aus, von der wiederum etwa 20 % gefroren sind. Große und weitgehend von Eis und Schnee bedeckte Landmassen finden wir vor allem in der Antarktis und auf Grönland. Die höchsten und tiefsten Gebiete auf der Erde sind ebenfalls enorm kalt. Das eine Extrem bildet der etwa 11 km tiefe Marianengraben im Pazifik (Kap. 5, Abschn. „Der tiefste Punkt der Ozeane"), während sich der Mount Everest im Himalaya fast 9 km in die Höhe streckt. Im Eis der Antarktis sind etwa 75 % des Frischwassers der Erde gespeichert und die komplette Verflüssigung zu Wasser würde den weltweiten Meeresspiegel um mehr als 70 m anheben.

Kalte Regionen sind von der globalen Klimaerwärmung als Erstes betroffen. Veränderungen werden hier auf dramatische Weise deutlich, beispielsweise durch den starken Rückgang von Meereis in der Arktis. Die Bilder von auf Eisschollen einbrechenden Eisbären sind dem interessierten Betrachter von Naturdokumentationen allgegenwärtig. Zudem ist der Grönländische Eisschild gefährdet: Wärmerekorde führen immer wieder zu riesigen Gletscherabbrüchen. Der Klimawandel beeinflusst die **Kryosphäre** (auch Permafrost- oder Dauerfrostzone) und diese wiederum das Klima. Niedrigtemperaturgebiete, die als Lebensräume von extremophilen Mikroorganismen dienen, sind deshalb besonders von Dynamiken der Kryosphäre abhängig. Aus diesem Grund ist der Einfluss des Klimawandels auf das Leben von psychrophilen Primärproduzenten ein wichtiges Feld der aktuellen Forschung.

Meerwasser gefriert aufgrund des Salzgehaltes erst bei etwa −1,8 °C, wobei sich die ersten Eiskristalle tief im Wasser bilden und aufgrund der geringen Dichte nach oben treiben, um sich auf der Oberfläche zu sammeln.

Erst durch den Einfluss von Wind und der Verbreitung der Eiskristalle aggregieren diese und bilden Eisschollen und schließlich äußerst robustes und dickes Packeis. An der Grenzfläche von Wasser und Eis friert das Wasser kontinuierlich nach, sodass die Eisschollen dicker und kälter werden. Die Bildung dieser Eisschicht ist ebenfalls abhängig von der Strömung unter dem Eis. Wir können vereinfacht festhalten, dass wenig Strömung zu „festerem" Eis führt, während eine stärkere Strömung das Eis „lockerer" macht. Wenn Wasser gefriert, werden Mikroorganismen sowie biotische und abiotische Verunreinigungen im Meereis verteilt, wobei sie sich bevorzugt in salzhaltigen Regionen zwischen den Eiskristallen, den sogenannten Solen, anreichern. Die Verbreitung von anaeroben Bakterien im Meereis ist bereits gut untersucht und schon teilweise verstanden. Sie leben im Inneren der oft meterdicken Eisschollen in anoxischen Bereichen. Oft ähneln sich die isolierten bakteriellen Arten auch morphologisch, so sind sie in der Regel pigmentiert und weisen kleine Gasblasen im Zellinneren auf. Je kälter es wird, umso größer und salziger werden diese ökologischen Nischen und bieten Platz für die unterschiedlichsten psychrophilen Mikroben.

Typische Vertreter von kälteliebenden Mikroben

Jedoch nicht nur Solen im Meereis bieten Lebensräume für Psychrophile. Wir können zunächst unterscheiden, ob ihre ökologischen Nischen von kaltem, aber flüssigem Wasser, von Eis oder von kaltem Boden und Steinen dominiert werden. In der Regel ist der Großteil des Eises auf der Erde eher kurzlebig und bietet zu den verschiedenen Jahreszeiten Platz für die unterschiedlichsten Kleinstlebewesen. Während das feste Packeis von Bakterien besiedelt wird, bieten die ersten Sonnenstrahlen, verbunden mit geschmolzenen Pfützen auf den sich aufwärmenden Eisschollen, vor allem Lebensraum für **autotrophe** Algen. So vermehren sich die **heterotrophen** Bakterien und autotrophen Algen in und auf Eisschollen im Wasser besonders stark während der warmen und hellen Monate im Frühling und Sommer. Zu dieser Zeit treten Archaeen in polaren Regionen im Eis praktisch überhaupt nicht auf und überdauern nur, wohingegen sie in den Wintermonaten bis zu 5 % aller Einzeller im Eis ausmachen können.

Um uns einen ersten groben Überblick über die Verbreitung von kälteliebenden Mikroorganismen zu verschaffen, können wir also zusammenfassen, dass gefrorene Oberflächen (zum Beispiel Gletscher und Eisschollen im Meer) zumeist nur wenige Archaeen, aber dafür in der Regel zahlreiche Bakterien aufweisen, während in der Tiefsee und in Dauerfrostböden Bakterien weniger verbreitet zu sein scheinen und oft nur wenige Arten dominieren. Allerdings ist nur in Meereis und Gletschern die Temperatur konstant so kalt, dass sie über das ganze Jahr einen Lebensraum bieten, der nur von „echten" Psychrophilen besiedelt werden kann.

In großen Forschungsprojekten wird heutzutage die Verbreitung ganzer Gruppen von Mikroorganismen mithilfe von Sequenzanalysen überwacht und emsig kategorisiert. Die Beprobung von Meereis und Meerwasser in arktischen und antarktischen Regionen sowie Teilen der

Nordsee führten zur Identifizierung von zahlreichen neuen Arten, von denen einige nicht nur optimal an eiskalte Bedingungen angepasst sind, sondern auch im Labor am besten bei Temperaturen unter 10 °C wachsen und sich vermehren. Bemerkenswerterweise lassen sich nach aktuellen Schätzungen die meisten kälteliebenden Bakterien aus Meereisproben im Labor mit bekannten Techniken relativ einfach kultivieren. Wir können davon ausgehen, dass etwa 60 % aller marinen Bakterien aus Meereis kultiviert werden können. Einen detaillierten Überblick über die enormen Verbreitungsgebiete der Psychrophilen zu erhalten, gestaltet sich dennoch schwierig. Es konnte zwar auch die Verbreitung zahlreicher Bakterien aus Permafrostböden und anderen kalten Standorten mithilfe von **Metagenom**analysen prognostiziert werden, allerdings ist deren Kultivierung erheblich komplizierter, da die Lebensbedingungen im Labor nur schwer zu kopieren sind. Im Verlauf der vergangenen 70 Jahre ist es zwar gelungen, auch einige weitere Arten zu beschreiben, es wird jedoch heute davon ausgegangen, dass abgesehen von den marinen Psychrophilen und Psychrotoleranten nur etwa 0,001 bis 0,1 % aller Arten (Mesophile und andere Extremophile) im Labor kultiviert werden können. Dennoch ermöglichen die vorhandenen Stammbeschreibungen mit Daten zu ihrer Morphologie, Physiologie und genetischen Ausstattung eine exakte Einordnung zahlreicher Vertreter.

Zumeist bestehen verwandte Gruppen von Mikroben sowohl aus mesophilen als auch unterschiedlichen extremophilen Arten. Auch vereinzelte psychrophile Arten finden wir in vielen Gattungen und Familien von Bakterien. Es gibt aber bisher nur eine bekannte Familie, die ausschließlich kälteliebende Arten aufweist. Der Familie Moritellaceae wird zurzeit nur die Gattung *Moritella* zugeordnet. Bisher wurden innerhalb dieser Gattung etwas mehr als eine Handvoll Arten beschrieben und charakterisiert. Allerdings konnten der Familie bereits mehr als 50 weitere, noch nicht im Detail untersuchte Bakterien aufgrund von Analysen ribosomaler RNA-Gene zugeordnet werden, sodass diese Familie eine der größten Gruppen der kälteliebenden Bakterien überhaupt darstellt. Die bevorzugten Lebensräume von *Moritella* sind das kalte Meerwasser des Nordpazifiks und verschiedene Gletschergebiete im Norden von Skandinavien (Kim et al. 2008). Weitere, noch nicht vollständig beschriebene Mikroben, die zur Familie Moritellaceae gehören, konnten auch aus Beprobungen des Marianengrabens identifiziert werden. Im Gegensatz zu höheren Lebewesen wie Pflanzen und Tieren ist es jedoch schwierig, einzelne Mikroorganismenarten aufgrund ihres Herkunftsortes zu kategorisieren, da sie durch Wind und Wasser kontinuierlich über den gesamten Planeten verbreitet werden und sich überall dort ansiedeln, wo sie annehmbare Lebensbedingungen finden. Wie auch die Gattung *Moritella* gehört die Mehrzahl der psychrophilen Mikroben zu der Klasse der Gammaproteobacteria. Im Gegensatz zu *Moritella* wurden zwar auch alle Spezies der Gattung *Psychrobacter* aus extrem kalten Gegenden isoliert, aber nur einige wenige Arten sind tatsächlich „echte" Psychrophile.

Eine andere bekannte und gut erforschte Gruppe von kälteliebenden Bakterien wird durch die Gattung *Shewanella* dargestellt, die etwa ein Dutzend „echte" Psychrophile umfasst und im Hinblick auf vielfältige Fragestellungen derzeit erforscht wird. Insgesamt bilden mehr als 70 beschriebene Arten und einige hundert noch nicht genau beschriebene Arten diese Gattung. Manche Vertreter der *Shewanella* sind in der Lage, Elektrizität zu erzeugen, oder sie entgiften Umwelttoxine. Andere Arten wiederum bauen Erdölkontaminationen ab oder dienen als wertvolle Quelle zur Gewinnung von **Biokatalysatoren** (Kap. 5, Abschn. „Die genetische Ausstattung von Tiefseebakterien"). Auch innerhalb der Bakterienklasse *Deinococci,* zu denen der am besten untersuchte Polyextremophile *Deinococcus radiodurans* gehört, zählen einige psychrophile Arten, die in der Antarktis entdeckt wurden. Interessanterweise umfasst die Gattung *Deinococcus* im Hinblick auf das Temperaturoptimum psychro-, meso- und thermophile Arten, die uns in diesem Buch an verschiedenen Stellen wiederbegegnen werden (Kap. 2 und 9). Der Spitzenreiter in kalten Lebensräumen ist vielleicht ein kleines Bakterium mit dem Namen *Colwellia psychrerythraea.* Diese Mikrobe bewegt sich selbst noch bei Temperaturen um −10 °C fort und produziert bei noch tieferen Temperaturen von −20 °C aktive Enzyme (Junge et al. 2003).

Schauen wir uns in den folgenden Abschnitten an, dass kalte Meere wie auch eishaltige und kalte Oberflächen an Land vielfältige Lebensräume für überaus resistente und beeindruckende Einzeller bieten, bevor wir uns im folgenden Kapitel in die Tiefsee begeben (Kap. 5).

Nördlich von uns

Beginnen wir unsere virtuelle Expedition im hohen Norden. Hier erstreckt sich die Arktis von Alaska über Kanada, Grönland und Europa bis Russland und wird vor allem durch den arktischen Ozean dominiert. Aufgrund ihrer gigantischen Ausmaße und den vielfältigen Bedingungen bietet die Arktis nicht nur Lebensräume im Eismeer, sondern ebenfalls in den Eiswüsten und Permafrostregionen *(Kasten 4.1 – Überleben im Dauerfrost)*. Besonders das große Vorkommen von Methanhydraten ermöglicht die Ausbreitung von Lebewesen, die optimal an die hier vorherrschenden Bedingungen angepasst sind. Weit jenseits der Baumgrenze wachsen selbst noch einige Pflanzen. Sie weisen in der großflächigen **Tundra** eine typische Struktur und Beschaffenheit auf. Meist sind sie klein und bilden flache Wurzeln, die eine schnelle Nahrungsaufnahme während der wärmeren Jahreszeiten im angetauten Boden erlauben. Diese pflanzlichen Kältespezialisten werden gebietsweise von Flechten und Moosen verdrängt, welche Kissen oder Wiesen bilden. Mikroben sind dagegen weiter verbreitet und kommen sowohl in Böden als auch sehr zahlreich im eiskalten Meerwasser vor.

Kasten 4.1 – Überleben im Dauerfrost

Der Boden in Permafrostregionen ist dauerhaft gefroren, sodass Temperaturen über dem Gefrierpunkt selbst nicht in Hunderten oder Tausenden Jahren gemessen werden. In der Regel ist der Dauerfrostbereich mindestens 1 bis 2 m dick, wobei ebenfalls Tiefen von einigen Hundert Metern durchfroren sein können. Die tiefste Schicht Permafrost mit einer Dicke von fast 1500 m ist aus Sibirien bekannt. Im sibirischen Permafrost wurde beispielsweise das Bakterium *Exiguobacterium sibiricum* aus einer Bodenprobe isoliert, die schätzungsweise seit mehr als drei Millionen Jahren gefroren ist. Diese Mikrobe überraschte ihre Entdecker damit, bei Temperaturen zwischen −2,5 und 40 °C wachsen zu können (Rodrigues et al. 2006). In Gegenden, wo der Boden etwas aufgelockert ist und die Temperaturen steigen, finden wir auch höhere Lebewesen, wie verschiedene Moose, Flechten und selbst vereinzelte Blütenpflanzen. Diese Böden sind besonders nährstoffreich, sodass der bakterielle Artenreichtum noch weiter ansteigt. In erster Linie dominieren hier Cyanobakterien, die das Sonnenlicht auf der Oberfläche der Böden nutzen, um ihrem autotrophen Lebensstil frönen zu können. In der Nähe der Pole sind überall Dauerfrostbedingungen zu finden. Die größten Permafrostflächen befinden sich in Kanada und Alaska sowie in Russland und Teilen von China.

Die vom Meer überspülten Permafrostböden der wärmeren Küsten bilden ebenfalls ein abgrenzbares Ökosystem. Aufgrund der höheren Wassertemperatur sind diese Böden jedoch wärmer als die Dauerfrostböden im Landesinneren. Besiedelt werden sie vornehmlich von Pilzen und methanogenen Archaeen. Die Pilze sind vor allem für den Abbau der vorhandenen Nährstoffe verantwortlich und verändern kontinuierlich den Boden. Trotz eines gewissen Artenreichtums dominieren vor allem verschiedene einzellige Hefen das Geschehen. Ferner werden Gashydrate gebildet, in denen Methan in Wasser eingeschlossen wird. Die Struktur der Hydrate wird durch ein Gleichgewicht zwischen der Temperatur und dem Wasserdruck aufrechterhalten und kann durch Bohrungen in den Meeren und Ufergegenden leicht zerstört werden, wodurch es zu einem vermehrten Aufstieg in Form von Blasen kommt.

In Deutschland ermöglichten beispielsweise die Arktisexpeditionen des kürzlich verstorbenen Abenteurers und Hochschulprofessors Hauke Trinks (1943–2016) Einblicke in die mikrobielle Diversität im Meereiswasser des arktischen Ozeans um Spitzbergen. Trinks selber war von Haus aus Physiker und suchte im Eis der Arktis nach

Hinweisen auf die Entstehung des Lebens. Dazu fuhr er mit seinem Segelboot ins Nordpolarmeer und ließ sein Boot im Eis einfrieren. So überwinterte er vollständig eingeschlossen, bevor die schmelzenden Eisschollen seine Rückreise wieder ermöglichten. Bei einer zweiten Spitzbergenexpedition bezog er dagegen eine durch die extreme Kälte sehr gut erhaltene Hütte auf dem Festland und unternahm Streifzüge in die Umgebung, wo er ebenfalls Proben von Meereiswasser an der nahegelegenen Küste nahm. Über seine Expeditionen verfasste Trinks stimmungsvolle Reiseberichte (Trinks 2004, 2013). Während seiner Aufenthalte nahm er verschiedene Proben im Eis und Wasser und schickte diese an die Technische Universität in Hamburg, wo er lange Zeit lehrte. Eine mit Pipetten und Kulturgefäßen bewaffnete Armada an Doktoranden und wissenschaftlichen Mitarbeitern, die am benachbarten Institut für Technische Mikrobiologie von Garabed Antranikian tätig waren, machte sich sogleich über die Proben her und entdeckte zahlreiche zuvor noch unbekannte psychrophile Arten und beschrieb ihre große Vielfalt (Al Khudary et al. 2008; Groudieva et al. 2003, 2004).

Die mikrobielle Vielfalt ist jedoch nicht nur im Meereis der Arktis enorm hoch. Auch in der sibirischen Tundra, wo Wasser praktisch nur in Form von Eis und Schnee existiert, ermöglichen riesige Vorkommen von organischen Kohlenstoffquellen eine Besiedelung durch zahlreiche Mikroorganismen. Hier dienen vor allem die großen Mengen von **Guano** (besonders die Exkremente von Seevögeln) als reichhaltige Nährstoffquellen.

Antarktische Oasen

Im Süden des Planeten wirkt die Antarktis ebenfalls nur auf den ersten Blick äußerst trostlos. Große Vorkommen von Eis und Gletschern so weit das Auge reicht. Die Antarktis ist nicht nur der kälteste, sondern auch der trockenste Kontinent, wobei nur etwa 1 bis 2 % der gesamten Fläche nicht dauerhaft von Eis bedeckt sind. Die Luftfeuchtigkeit ist niedrig und aufgrund der geringen Temperaturen liegt Wasser in flüssiger Form praktisch überhaupt nicht vor. Ferner ist es über lange Zeiträume auch noch dunkel. Die Antarktis verlangt ihren Bewohnern also einiges ab, um sich in dieser trostlosen Einöde heimisch zu fühlen. Dennoch finden wir auch hier einige Oasen, die allerdings nicht mit den paradiesischen Grünflächen in den heißen Sandwüsten verwechselt werden dürfen. Eine gigantische Gebirgskette, welche die Antarktis durchzieht, verhindert, dass die Gletscher im Hinterland überall bis zum Meer vordringen. Der mit dem Wind transportierte Schnee bleibt an den Gipfeln des Gebirges hängen und der jetzt trockene Wind strömt in die dahinterliegenden Täler. In diesen Regionen sind über viele Jahrhunderte antarktische Trockentäler entstanden, während an den zerklüfteten Bereichen der Gebirgskette die Gletscher das Meer erreichen und es kalt und eisig ist. Hier dominieren ausschließlich **abiotische** Einflüsse. Die hyperariden Polarwüsten der Antarktis sind sogar trockener als die großen Sandwüsten der Erde oder die Atacamawüste in Chile. Aufgrund des Mangels an Schnee und Eis werden sie auch als antarktische Oasen bezeichnet.

Teilweise sind diese Täler auch von eisfreien Gebirgen umgeben. Da es kaum Niederschlag (etwa 3 mm pro Jahr) gibt, aber extrem starke, orkanartige Winde die Täler geißeln, stellen sie einen der lebensfeindlichsten Orte auf dem gesamten Planeten dar.

Eine in der Zwischenzeit auch touristisch erschlossene Trockenoase ist der McMurdo-Sund, der direkt am transantarktischen Gebirge liegt. Bereits zu Beginn des 20. Jahrhunderts wurden vom McMurdo-Sund verschiedene antarktische Expeditionen gestartet. So erklomm Ernest Shackleton bereits 1908 mit einer kleinen Gruppe von Expeditionsteilnehmern das transantarktische Gebirge und warf als erster Mensch von dort einen Blick auf die dahinterliegenden Gletscher. Internationale Bekanntheit erlangte Shackleton allerdings erst bei der letzten großen Antarktisexpedition dieser Zeit, die auf spektakuläre Weise scheiterte (Lansing 2000). Dabei wollte der große Abenteurer von der gegenüberliegenden Seite die Antarktis vollständig durchqueren und nach fast 3000 km am McMurdo-Sund ankommen. Allerdings wurde sein Schiff, die „Endurance", bereits bei der Ankunft im Packeis zerstört und ging im Wedell-Meer unter. Shackleton und seine Crew harrten fast zwei Jahre im Eis aus, bevor sie alle gerettet werden konnten, wobei Shackleton nach einiger Zeit selbst einen kleinen Trupp anführte, der schließlich eine Walfangstation in Südgeorgien erreichte.

Da der McMurdo-Sund weitgehend eisfrei bleibt, ist er seit vielen Jahren ebenfalls ein beliebter Ort für Wissenschaftler und Naturfilmer. Aufgrund der trockenen Böden siedeln sich hier zahlreiche Pinguinkolonien an, die immer wieder Gegenstand von beeindruckenden

Naturdokumentationen sind und ein Paradies für mikrobielle Endverwerter darstellen. Die geringen Mengen an flüssigem Wasser im gefrorenen Boden bieten exzellente Lebensbedingungen für heimische, psychrophile Mikroben. Ein dünner Flüssigkeitsfilm um die Zellstruktur muss dabei dennoch dauerhaft aufrechterhalten bleiben, um das Leben in derartigen Gegenden zu ermöglichen. Eingeschlossen in winzige ökologische Nanonischen sind ebenfalls Luftblasen und kleinste Nährstoffreservoirs, die einen kleinen, aber äußerst reichhaltigen Lebensraum bieten. Wenn wir uns genauer anschauen, wie die Wetterbedingungen in den antarktischen Oasen und deren Umgebungen tatsächlich sind, dann wird die ganze Tragweite der Leistungen von Entdeckern wie Shackleton erst deutlich. Jahreszeiten sind hier kaum zu spüren. Allerdings gibt es große Temperaturschwankungen, wobei Frost- und Tauzeiten sich abwechseln und kontinuierlich den Aggregatzustand des wenigen vorhandenen Wassers verändern. Dabei schwankt die Umgebungstemperatur zwischen -50 und $0\,^\circ$C. Überschritten wird der Gefrierpunkt hier jedoch nur äußerst selten. Da außerdem die Böden salzhaltig sind und im Inneren fast keine Nährstoffe bieten, besiedeln nur die extremsten Mikroorganismen diese extrem trockenen Polarwüsten. Der hohe Salzgehalt führt außerdem dazu, dass, ähnlich wie auf Eisschollen, wenige Wasserpfützen entstehen, die nicht einfrieren können. Pflanzen sind in diesen Gefilden deshalb auch gar nicht zu finden. Trotzdem halten auch in diesen Lebensräumen die winzigen photosynthesefähigen Blaualgen das Ökosystem am Laufen.

Aufgrund der andauernden Dürre, müssen alle hier verbreiteten Mikroben in der Lage sein, Wasser auch in ihren Zellen zu speichern. Dieses Wasser muss flüssig bleiben und die Zellmaschinerie durch die Einlagerung von Frostschutzmitteln vor dem Einfrieren geschützt werden. Aufgrund der deutlichen Temperatursprünge über das Jahr hinweg verbreiten sich vor allem Psychrophile und Psychrotolerante, während es den „echten" Cryophilen zeitweise zu warm zum Überleben ist. Im Gegensatz zu Bakterien sind Pilze in den trockenen Gebieten der Antarktis praktisch nicht zu finden. Lediglich einige einzellige Hefen bewohnen manche Böden, meist allerdings nur in einer äußerst geringen Zahl. Gemessen an der gesamten Zellzahl aller Mikroorganismen in antarktischen Oasen stellen sie normalerweise weniger als 0,1 % dar. Filamentöse Pilze wurden zwar auch in Böden der Antarktis gefunden, allerdings fühlen sie sich in den extrem trockenen und kalten antarktischen Oasen nicht wohl. Diese Lebensräume überlassen sie offenbar gern den Einzellern. Zerklüftete Steine wiederum bieten selbst in den trockensten Gegenden der Antarktis Schutz vor Wind und ultravioletter Strahlung und damit Lebensräume für Endolithen (Kap. 2, Abschn. „In und unter Gesteinen lebende Extremophile"). In den überschneiten Regionen der Antarktis mussten die vorhandenen Extremophilen eine andere Strategie entwickeln, um sich vor der intensiven ultravioletten Strahlung zu schützen *(Kasten 4.2 – Blutschnee ist nicht gleich Blutschnee):* Sie verstecken sich etwa unter dem Eis, das ausreichend auf dem Kontinent vorhanden ist.

Kasten 4.2 – Blutschnee ist nicht gleich Blutschnee

Bereits die Wikinger beschrieben rot verfärbten Schnee ohne zu erkennen, dass es sich dabei um ein Naturphänomen handelt. In den Sommermonaten bewachsen Algen den tauenden Schnee. Interessanterweise handelt es sich hierbei ausschließlich um Grünalgen, die durch die vermehrte Einlagerung von Karotinpigmenten dem Betrachter in leuchtendem Rot erscheinen. Diese Moleküle dienen den Algen als Schutz vor der starken Einstrahlung von ultraviolettem Licht in den Polargebieten.

Eine besondere Art von Blutschnee wurde zu Beginn des 20. Jahrhunderts in der Antarktis entdeckt. Im Taylor-Valley ergießt sich der Taylor-Gletscher auf die Eisdecke des ganzjährig zugefrorenen Bonneysees. An der Gletscherzunge ist der Schnee deutlich rot verfärbt. Lange wurde angenommen, dass es sich hierbei ebenfalls um einen vermehrten Algenbewuchs handelt. Diese Erscheinung wird als Blutstrom oder *Blood Falls* (engl. für Blutfälle analog zu den Wasserfällen) bezeichnet. Hier tritt extrem salziges, pH-neutrales und sauerstofffreies Wasser kontinuierlich und sehr langsam durch die mehrere 100 m dicke Eisdecke an die Oberfläche. Die Salzwasserquelle ist ein See unter dem Eis, der mehrere Kilometer von der Gletscherzunge entfernt liegt und seit Millionen Jahren überfroren ist, sodass das salzige Meerwasser eingeschlossen wurde. Das Wasser begann von der Oberfläche zu gefrieren, wobei das Salz sich absenkte und die Konzentration im Wasser kontinuierlich anstieg. Die eingeschlossenen Mikroorganismen veränderten sich im Laufe der Evolution in dem abgeschnittenen Lebensraum und passten sich an die vorherrschenden Bedingungen an, ohne für etwa 1,5 Mio. Jahre Zugang zu Kohlenhydraten zu erhalten, die durch Photosynthese gebildet werden. Da die dominierenden Gruppen von Bakterien am nächsten mit typischen marinen Vertretern verwandt sind, wird die Hypothese des überfrorenen Sees aus Meerwasser bestärkt. Durch den erhöhten Salzgehalt werden Eisenionen aus dem darunterliegenden Gestein gelöst und mit dem Wasser durch das Eis transportiert. Bei Kontakt mit Sauerstoff an der Oberfläche bilden sich rote Eisenoxide, die auf dem Schnee ausfallen und gut sichtbar sind. Eine Beprobung des Blutschnees ergab, dass sich mehr als ein Dutzend unterschiedlicher Mikroben in diesem sehr speziellen Lebensraum entwickelt haben. Ein großer Vorteil bei der Probennahme an den salzigen Ausströmungen gegenüber anderen Seen unter dem Eis ist, dass es nicht durch Bohrungen zu Kontaminationen der ökologischen Nische kommt und der See so unverändert erhalten bleibt (Mikucki und Priscu 2007).

Leben unter dem Eis

Große Bereiche des Planeten befinden sich unter einer dicken Eisschicht. Nicht nur Grönland und die Antarktis sind von vielen Gletschern bedeckt. Auch die Kordilleren, welche die komplette amerikanische Westküste von Kanada und Alaska bis nach Feuerland durchziehen, weisen über das ganze Jahr Eisflächen auf. Und selbst in den Bergen Chinas finden sich mehr als 40.000 Gletscher. In den europäischen und den neuseeländischen Alpen, in einigen ostafrikanischen Bergmassiven, in Teilen Islands und natürlich im Himalaya-Gebirge sind ebenfalls weite Bereiche vollständig vergletschert. Je dicker diese Eisschichten sind, desto mehr variiert auch die Temperatur innerhalb eines Gletschers. Zwischen der Oberfläche bis zum Grund kann die Temperatur um bis zu 50 °C abnehmen. Trotzdem finden wir auch hier noch lebenswichtiges Wasser in flüssiger Form, da aufgrund der verringerten Schmelztemperatur unter hohem Druck das Eis langsam unter dem Gewicht der Gletscher schmilzt. Dabei entstehen zunächst durch Erosion lokale Bereiche, in denen sich Schmelzwasser sammelt und das sich anschließend ausbreitet oder abfließt.

Lange Zeit ging man davon aus, dass **subglaziale** Böden, zugefrorene Seen und vereiste Vulkankrater frei von Mikroben sind *(Kasten 4.3 – Vulkankraterseen unter dem Eis).* Heute wissen wir, dass die subglazialen Regionen hervorragende Lebensbedingungen bieten, da Wasser zwischen den massiven Gletschern und dem Boden einen dünnen Film oder komplette Seen bilden kann. Auch das Gletschereis selbst bietet einen ausgezeichneten Lebensraum. Nährstoffe, wie Insekten, Pflanzenteile, Sporen, Samen und Mikroben, werden im Eis eingeschlossen und für lange Zeit konserviert. Die Menge der Nährstoffe variiert und ist von verschiedenen Faktoren, wie Druck, Temperatur und Nähe zum Boden beziehungsweise zur Oberfläche an der Luft, abhängig. Also schauen wir mal, was Bohrungen im Eis bisher an Erkenntnissen zu Tage fördern konnten.

Kasten 4.3 – Vulkankraterseen unter dem Eis

Vulkankrater stellen den Bereich eines Vulkans dar, aus dem Magma aus dem Erdinneren entweicht und die Oberfläche erreicht. Davon zu unterscheiden sind die als *Caldera* (spanisch für Kessel) bezeichneten, kesselartigen Strukturen, die durch den Einsturz von Magmakammern nahe der Oberfläche entstehen. Derartige Krater finden sich nicht nur auf der Erde, sondern konnten auch auf von Vulkanismus geprägten anderen Planeten entdeckt werden, wie dem Mars oder der Venus. Abgekühlte und durch Lava verschlossene Vulkankrater und **Calderen** können sich mit

Wasser füllen, sodass Kraterseen entstehen, in denen oft aufgrund ihrer isolierten Standorte eigene Ökosysteme entstehen. Aus den Kratern wiederum können sich giftige Substanzen lösen oder aber der Kohlenstoffdioxidgehalt steigt. Dennoch können einige Lebewesen diese Standorte erfolgreich besiedeln.

Auch subglaziale Kraterseen bieten extreme Lebensräume für manche Mikroorganismen. Einer der bekanntesten, von einem Gletscher bedeckten Kraterseen ist die Caldera Katla im Süden Islands. In der isländischen Sprache bedeutet *Katla* ebenfalls Kessel und beschreibt einen Krater des Vulkans, der unter einer etwa 700 m dicken Eisdecke verborgen ist. Auf Island sind Kraterseen sehr verbreitet, die das Wasser unter der Eisdecke zum Schmelzen bringen. Diese Seen entleeren sich erst, wenn der Druck des steigenden Wasserspiegels zu hoch wird und den Gletscher anhebt oder die Eisbarriere vor dem See durchbrochen wird. Dieser Vorgang wird als Gletscherlauf (isländisch *jökulhlaup*) bezeichnet und kann verheerende Auswirkungen auf die Umgebung haben, da sich zum Beispiel in Folge einer Eruption eines Vulkans Flutwellen bilden können. Interessanterweise wurden in ersten Biodiversitätsanalysen an verschiedenen Standorten auf Island vornehmlich psychrophile Bakterien identifiziert, obwohl das subglaziale Wasser deutlich wärmer als in vergleichbaren Ökosystemen unter den Gletschern der Antarktis sein kann. Bisher wurden hier aber weder hitze- noch kälteliebende Archaeen gefunden.

Um die Jahrtausendwende wurden erstmals Studien veröffentlicht, die lebende Bakterien in dickem Packeis und in subglazialen Seen nachwiesen. Auf die Spur kamen die Forscher den Mikroben, da geochemische Analysen von subglazialen Böden und der Wasserphase ergaben, dass sich die chemische Zusammensetzung der genommenen

Proben während ihrer Lagerung veränderte. Der Verbrauch von eingeschlossenem Nitrat führte zu der Hypothese, dass mikroskopisch kleine Lebewesen an diesen Stoffumwandlungen beteiligt sein könnten. Von dieser Idee angetan, machten sich einige Forscher gleich auf und versuchten, lebende Mikroorganismen in ähnlichen Proben nachzuweisen (Wadham et al. 2004). Die ersten lebenden Mikroben wurden schließlich in sedimenthaltigen Wasserproben gefunden, die bei Bohrungen im Eis der Alpen genommen wurden. Aber nicht nur unter biologischen Fragestellungen sind Bohrungen in massiven Eisschichten interessant. Auch geologische Szenarien können von der unterschiedlichen Verteilung von Bakterien in **Bohrkernen** abgeleitet werden. Da unterschiedliche Arten auf bestimmte Klimabedingungen schließen lassen, können Modelle zu Klimaveränderungen in der Erdgeschichte erstellt werden.

Einige Wissenschaftler glauben heute, dass psychrophile Mikroorganismen, die unter den Eisgletschern leben, möglicherweise einen wichtigen Einfluss auf die Veränderung von Gletschern haben und dadurch sogar Klimaphänomene mitsteuern könnten (Wadham et al. 2008). Die Auswirkung auf globale Prozesse ist zwar umstritten, allerdings konnten lokale Einflüsse durch die Entdeckungen weiterer besiedelter subglazialer Lebensräume auf Spitzbergen, in der Antarktis und in Kanada in den vergangenen zehn Jahren bestätigt werden. Der Einfluss auf den globalen Kohlenstoffzyklus könnte zum Beispiel von großer Bedeutung sein, wenn wir davon ausgehen, dass Methan im Eis eingeschlossen ist und durch Klimaveränderung und in Folge einer Eisschmelze in die Atmosphäre entlassen würde. Schätzungsweise befinden sich mehrere

Milliarden Tonnen Methan im Eis der Antarktis und vor allem in den Böden der Permafrostgebiete auf der Nordhalbkugel. Prognosen gehen davon aus, dass eine derartige Freisetzung unkalkulierbare Folgen haben könnte. Im Vergleich dazu stößt eine Kuh auf dem Bauernhof etwa 100 kg Methan pro Jahr aus. Wenn wir den weltweiten Bestand aller Rinder im Jahr 2017 zugrundelegen, hat die Landwirtschaft etwa einen Methanausstoß von 100 Mio. t pro Jahr zur Folge.

Welche Organismen sind aber überhaupt in der Lage, Methan im Eis zu produzieren? Gibt es überhaupt solche Mikroben oder lagerte das Methan schon vor der Entstehung der Gletscher im Boden oder in ursprünglichen Meeren? Wir haben bereits gelernt, dass die meisten Archaeen eher heißere Umgebungen bevorzugen. Nur wenige Vertreter überleben im Eis, beziehungsweise sie zeigen hier gar keine Stoffwechselaktivität. Förderlich für die Verbreitung von methanogenen Archaeen in subglazialen Lebensräumen könnte allerdings sein, dass diese Habitate oft komplett frei von Sauerstoff sind. Studien von subglazialen Böden der kanadischen Rocky Mountains, der Arktis und der Antarktis belegen mittlerweile, dass die gesuchte Aktivität an solchen Standorten messbar ist. Auch der genetische Nachweis von methanogenen Archaeen konnte in der Zwischenzeit durch **Metagenom**analysen erbracht werden. Die Identifizierung und detaillierte Charakterisierung echter Vertreter steht jedoch noch aus.

In diesem Zusammenhang wird es eine wichtige Herausforderung für die kommenden Jahre sein, ein Verständnis dafür zu entwickeln, wie Archaeen und Bakterien unter derartig lebensfeindlichen Bedingungen im Eis überhaupt überleben können. Viele verschiedene Lebensweisen für die unterschiedlichsten psychrophilen Arten sind theoretisch denkbar. Anoxische und oxische ökologische Nischen können besiedelt werden. Die Nährstoffzusammensetzung und die Existenz von flüssigem Wasser bestimmen die biologische Vielfalt. Aufgrund der Dunkelheit in subglazialen Habitaten sind vermutlich lediglich jene Lebensformen nicht denkbar, die auf Photosynthese angewiesen sind. Die mangelnde Kultivierbarkeit der im und unter dem Eis lebenden Psychrophilen steht jedoch dem tiefgehenden Verständnis dieses extravaganten Lebensraumes noch komplett im Wege. Selbst im dicksten Eis finden wir also lebende Zellen, wodurch sich die Frage stellt: Welche Auswirkungen haben diese Lebensräume auf die globale Zusammensetzung der Mikroben? Wir können heute abschätzen, dass allein im Eis von Grönland und der Antarktis etwa genauso viele Zellen leben wie in allen Frischwasserquellen der Erde zusammen – wobei noch weitere Geheimnisse von den dicksten Gletschern bedeckt sind.

Mehrere Hundert Seen unter den Gletschern der Antarktis

Also werden wir einen weiteren Blick in die Tiefe werfen müssen. Unter zahlreichen Gletschern, besonders auf dem antarktischen Kontinent, wurden gigantische Seen entdeckt, die zum Teil miteinander verbunden sind. Viele dieser Seen zeichnen sich dadurch aus, dass es keinen direkten Nährstoffeintrag gibt und nur Lebewesen überhaupt eine Überlebenschance haben, die nur wenig Nährstoffe benötigen. Nur durch die Bewegung der darüberliegenden Gletscher kann in manche subglaziale Seen zeitweilig Sediment gelangen.

Der bekannteste und vielleicht älteste See der Antarktis ist der sogenannte Wostoksee, der bereits seit mehr als 15 Mio. Jahren unter einer mittlerweile fast 4000 m dicken Eisschicht verborgen ist. Seine Wassertemperatur beträgt etwa $-3\,°C$, während die darüberliegende Eisschicht ein Temperaturgefälle von -2 bis $-60\,°C$ aufweist. Das Wasser friert nicht, da der Druck der aufliegenden Eisschicht den Gefrierpunkt herabsetzt. Diesem See konnten zunächst nur wenige Geheimnisse entlockt werden, da er anfangs nicht von der Oberfläche her angebohrt werden durfte, um Kontaminationen zu vermeiden (Siegert et al. 2001). Für erste Probennahmen wurden Bohrungen bis zu einer Tiefe von etwa 200 m über dem flüssigen Bereich durchgeführt. Wir gehen davon aus, dass diese Proben aus einer Schicht des Gletschers stammen, die im Laufe der Erdgeschichte wechselweise flüssig oder gefroren war und dessen Eis deshalb Wasser aus dem See enthält. Zunächst wurde ein bakterieller Artenreichtum durch Sequenzanalysen nachgewiesen, während nur sehr geringe Mengen von Archaeen identifiziert werden konnten. Eine hohe Artenvielfalt trotz geringem Nährstoffeintrag könnte im Falle des Wostoksees auf eine untypische Besonderheit dieses subglazialen Lebensraums zurückzuführen sein.

Eines der am meisten beindruckenden Lebewesen konnte aus einem dieser Bohrkerne isoliert werden: Ein unscheinbares Bakterium der Gattung *Chryseobacterium* kann die Struktur des ihn umgebenen Eises verändern. Dazu produziert es ein extrazelluläres Protein, das Eiskristalle bindet und dadurch eine Bildung von größeren Eisfragmenten verhindert (Achberger et al. 2011). Interessanterweise enthält der Wostoksee im Gegensatz zu anderen subglazialen Seen sehr viel Sauerstoff, was wahrscheinlich auf den Druck der hohen Eisdecke zurückzuführen ist. Der hohe Sauerstoffgehalt in Zusammenhang mit der nachgewiesenen Strömung im See ist sicherlich ein wichtiger Faktor für seine Besiedelung. Die Strömung konnte erst kürzlich durch den Nachweis von Gezeiten erklärt werden. In diesem Zusammenhang wurden in einer ersten Studie auch genetische Hinweise auf Eukaryoten wie Pilze gefunden (D'Elia et al. 2009). Auch die Existenz von Tieren, wie Fischen oder Würmern, kann bisher nicht vollständig ausgeschlossen werden – wobei die Entdeckung von höheren Lebewesen im Wostoksee eine echte Sensation wäre.

Im Jahr 2012 durfte der See schließlich zum ersten Mal tatsächlich direkt angebohrt werden. Zunächst wurde öffentlichkeitswirksam mitgeteilt, dass im aufsteigenden Wasser aus dem See, welches im Bohrloch wieder gefroren war, ein zuvor unbekanntes Bakterium entdeckt wurde. Die nächsten Ergebnisse waren dann allerdings extrem ernüchternd, da die fehlerhafte Durchführung der Bohrung wie befürchtet zu Verunreinigungen des Bohrlochs mit Frostschutzmitteln geführt hatte und dieser Schmutzeintrag möglicherweise den gesamten See beeinflussen könnte. Kritiker der Arbeiten heben hervor, dass viele subglaziale Seen miteinander verbunden sind und ein Eintrag von Fremdstoffen auf ein weit verzweigtes unbekanntes

Ökosystem unkalkulierbare Konsequenzen haben könnte. Dennoch wurde ein zweites Bohrloch geplant, das 2015 bereits fertiggestellt wurde und die Oberfläche des Sees erreichte. Die Ergebnisse von dieser Bohrung stehen allerdings noch aus und werden mit Spannung von der wissenschaftlichen Gemeinschaft erwartet.

Welche genetische und physiologische Ausstattung erleichtert das Leben im Eis?

Nicht nur die Verbreitung und Kategorisierung von kälteliebenden Mikroben ist ein aktuelles und interessantes Forschungsfeld. Auch der Physiologie und Genetik von Psychrophilen versuchen Wissenschaftler auf der ganzen Welt auf den Grund zu gehen. Unter stringenten Laborbedingungen wachsen Bakterien aus dem Eis und der Tiefsee in der Regel besser bei höheren Temperaturen als den tatsächlich in ihrem natürlichen Lebensraum vorherrschenden. Es gibt jedoch einige Hinweise darauf, dass optimale Kultivierungsbedingungen nicht zwangsläufig eine hohe Wachstumsgeschwindigkeit bedingen. Oft sind Bakterien während der Anzucht gestresst und fühlen sich offensichtlich nicht wohl, obwohl sie schnell Biomasse aufbauen. Aus diesem Grund ist es heute weitgehend akzeptiert, dass nicht nur die Wachstumsgeschwindigkeit allein betrachtet werden sollte, sondern ebenfalls genetische Marker, Enzyme oder physiologische Reaktionen vermessen und interpretiert werden müssen. Um einen guten Einblick in die physiologische Anpassung von kälteliebenden Bakterien zu erhalten, wird vor allem eine Strategie verfolgt, bei der psychrotolerante Arten mit nahe verwandten psychrophilen Vertretern verglichen werden, etwa mittels Sequenzierung der Genome.

Psychromonas ingrahamii ist ein typischer psychrophiler Vertreter, der ursprünglich aus dem arktischen Meer isoliert wurde und selbst bei Temperaturen von $-12\,°C$ noch ein **exponentielles Wachstum** aufweist (Breezee et al. 2004). Dieses Bakterium besitzt die genetische Ausstattung für zwölf **Kälteschockproteine**. Außerdem kann es Osmolyte produzieren und sich somit bei sinkender Umgebungstemperatur vor dem Einfrieren schützen. Ein anderer hervorragend untersuchter mariner Psychrophiler ist das Bakterium *Pseudoalteromonas haloplanktis* TAC125. Bei dessen Genomsequenzierung ist aufgefallen, dass das Umschreiben der DNS in RNS vermutlich stark vereinfacht ist, indem die meisten Gene in die gleiche Richtung abgelesen werden, was ein schnelles Wachstum bei den bevorzugten kalten Bedingungen plausibel machen könnte (Médigue et al. 2005). Viele Psychrophile steigern die Produktion von Enzymen, die an der DNS-Vervielfältigung und an Stoffwechelprozessen beteiligt sind, da die katalysierten chemischen Prozesse selbst langsam ablaufen. Im Genom von *P. haloplanktis* sind außerdem zahlreiche Gene, die für eine Kälteschockantwort relevant sind, in Gruppen auf dem Chromosom zusammengefasst. So ermöglichen sie beispielsweise die effiziente Produktion von Enzymen, die für den Aufbau von sogenannten Exopolysacchariden relevant sind. Diese Zuckermoleküle umgeben die Zelle und schützen die Mikroben vermutlich direkt vor der Kälte. Auch die genomische Veranlagung zur Produktion von **kompatiblen Soluten** findet sich in Psychrophilen (Kap. 7, Abschn. „Die osmotische Balance aufrechterhalten"). Hier dienen die produzierten Substanzen vor allem dazu, dass das Innere der Zelle flüssig bleibt.

Unter den kälteliebenden Archaeen konnten genomische Informationen beispielsweise von dem Methanogenen *Methanogenium frigidum* aus der Antarktis gewonnen werden (Saunders et al. 2003). Allerdings ist diese Mikrobe kein „echter" Psychrophiler, sondern wächst im Labor bevorzugt bei Temperaturen um 15 °C, obwohl *M. frigidum* in der Antarktis vom Grund eines Salzsees ohne Sauerstoff und einer Umgebungstemperatur knapp über dem Gefrierpunkt isoliert wurde (Kap. 11, Abschn. „Voraussetzungen für außeririsches Leben"). Durch den Vergleich von *M. frigidum* mit verwandten, hyperthermophilen Methanogenen fiel auf, dass die Struktur der Proteine flexibler sein muss, wenn sie sich in kalter Umgebung bewegen sollen, während bei wärmeren Lebensbedingungen starre Proteinstrukturen verbreitet sind (Kap. 6, Abschn. „Genetische Ausstattung von hitzeliebenden Mikroben"). Auch der Aufbau der Zellmembran und der Zellwand von kälteliebenden Mikroorganismen lehrt uns einiges über die Anpassung an ihre ökologischen Nischen: Niedrige Temperaturen reduzieren nicht nur die Beweglichkeit von Proteinen, sondern auch die Durchlässigkeit von Membranen und erfordern Anpassungen, um eine optimale Kommunikation zwischen dem Zellinneren und der Umgebung zu gewährleisten. Zunächst wird die Synthese von weniger starren, gesättigten Fettsäuren als einer der wichtigsten Bestandteile der Zellmembran durch unterschiedliche Strategien erreicht. Auch die Bildung von **Peptidoglykan** für die Zellwand kann reduziert oder dieses nachträglich wieder abgebaut werden, sodass die Zellwand und die darunterliegende Membran elastischer bleiben. In den harschen Umweltbedingungen haben sich Veränderungen in den Genomen der Psychrophilen und Psychrotrophen durchgesetzt, die eine optimale Anpassung ermöglichen. Eventuell war dieser langwierige Prozess so erfolgreich, da viele Moleküle bei höheren Temperaturen instabil sind und eine Anpassung in kühleren Gefilden einfacher war. Derartige Spekulationen über die Entstehung des Lebens im Eis hat nicht erst Hauke Trinks formuliert, sondern wurden von zahlreichen Wissenschaftlern in der Vergangenheit bereits postuliert (Trinks 2013).

5

Unter Druck gesetzt

© Springer-Verlag GmbH Deutschland 2018

S. Elleuche, *Extreme Lebensräume: Wie Mikroben unseren Planeten erobern*, https://doi.org/10.1007/978-3-662-56015-0_5

Handelt es sich bei der Tiefsee um einen extremen Lebensraum? Für den Menschen ist es viel zu unkomfortabel dort unten. Es ist kalt oder extrem heiß. Es ist dunkel. Es gibt meist nur wenig Sauerstoff und kaum Nahrungsmittel. Außerdem würde der menschliche Körper aufgrund des enormen Drucks sofort zerquetscht werden. Dennoch existieren dort Tiere und Mikroorganismen, denen der Druck überhaupt nichts auszumachen scheint. Die Tiefsee der Ozeane ist Vermutungen zufolge sogar das größte Habitat für Mikroben auf der Erde. Hier leben beispielsweise kleine gefräßige Einzeller, die selbst vor dem stählernen Gerüst der Titanic nicht haltmachen. Vor allem das Sediment am Grund der Meere beherbergt in einigen Hundert Metern Tiefe noch eine kaum vorstellbare Artenvielfalt. Die gigantische Anzahl an Mikroorganismen lässt uns sogar schlussfolgern, dass das Tiefseesediment eigentlich nicht als Lebensraum für extremophile Mikroben bezeichnet werden dürfte. Klassischerweise werden Lebensräume dann als extreme Umgebungen eingestuft, wenn sie auf die Gesamtzellzahl aller Mikroorganismen auf der Erde bezogen nur von wenigen besiedelt werden und deshalb nicht der Norm entsprechen. Dafür wissen wir allerdings noch sehr wenig über diesen faszinierenden Lebensraum.

Ein gigantischer Lebensraum im Dunkeln

In unserem sichtbaren Umfeld finden wir keine druckliebenden Lebewesen. Dennoch ist der Lebensraum auf unserem blauen Planeten für die Piezophilen riesig. Dazu müssen wir uns erneut vergegenwärtigen, dass etwa 70 % der Erdoberfläche von Ozeanen bedeckt sind und die durchschnittliche Wassertiefe dieser Gewässer fast 4000 m beträgt. Zu den fünf Ozeanen auf der Erde werden der Atlantik, der Pazifik und der Indische Ozean sowie das Nord- und das Südpolarmeer gezählt. In der ebenfalls gängigen Darstellung mit nur drei Ozeanen werden die beiden letztgenannten dem Atlantik (Nordpolarmeer) zugeordnet beziehungsweise als Bestandteil aller drei Ozeane (Südpolarmeer) definiert. Der britische Autor Simon Winchester behauptet in seinem Buch *Der Atlantik – Biographie eines Ozeans,* dass wir, trotz der riesigen Ausbreitungen der Ozeane, weniger über sie wissen als über den Mond oder manchen fernen Planeten (Winchester 2012). Für die Bewohner aus der Tiefe stimmt diese These sicherlich. So gigantisch die Ozeane sind, so geheimnisvoll sind sie auch.

Die Tiefsee stellt einen nahrhaften Boden für schauerliche Geschichten und fesselnde Legenden dar, obwohl es in dieser unendlichen Dunkelheit generell an Nahrung mangelt. So dienten die Riesenkalmare als Vorlage für viel Seemannsgarn, das über die Jahrhunderte gesponnen wurde und zu dem Eindruck führte, dass diese mythischen Riesen in der Lage wären, selbst ganze Schiffe mit ihren Tentakeln zu greifen und in die düstere Tiefsee hinabzuziehen. Die Erzählweise dieser Geschichten mag sich zwar über die Jahre verändert haben, aber sie bleiben aktuell und werden heute auch beispielsweise von Disney und Hollywood genutzt. Wenn Captain Jack Sparrow im Film *Fluch der Karibik* all seine Intelligenz und Stärke aufwenden muss, um seine Piraten vor einem Riesenkraken zu schützen, setzt er sich hier mit einem bereits uralten

Mythos auseinander. Obwohl die riesigen Kraken noch immer nicht im Detail untersucht werden konnten, liefern tote Exemplare, die angeschwemmt oder im Magen von Pottwalen gefunden wurden, einige Erkenntnisse über ihre Lebensweise und ihren Lebensraum. Diese gigantischen Geschöpfe werden schätzungsweise bis zu 13 m lang. Ihre Augen – sicherlich die größten im Tierreich – ermöglichen ihnen eine optimale Orientierung in der finsteren Tiefsee. Viele andere Tiere der Tiefsee besitzen dagegen gar keine Augen. Aufgrund der andauernden Dunkelheit werden Augen oft nicht benötigt, während andere Sinne stärker ausgeprägt sind. Stoff für Geschichten bietet beispielsweise auch der Fisch ohne Gesicht, der im Zuge der legendären Challenger-Expedition, die von dem britischen Meeresbiologen Sir Charles Wyville Thomson geleitet wurde, in den 1870er-Jahren erstmalig erwähnt wurde. Allerdings konnte dieser geheimnisvolle Fisch anschließend lange Zeit weder erneut beobachtet noch gefangen werden. Er besitzt einen großen tropfenförmigen Kopf ohne Augen mit einem kleinen Mund an der Unterseite. Erst im Jahr 2017 wurde ein weiteres Exemplar in der Tiefsee vor Australien gefangen, sodass dieses merkwürdige Geschöpf schließlich nach mehr als 140 Jahren wiederentdeckt wurde. Eine wissenschaftliche Beschreibung und systematische Einordnung steht allerdings noch aus.

Neben dem Mangel an Nahrung im offenen Wasser der Tiefsee, definiert sich dieser Lebensraum vornehmlich über den hohen Druck. Das riesige Habitat im Dunkeln der Meere kann deshalb auch nur von echten Überlebenskünstlern besiedelt werden, die mithilfe des großen Erfindungsreichtums der Natur diesen extrem lebensfeindlichen

Bedingungen trotzen können. Der Blobfisch etwa hat eine beeindruckende Lösung gefunden: Er besitzt keine Muskeln, sondern eine gallertartige Körperstruktur, die er im hohen Druck der Tiefsee aufrechterhält. Dabei lebt er meist unbeweglich eingegraben im Schlick oder Sand. Der Blobfisch verbraucht außerdem nur wenig Sauerstoff und spart Energie, indem er auf vorbeischwimmende, kriechende oder schwebende Beutetiere wartet. Auch einige Arten von Tiefseeanemonen besiedeln den Grund der Ozeane selbst noch in mehreren 1000 m Tiefe. Manche Schwämme haben weitere wundersame Strategien entwickelt, um in der Tiefsee zu bestehen. Sie produzieren eine oder mehrere Nadeln aus Glas, mit denen sie sich auf dem Meeresboden verankern. Um ihren Körper in der Strömung ausrichten zu können, wächst die Nadel bei dem Glasschwamm *Monorhaphis chuni* während seines Lebens einige Meter in die Höhe. Das Alter eines Exemplars dieser Art, welches auf dem Grund des Südpolarmeers entdeckt wurde, konnte übrigens aufgrund der Struktur und Länge der Nadel auf mehr als 10.000 Jahre datiert werden, wodurch es schätzungsweise eines der ältesten Lebewesen auf dem Planeten ist (Kap. 1, Abschn. „Wer ist der Methusalem unter den Lebewesen?").

Der tiefste Punkt der Ozeane

Der Grund der Ozeane ist von Gebirgen und Tälern durchzogen, wobei insgesamt zwölf Gräben tiefer als 6000 m sind und dabei eine Fläche so groß wie mancher Kontinent abdecken. Der höchste Druck herrscht logischerweise dort, wo es am tiefsten ist. Dieser allertiefste Punkt der Ozeane liegt in fast 11.000 m, er ist genauer gesagt 10.898 m tief. Und hier, im **Marianengraben**, erscheint die Gegend besonders trostlos. Es ist sehr kalt, kein einziger Lichtstrahl erreicht diese Tiefen und überall ist nur unspektakuläres Sediment zu sehen, das den Boden sowie Hänge und Berge bedeckt. Der Druck ist hier, in fast 11.000 m Tiefe, etwa 1100-mal höher als auf der Erdoberfläche.

Angegeben wird Druck normalerweise mithilfe der Einheit Pascal. Dabei ist der Druck die Kraft, die auf eine Fläche wirkt. Die Bewohner der Tiefsee spüren demnach die Kraft der Wassersäule, die auf ihren Körper drückt. Namensgebend für die Einheit Pascal war übrigens der französische Universalgelehrte Blaise Pascal (1623–1662). Er führte Versuche zur Ermittlung von Luftdruck durch. Der Atmosphärendruck an der Luft auf Meereshöhe beträgt 0,1 MPa, was der ebenfalls noch gebräuchlichen Einheit von einem bar entspricht. Dementsprechend herrscht am Grund des Marianengrabens ein Druck von etwa 110 MPa oder 1100 bar vor. Nichtsdestotrotz finden wir hier Lebewesen. Allerdings handelt es sich dabei fast ausschließlich um winzige Einzeller, die sich im Sediment verstecken und sich von absinkender Biomasse ernähren müssen. Wenn Biomasse auf den Grund der Ozeane absinkt, wird sie bereits auf dem Weg dahin zu mehr als 99 % zersetzt. Normalerweise dürften wir also nur eine geringe Anzahl an lebenden Zellen auf dem Grund des Marianengrabens erwarten. Tatsächlich scheint die Menge an organischen Material in tiefen Gräben allerdings höher zu sein als erwartet, da diese Täler wie eine Art Falle funktionieren, in denen sich größere Mengen an Biomasse ansammeln können.

Wie wir bereits gesehen haben, wurden der Tiefsee und auch dem tiefsten Punkt der Ozeane bereits einige mikrobiologische Geheimnisse von Pionieren der Extremophilenforschung, wie Claude ZoBell und Koki Horikoshi, entlockt (Kap. 3). Nachdem die ersten Hürden der Probennahme und anschließenden Kultivierung dieser spezialisierten Mikroben genommen wurden, stellte das Wachstum, vor allem von kälteliebenden Piezophilen, eine große Herausforderung dar. Im Gegensatz zu den meisten Thermophilen, die beispielsweise an heißen **Schwarzen Rauchern** isoliert wurden, wachsen „echte" kälteliebende Piezophile enorm langsam, sodass eine Engelsgeduld bei der Anzucht nötig ist. Diese ist jedoch mit der vergleichsweise kurzen Verweildauer von Studenten und Doktoranden im Labor schwer in Einklang zu bringen. Zellteilungsraten von mehreren Tagen, Wochen oder sogar Monaten sind hier keine Seltenheit. Strategien zur Vereinzelung von Zellen aus Umweltproben durch serielle Verdünnungen müssen gewissenhaft durchgeführt werden, um eine einzelne Zelle kultivieren zu können, aus der sich anschließend hoffentlich eine Reinkultur entwickelt. So konnte das erste piezophile Bakterium vor fast 40 Jahren aus dem Marianengraben geborgen und im Labor erfolgreich vermehrt werden. Interessanterweise wurde dieser Mikroorganismus von dem Tiefsee-Flohkrebs *Hirondellea gigas* isoliert, der mithilfe einer Falle gefangen wurde (Kap. 1, Abschn. „Bizarre Ungeheuer der Tiefsee"). Bei einem Druck von mehr als 100 MPa teilt sich dieses namenlose, piezophile Bakterium etwa alle 33 h (Yayanos et al. 1981).

In den vergangenen Jahren führte vor allem die Expedition des US-amerikanischen Regisseurs James Cameron mit dem Unterseeboot „Deepsea Challenger" zu einigen weiteren spektakulären Entdeckungen von Tiefseemikroben, die im Marianengraben leben. Camerons U-Boot war nicht nur mit Kameras ausgestattet, sondern ebenfalls mit einem Greifarm, der dazu diente, Sedimentproben aufzunehmen und an die Oberfläche zu transportieren. So konnten insgesamt 68 neue Arten als Folge seiner Reise an den tiefsten Punkt der Erde isoliert werden. Der spektakulärste Fund war das Bakterium *Colwellia marinimaniae* (Kusube et al. 2017). Diese Mikrobe besiedelte ebenfalls den Kadaver eines Krebses, der bereits teilweise zersetzt gewesen ist. Sie konnte isoliert und systematisch beschrieben werden. *C. marinimaniae* ist ein „echter" Hyperpiezophiler, der mindestens einen Druck von 80 MPa zum Überleben benötigt und sich erst bei etwa 120 MPa im Labor richtig wohlfühlt. Bislang wurde keine andere Mikrobe beschrieben, die eine noch extremere Vorliebe für hohen Druck hat. Vor der Entdeckung von *C. marinimaniae* war das theoretische Limit des maximalen Drucks auf 130 MPa geschätzt worden, jedoch wächst dieses kleine Bakterium selbst bei einem Druck von 140 MPa noch fröhlich weiter. Diese Entdeckung führte zu einem Umdenken, sodass das theoretische Drucklimit für druckliebende Mikroorganismen noch höher liegen könnte. Zur Sterilisierung von Nahrungsmitteln für die Lebensmittelindustrie werden routinemäßig noch höhere Drücke eingesetzt, die alle bekannten Mikroorganismen abtöten und wahrscheinlich auch für alle unbekannten Extremophilen tödlich sind *(Kasten 5.1 – Eine Alternative zur klassischen Pasteurisierung für die Lebensmittelindustrie).*

Kasten 5.1 – Eine Alternative zur klassischen Pasteurisierung für die Lebensmittelindustrie

Extreme Bedingungen soweit zu strapazieren, dass sie für jede Mikrobe tödlich sind, kann von großer Relevanz sein, um sterile Bedingungen zu schaffen. Durch die Erforschung von Druckabhängigkeiten von Mikroben eröffnen sich ganz neue Anwendungsgebiete in der Lebensmittelindustrie. Der Prozess zum Abtöten von Bakterien durch kurze Hochdruckbedingungen wird analog zur klassischen Pasteurisierung als Pascalisierung bezeichnet. Dabei wird ein Druck angesetzt, der den Lebensraum in der Tiefsee weit übertrifft. Die Druckpulse liegen zwischen 200 und 600 MPa, was im Meer bedeuten würde, dass wir theoretisch mindestens zweimal die Distanz zum Grund des Marianengrabens zurücklegen müssten. Derartige Druckbedingungen verringern zunächst die Stabilität der Zellmembran. Es entstehen Löcher, sodass Moleküle aus der Umgebung ins Zellinnere eindringen. Der Druck beeinflusst somit chemische Gleichgewichte und Kinetiken und führt schließlich zum Absterben der Mikroben. Unser Darmbakterium *Escherichia coli* stellt übrigens das Wachstum bei einem Druck von etwa 50 MPa ein (Black et al. 2013).

In der Lebensmittelindustrie ist es besonders wichtig, diese Vorgänge bei menschlichen Krankheitserregern zu verstehen. Diese können nämlich oft extremen Drücken für kurze Zeit widerstehen. Sobald sich der Druck verringert, schließen sich die Löcher in der Membran wieder. Auch die Proteinbiosynthese läuft dann wieder an, sodass sich das Wachstum und der Zellstoffwechsel wieder normalisieren.

Im Tiefseesediment

Eine dichte Besiedelung ist im Sediment auf dem Grund aller Ozeane zu finden. Wie unsere heimischen Flussbetten, die zumeist verschlammt oder versandet sind, verfügt auch das Tiefseesediment der Ozeane über einen teilweise reichhaltigen Vorrat an Nährstoffen, die im Laufe der Erdgeschichte auf den Grund abgesunken sind. Neben Mikroben ernähren sich ebenfalls verschiedene Tiere von absinkender pflanzlicher und tierischer Biomasse. Für manchen spezialisierten Mikroorganismus ist auch Erdöl als Nahrungsquelle interessant, das direkt besiedelt wird und im Zuge von Unfällen mit Pipelines oder havarierten Tankschiffen ins Meer gelangen kann (Kap. 9, Abschn. „Durch Öl angetriebene Mikroben"). Im Durchschnitt beträgt die Temperatur am Meeresgrund nur 2 °C, was dazu führt, dass der Vorrat an mikrobieller Biomasse aufgrund des langsamen Wachstums nur sehr gemächlich aufgefüllt werden kann. Das Reservoir an Kohlenstoff, welches auf lebende und tote Biomasse zurückgeht, kann jedoch bis zu 10 km dick sein, bevor festes Gestein erreicht wird. Im Durchschnitt beträgt die Tiefe des Sediments allerdings nur etwa 500 m. Dazu kommt noch der mittlere Druck von 40 MPa durch die durchschnittlich etwa 4000 m hohe Wassersäule. Dadurch wird auch das Tiefseesediment zusammengedrückt, sodass es praktisch keine porösen Bereiche aufweist, in denen Einzeller vor dem enormen Druck geschützt wären.

Nachdem Claude ZoBell bei ersten Bohrungen im Tiefseesediment Mitte der 1950er-Jahre keine lebenden Zellen in einer Tiefe von mehr als 7 m finden konnte (Kap. 3,

Abschn. „Tauchgänge zu den druckliebenden Bakterien"), dauerte es noch mehr als 30 Jahre, bis neue Proben analysiert wurden. Bis dahin musste man davon ausgehen, dass tief im Boden der Ozeane kein geeigneter Lebensraum für extremophile Mikroorganismen vorhanden ist. Schließlich machte sich eine Gruppe von Wissenschaftlern um den britischen Mikrobiologen und Ökologen Ronald John Parkes im Jahr 1936 auf, um dieses Dogma zu widerlegen. Andere Extremophile waren zwar mittlerweile bekannt, dennoch sollte es nicht so einfach werden, die Skeptiker zu überzeugen, dass es sich bei den isolierten Mikroorganismen aus den Tiefseesedimenten nicht um Kontaminationen aus höher gelegenen Sedimentschichten handelte. Die Probennahme aus dem Boden der Tiefsee ist mit einigen Hindernissen verbunden und daher extrem aufwändig. Bei der ohnehin schwierigen Bohrung muss ausgeschlossen werden, dass auf dem Weg an die Oberfläche Kontaminationen mit Meerwasser in die Probe gelangen. Während der Bergung sterben außerdem viele Zellen durch die Druckentspannung und nur einige wenige schnellwachsende Arten bleiben übrig. Wegen dieser vielen Unwägbarkeiten dauerte es auch noch einige Jahre, bis die aufsehenerregenden Studien von Parkes und seinen Kollegen schließlich im hochangesehenen Journal *Nature* veröffentlicht wurden und die Zweifler in der wissenschaftlichen Gemeinschaft schließlich verstummten (Parkes et al. 1994).

Mittlerweile wissen wir, dass die Verteilung von Zellen im Sediment stark von der Tiefe abhängt. In der Nähe der Sedimentoberfläche tummeln sich die meisten Mikroben mit Zelldichten von etwa einer Milliarde Zellen pro Kubikzentimeter, während die Zellzahl in größeren

Tiefen rasant abnimmt. Wenn wir die Zelldichten bis in die durchschnittliche Tiefe der Sedimentschicht von etwa 500 m betrachten, dann leben in diesem Lebensraum auf dem ganzen Planeten so viele Mikroben, dass sie schätzungsweise etwa 10 % der weltweiten Biomasse ausmachen. Es wurde sogar spekuliert, dass dieser Lebensraum etwa 70 % aller Prokaryoten beheimatet, wenn die gemessenen Werte bis auf eine Tiefe von 4000 m übertragen werden würden. Allerdings werden hier schnell zahlreiche Zweifler laut, die davon ausgehen, dass diese Zellen entweder tot sein müssen oder ihr Stoffwechsel ruht. Quantifizierbare Zellpopulationen von lebenden Prokaryoten konnten jedoch selbst aus einer maximalen Tiefe von etwa 1600 m im Tiefseesediment vor Neufundland isoliert werden. In dieser unvorstellbaren Tiefe wurde noch immer eine Zelldichte von etwa einer Million Zellen pro Kubikzentimeter ermittelt. Das Sediment ist hier mehr als 100 Mio. Jahre alt und schätzungsweise zwischen 60 und 100 °C heiß. Hierbei scheint es sich um einen exklusiven Lebensraum für hitze- und druckliebende Mikroben zu handeln, die auch tatsächlich mithilfe von genetischen Analysen nachgewiesen werden konnten. Begrenzt wird ein noch tieferer Lebensraum dann hauptsächlich durch zu hohe Temperaturen, die das zurzeit bekannte Limit von 122 °C überschreiten (Kap. 6, Abschn. „Heiß, Heißer, Hyperthermophile"). Gleichzeitig nimmt der prozentuale Anteil an Endosporen von hitzeliebenden Mikroben mit größerer Tiefe im Sediment kontinuierlich zu. Als Endospore wird ein Ruhestadium bezeichnet, das von vielen Bakterien gebildet wird, um beispielsweise bei Nahrungsmangel überdauern zu können. Auch die

Überlebensrate der Mikroben in unterschiedlichen Schichten schwankt während der Kultivierung enorm. Größere Erfolge konnten bisher mit Proben erzielt werden, die aus Bereichen mit einem hohen Anteil an organischem Material isoliert wurden, oder deren Lebensraum noch stellenweise porös und durchlässig ist und nicht vollständig zusammengedrückt als lehmiger Boden vorliegt. Interessanterweise sind Mikroben aus dem Tiefseesediment nicht besonders empfindlich gegenüber einer Sauerstoffzufuhr während der Probennahme, obwohl wir eigentlich davon ausgehen würden, dass der Lebensraum völlig sauerstofffrei ist. Studien haben aber mittlerweile gezeigt, dass auch in diesem Lebensraum ein wenig Sauerstoff vorkommt, den die dort lebenden Mikroorganismen tolerieren und ganz langsam konsumieren.

Dennoch lässt sich heutzutage bisher nur wenig über die mikrobielle Artenvielfalt in Tiefseesedimenten sagen. Sequenzdaten zeigen zwar, dass sich die Zusammensetzung der prokaryotischen Populationen im Tiefseesediment meistens deutlich von der Oberfläche des Sediments unterscheidet, allerdings blieben bisherige Versuche zur Kultivierung der dominanten Bakterien und Archaeen weitgehend erfolglos. Es wird davon ausgegangen, dass aus der Tiefsee weniger als 0,1 % der Bakterien im Labor kultivierbar sind, da der Lebensraum enorm energiearm ist und die versuchte Anzucht in sogenannten Komplexmedien zu einem Nahrungsüberschuss führt, der die Hungerkünstler wiederum schneller sterben lässt. Diese Hypothese konnte durch Studien mit einem umgekehrten Ansatz gestützt werden: Strikte Substratbegrenzung steigert den Kultivierungserfolg. Interessanterweise tummeln sich jedoch in Tiefseesedimenten, die hauptsächlich aus enorm alter, pflanzlicher Biomasse bestehen, zahlreiche Mikroben, deren nächste Verwandte eher im Waldboden als im Meer zu finden sind. Wahrscheinlich entstammen sie noch aus längst vergangenen Zeiten, in denen Wälder den Boden bedeckten, bevor sich die Meere im Zuge der Erdgeschichte ausbreiteten (Inagaki et al. 2015).

Nicht nur das Sediment auf dem Grund der Tiefsee bietet einen hervorragenden Lebensraum für manche druckliebenden Mikroben. Auch die Vulkangesteine nahe der **tektonischen Platten** können auf der Oberfläche oder sogar im Inneren besiedelt sein, solange sie ausreichend Nährstoffe bieten. Molekularer Wasserstoff, der über Millionen von Jahren gebildet wurde, wird dort als Energiequelle genutzt. Bei dem Ausbruch submariner Vulkane kam es mancherorts zu einer plötzlichen Abkühlung der Lava im Wasser, sodass vulkanisches Glas entstand, welches enorm reich an Mineralien und Metallverbindungen ist. Unterschiedliche Verbindungen stehen hier als direkte Energiequellen zur Verfügung und werden von Mikroorganismen, welche die Oberflächen der erstarrten Lava besiedeln, aus dieser herausgelöst und ins Wasser abgegeben. Interessanterweise wurden in vulkanischem Glas häufig auch endolithische Mikroben in verschiedenen Formen gefunden, die auf ein Alter von mehreren Millionen Jahren datiert werden konnten (Kap. 2, Abschn. „In und unter Gesteinen lebende Extremophile"). Es wurden Fossilien selbst noch in Tiefen von 500 m im Gestein entdeckt. Obwohl diese Lebensräume zwar nicht mit dem Gestein im Inneren der terrestrischen Erde vergleichbar sind, wurden auch hier einige extremophile Mikroorganismen, die den Xerotoleranten zugeordnet werden können, und selbst verschiedene Würmer gefunden *(Kasten 5.2 – Im Inneren der Erde)*. Interessanterweise unterscheiden sich die bisher systematisch kategorisierten Spezies aus submarinem Vulkanbasalt von denen aus vergleichbaren terrestrischen Habitaten. Ein Grund könnten möglicherweise die verschiedenen Jahreszeiten sein, von denen die Mikroorganismen an Land stark abhängig sind, während der Lebensraum in der Tiefsee weitgehend konstant bleibt.

Kasten 5.2 – Im Inneren der Erde

Nicht nur tief im Meeresboden wimmelt es von Lebewesen, sondern auch im warmen Erdinneren an Land sind echte Extremophile zu finden. In fast 5 km Tiefe wurden Mikroorganismen entdeckt und selbst in mehr als 3 km unter der Erdoberfläche konnten in einer afrikanischen Goldmine verschiedene Würmer aufgespürt werden. Der besiedelte Lebensraum im Grubenwasser ist nicht nur extrem sauerstoffarm und weist einen hohen Druck auf. Auch die Temperatur beträgt hier mehr als 40 °C und liegt damit jenseits der bevorzugten Temperaturen von Fadenwürmern, die ihr Dasein eigentlich auf der Oberfläche der Erde oder in den Meeren fristen. Insgesamt vier verschiedene Arten dieser kleiner als 1 mm großen Würmer, wurden tief im Erdinneren in einem Lebensraum aufgespürt, in dem zuvor nur Bakterien vermutet wurden. Und genau der Lebenswandel dieser Bakterien ist das große Glück für den kleinen Wurm, da er die winzigen Einzeller als Nahrung nutzt, um seinen warmen Lebensraum nicht verlassen zu müssen. Der passende Name der bekanntesten Art lautet *Halicephalobus mephisto* und beruft sich auf Mephistopheles, den aus der Literatur bekannten Herrn der Hölle, der sein Leben ebenfalls in den Tiefen der heißen Erde fristet (Borgonie et al. 2011).

Die genetische Ausstattung von Tiefseebakterien

Die Anpassung von druckliebenden Mikroorganismen an ihren extremen Lebensraum gibt der Wissenschaft viele Fragen auf. Wie verändern sich Proteine und andere große Moleküle bei Druckerhöhungen? Wie schützen Tiefseeorganismen ihre Zellen und ihr Zellinneres vor hohem Druck? Wie unterscheidet sich die Physiologie von mesophilen und piezophilen Arten im Hinblick auf Druckveränderungen?

Um diese Fragen zu beantworten, wurden die unterschiedlichsten druckliebenden Mikroben im Detail untersucht und charakterisiert. Wie die Anpassung an hohen Druck im Allgemeinen funktioniert, ist jedoch noch lange nicht genau verstanden. Neuere genetische Studien geben allerdings Hinweise auf die zelluläre Regulation der Proteinbiosynthese und von essentiellen Stoffwechselvorgängen. So konnte belegt werden, dass psychrophile, piezotolerante Bakterien bei niedriger Temperatur und erhöhtem Druck schneller wachsen. Molekularbiologische Untersuchungen ergaben erhöhte RNS-Produktionsraten bei steigendem Druck und damit eine beschleunigte Zellteilungsrate. Das Tiefseebakterium *Shewanella violacea* bevorzugt Temperaturen unter 10 °C und einen moderaten Druck von etwa 30 MPa. Seine RNS-Polymerase, das hauptverantwortliche Enzym für die RNS-Produktion, ist viel druckstabiler als das verwandte Protein aus dem Darmbakterium *Escherichia coli* und erledigt selbst noch bei einem Druck von 140 MPa seinen Job (Kawano et al. 2004).

Eine andere genetische Besonderheit wurde bei *Photobacterium profundum* SS9 entdeckt. Das Genom dieses Tiefseebakteriums besteht aus zwei ringförmigen Chromosomen, wobei das kleinere Chromosom instabiler zu sein scheint und sich wahrscheinlich im Laufe der Evolution stetig veränderte. Deutliche Unterschiede gibt es zwischen den Kopien der sogenannten **ribosomalen Gene,** was darauf schließen lässt, dass *P. profundum* in der Lage sein könnte, auf unterschiedliche Umweltbedingungen schon während der Proteinbiosynthese spezifisch zu reagieren (Vezzi et al. 2005). Als besondere Anpassung an den extremen Lebensraum besitzt das Modellbakterium *Shewanella piezotolerans* WP3 zwei unterschiedliche Arten von Geißeln, wobei besonders die seitlichen vermehrt bei niedrigen Temperaturen gebildet werden und essentiell für die Fortbewegung sind (Wang et al. 2008). Allerdings sind gerade die häufig beobachteten und leichter zu isolierenden Arten der Gattungen *Photobacterium* und *Shewanella* im freien Wasser oder in den obersten Sedimentschichten zu Hause, während Einblicke in physiologische und genetische Besonderheiten von Bewohnern der Tiefseesedimente noch Mangelware sind.

Auch die Enzyme von Piezophilen sind exzellent an die vorherrschenden Bedingungen angepasst. Da die meisten Hochdruckgebiete der Erde in der Tiefsee liegen und überwiegend kalt sind, können die Enzyme der Piezophilen den Enzymen aus Thermophilen, den sogenannten **Thermozymen,** gegenübergestellt werden. Die Enzyme der kälteliebenden Piezophilen haben keinen eigenen Namen, obwohl „Piezozym" vermutlich eine logische Bezeichnung wäre. Es konnte gezeigt werden, dass bei moderaten Temperaturen Enzyme aus kälteliebenden Mikroben aus der Tiefsee eine bestimmte Reaktion bis zu 1000-fach schneller katalysierten als verwandte Thermozyme. Auf der Basis der Proteinstruktur kann zwar keine allgemeine Aussage über ihre Thermostabilität getroffen werden. Allerdings sind Enzyme mit einer lockeren Struktur meist instabiler als kompakte und kugelförmige Proteine. Der erhöhte Druck in der Tiefsee wirkt jedoch derart stabilisierend, dass die Enzyme aus der Tiefsee den klassischen **Psychrozymen** (den Enzymen der Psychrophilen, die „nur" an Kälte angepasst sind) gegenüber im Vorteil sind.

6

Hitzeliebende Mikroben in Wüsten, Schlammtöpfen und kochendem Wasser

© Springer-Verlag GmbH Deutschland 2018
S. Elleuche, *Extreme Lebensräume: Wie Mikroben unseren Planeten erobern*, https://doi.org/10.1007/978-3-662-56015-0_6

Ein gängiger Tipp für die Reise in ferne und exotische Länder ist oft, das Trinkwasser abzukochen oder das Essen gut durchzubraten, um mögliche Keime abzutöten. Bei manchen Einzellern ist dieser Hinweis jedoch wertlos, da sie sich erst im Sand der Wüste, im kochenden Wasser der farbigsten Thermalquellen oder im Erdinneren so richtig wohl fühlen. Diese kleinen Mikroorganismen bevorzugen heiße Temperaturen bis 80 °C und werden als Thermophile bezeichnet, während die extremsten Vertreter unter ihnen sogar am liebsten bei Temperaturen über 80 °C wachsen und Hyperthermophile genannt werden. Da derartige Bedingungen jedoch nicht unserer Körpertemperatur von etwa 37 °C entsprechen und sich diese hitzeliebenden Mikroorganismen bei solchen, gemäßigten Temperaturen sehr unwohl fühlen, spielen sie als krankheitserregende Keime für den Menschen keine Rolle. Im Umkehrschluss macht das Abkochen von Wasser zur Abtötung von Keimen, die bei Menschen Krankheiten verursachen können, dann wieder durchaus Sinn.

Trockene und heiße Lebensräume

Wüsten bedecken etwa 15 % der Landmasse der Erde. Sie sind überwiegend vegetationslos, heiß oder kalt und es herrscht ein andauernder Wassermangel. Wir unterscheiden zahlreiche Formen von Wüsten nach unterschiedlichen Kriterien. So existieren neben den als „normale" Wüste bezeichneten heißen Sandwüsten, auch Eis- und Trockenwüsten, um nur einige Beispiele zu nennen. Die flächenmäßig größte Wüste überhaupt ist die Eiswüste, die das Festland des Kontinents Antarktika überzieht (Kap. 4, Abschn. „Antarktische Oasen"). Die größte Trockenwüste, die Sahara, deckt große Bereiche im Norden Afrikas zwischen Ägypten und dem Atlantik ab. Interessanterweise macht der Sandwüstenanteil der Sahara nur etwa ein Fünftel ihrer Gesamtfläche aus, da sie hauptsächlich von Steinen und Geröll bedeckt ist. Dagegen ist die größte Sandwüste der Welt die Wüste Rub al-kahli, die sich über den südlichen Teil der arabischen Halbinsel ausbreitet und Teile von Saudi-Arabien, dem Jemen, dem Oman und den Vereinigten Arabischen Emiraten bedeckt. Die Lufttemperatur schwankt hier normalerweise zwischen 25 °C in der Nacht und bis zu 50 °C am Tag, wobei die Oberfläche des Sandes oft Temperaturen von bis zu 70 °C erreichen kann. Trotz dieser extremen Bedingungen bieten diese Wüsten Lebensräume für zahlreiche Tiere, wie Echsen und Insekten. Auch eine Reihe von Beduinenvölkern bewohnen die Randbereiche dieser hyperariden, das heißt „enorm trockenen" Wüsten. Der Sandfisch (auch Apothekerskink genannt) ist so eine Echse und seinen Namen verdankt dieses Tier seiner typischen Fortbewegungsart. Sandfische bewegen sich nämlich im feinen Wüstensand, sodass es aussieht, als würden sie schwimmen. Um sich vor extremer Hitze zu schützen, gräbt sich der Sandfisch ein, da bereits in einer Tiefe von nur etwa 10 cm der Sand viel kühler ist. Ein weiterer Bewohner ist der in den Wüsten der arabischen Halbinsel und Nordafrikas weit verbreitete Ägyptische Dornschwanz. Diese Echse aus der Familie der Agamen absorbiert durch ihre fast schwarze Panzerung bei kühlen Temperaturen die Wärme der Sonnenstrahlen und wärmt sich dabei zügig auf. Um bei den extremen Hitzebedingungen in ihrem Verbreitungsgebiet nicht zu überhitzen, färben sich die aufgewärmten Tiere anschließend je nach Art hellgrau oder gelb und reflektieren dadurch die meisten auf sie treffenden Sonnenstrahlen, um sich nicht noch weiter aufzuheizen.

Im Norden Chiles befindet sich die trockenste Wüste der Erde. In der Atacamawüste regnet es zwar so gut wie nie, allerdings wird der Feuchtigkeitsgehalt der Luft aus dem Verhältnis von Niederschlag und Verdunstung von Wasser abgeleitet. Selbst im Vergleich zum extrem heißen *Death Valley* in den Vereinigten Staaten von Amerika fällt in der kühlen Atacamawüste noch sehr viel weniger Niederschlag. Die hier vorherrschenden Temperaturen sind moderat bis extrem kalt und schwanken normalerweise zwischen −15 und 30 °C. Hier gibt es Gegenden, in denen schon seit vielen Jahren kein Regen mehr gefallen ist und in denen schon seit mehr als 15 Mio. Jahren ein hyperarides Klima herrscht. Die Atacamawüste ist jedoch nicht nur extrem trocken, sondern es mangelt auch an Nährstoffen, es herrscht eine hohe atmosphärische Strahlung und der Salzgehalt ist hoch. Ihre Bedingungen, insbesondere der Trockenheitsgrad, haben die Atacamawüste zu einer Modellumgebung für die Astrobiologie gemacht (Kap. 11).

Andere heiße Orte der Erde sind noch praktisch unerforscht. Sie bieten aber ein gigantisches Potenzial für neue Entdeckungen. So finden wir entlang des Großen **Afrikanischen Grabenbruchs** sehr vielfältige Landschaften, wie das „Tor zur Hölle" in der Nähe des Geothermalgebiets Dallol in Äthiopien. In dieser von Vulkanen gesäumten Landschaft wechseln sich Thermalfelder mit sauren

Tümpeln, Trockengebieten und extrem salzigen Seen ab. Hier wurden außerdem die heißesten, durchschnittlichen Jahrestemperaturen verzeichnet, da es in Dallol niemals regnet ist es auch eine der trockensten Gegenden der Erde.

Rauchende Schornsteine auf dem Grund der Tiefsee und heiße Quellen

Hochtemperaturgebiete auf der Erde entstehen und verändern sich besonders durch Bewegungen der **tektonischen Platten.** An allen Orten auf dem Planeten, an denen sich zwei tektonische Platten durch Bewegungen nähern oder den Abstand vergrößern, kommt es zu geologischen Veränderungen der Landschaft, sodass Gräben oder Berge entstehen. Damit verbunden sind geothermale Phänomene, die zur Bildung von Vulkanen oder heißen Quellen führen können, wenn Hitze aus dem Erdinneren an die Erdoberfläche strömt.

Im Gegensatz zu den Bewohnern trockener Wüsten müssen manche Bewohner der Tiefsee zwar auch heißen Temperaturen trotzen, jedoch mit dem Unterschied, dass hier Wasser in Hülle und Fülle vorhanden ist. Heiße Quellen in der Tiefsee bieten besonders vielfältige Lebensräume. Sie sind in allen Ozeanen anzutreffen, aber können sich in ihrer Gestalt und ihren physikalischen Eigenschaften enorm voneinander unterscheiden. So gibt es die bekannten Karbonatschornsteine **(Weiße Raucher)**, die durch ihre weiße Gestalt in der dunklen Tiefsee auffallen, oder die stark mit Toxinen belasteten **Schwarzen Raucher** (engl. *Black Smoker*), die giftigen, dunklen Wasserdampf ausstoßen. Während Weiße Raucher in einiger Entfernung von sich treffenden tektonischen Platten vorkommen und bis zu etwa 90 °C heiß sein können, treten die extrem heißen Schwarzen Raucher (bis 405 °C) zumeist direkt an den Nahtstellen zwischen zwei tektonischen Platten auf. Bei derartigen Temperaturen ist zwar kein Leben mehr möglich, allerdings bevorzugen die sogenannten Hyperthermophilen die aufgeheizte Umgebung nahe solcher Schwarzen Raucher mit Temperaturen, die selbst 100 °C noch übersteigen können (Kap. 2, Abschn. „Erst ab 45 °C wird es richtig angenehm"). Auch in ihren chemischen Eigenschaften unterscheiden sich beide Arten von Tiefseequellen voneinander. Die alkalischen, karbonathaltigen Schornsteine weisen meist hohe Gaskonzentrationen, vornehmlich Wasserstoff und Methan, auf, wohingegen die Eruptionen der sauren (pH-Wert 2–3) Schwarzen Raucher vor allem reich an Kohlenstoffdioxid und unterschiedlichen Metallen wie Eisen und Mangan sind. Vielfältige Lebensräume sind hierbei nicht nur durch extreme Hitze, sondern auch giftige Gase sowie Metalle und extreme pH-Werte charakterisiert. Es ist bekannt, dass das Leben vieler Organsimen direkt vom Stoffwechsel der an den Hydrothermalquellen ansässigen Hyperthermophilen abhängt, da diese Energie aus den giftigen, ausgestoßenen Chemikalien generieren können. Diese Lebensräume und Umweltbedingungen sind über einen sehr langen Zeitraum durch geologische Veränderungen entstanden. Es wird vermutet, dass hydrothermale Quellen bereits seit der Verfügbarkeit von flüssigem Wasser auf der Erde vorkommen. Da es in ihrer Nähe kaum saisonale Schwankungen gibt, bieten heiße Quellen und die

Hydrothermalquellen der Tiefsee ausgezeichnete Lebensräume für hitzeliebende Extremophile.

Die größte Ansammlung von Schwarzen Rauchern und vulkanischer Aktivität gibt es im pazifischen Feuerring, der den Pazifik von drei Seiten U-förmig umschließt. Er umfasst etwa 40.000 km und verläuft im Westen entlang der asiatischen Küste bis in den Norden, wo er Kamtschatka mit der Inselgruppe der Aleuten verbindet. Im Osten wird er von der kompletten amerikanischen Westküste von Alaska bis Feuerland begrenzt. Entlang des pazifischen Feuerrings finden wir mehr als 75 % aller aktiven Vulkane auf der Erde. Sie sind die Hauptursache sowohl für die Tsunamis im Pazifik als auch für mehr als 90 % aller schweren Erdbeben.

Im Atlantik ist dagegen die sogenannte verlorene Stadt (engl. *Lost City*) das Paradebeispiel für eine Ansammlung von unterseeischen Rauchern. Hierbei handelt es sich um ein Feld von Tiefseeschornsteinen, die etwa 15 km westlich des mittelatlantischen Rückens liegen und deren Lebensbedingungen durch einen hohen vorherrschenden Druck und ebenfalls besonders heiße Temperaturen (bis 90 °C) und alkalische pH-Werte (pH 9–11) gekennzeichnet sind. Hier gibt es zwar nur wenige Arten von Mikroben, die wenigen spezialisierten Mikroorganismen tummeln sich aber dafür in Hülle und Fülle. Zusätzlich bewohnen zahlreiche niedere Tiere diesen Lebensraum: Schnecken, Würmer und Muscheln werden durch die wohligen Temperaturen in der Umgebung angelockt. Nichtsdestotrotz sind die Schornsteine unterschiedlich alt – bis zu 30.000 Jahre – und lassen eine Evolution erkennen, die durch die sich verändernden Bedingungen reguliert wird (Früh-Green et al. 2003).

Die meisten heißen Quellen an Land sind im Yellowstone Nationalpark im US-Bundesstaat Wisconsin zu finden. Dieser bereits sehr alte Nationalpark beherbergt nicht nur Grizzlybären und Bisons, sondern auch eine ausgeprägte Vielfalt von Mikroben in seinen zahlreichen heißen Quellen, Schlammtöpfen und den Becken der Geysire. Hier wurde von dem US-amerikanischen Mikrobiologen Thomas Brock übrigens auch das berühmte Bakterium *Thermus aquaticus* gefunden (Kap. 3, Abschn. „Spektakuläre Entdeckungen im Yellowstone Nationalpark"). Die geothermale Aktivität ist darauf zurückzuführen, dass sich der Yellowstone Nationalpark auf einer gigantischen unterirdischen Kammer befindet, die mit flüssigem Magma gefüllt ist. Vulkanische Gase suchen überall den Weg an die Oberfläche und machen den Nationalpark zu einem beliebten und äußerst spektakulären Reiseziel für Touristen. Der Besuch des bunten Morning Glory Pools, der riesigen Grand Prismatic Spring und des spektakulären Old Faithful Geysirs gehört zum Pflichtprogramm eines jeden Reisenden im Yellowstone Nationalpark. Die farbenprächtigen Quellen sind maximal 75 °C heiß. Bei noch höheren Temperaturen wären sie zu heiß für Cyanobakterien, die durch Einlagerung von gelben und grünen Farbstoffen den heißen Quellen ihre Farbenpracht schenken *(Kasten 6.1 – Thermalquellen erstrahlen in den schönsten Farben)*. Diese Beobachtung spiegelt sich übrigens auch in dem Namen des Morning Glory Pools wider. Mit dem klangvollen Namen Morning Glory wird eine Pflanze der Familie der Windengewächse (Convolvulaceae) bezeichnet, die eher unspektakulär blauweiß gefärbt sind. Die nach ihr benannte Thermalquelle erstrahlt heute allerdings in prächtigen bunten Farben und ist etwa 70 °C heiß, was eine Besiedelung mit Cyanobakterien ermöglicht. Als diese heiße Quelle ursprünglich ihren Namen erhielt, war die Wassertemperatur jedoch noch heißer, sodass sie ein bevorzugtes Habitat für Mikroorganismen darstellte, die auf Sauerstoff verzichten können und deshalb zu dieser Zeit noch tiefblau war *(Kasten 6.2 – Das Problem mit dem Sauerstoff)*. In den vergangenen 50 Jahren sank die Temperatur des Morning Glory Pools jedoch, da immer mehr Touristen Glücksmünzen hineinwarfen, die diese heiße Quelle verschmutzten, sodass nur noch wenig heißes Wasser aus dem Erdinneren nachfließen konnte und der Morning Glory Pool langsam abkühlte.

Kasten 6.1 – Thermalquellen erstrahlen in den schönsten Farben

Wenn wir die heißen Quellen der Nationalparks betrachten, fallen uns sofort ihre wunderschönen Farben auf. Bei Touristen besonders beliebt ist die prächtige blaue Farbe der heißen Springquelle Blesi auf Island, die ausschließlich auf einen **abiotischen** Einfluss zurückzuführen ist. Blesi setzt sich aus zwei Teilen zusammen, die über einen kurzen Zulauf verbunden sind. Das heiße Wasser steigt aus der Tiefe in ein farbloses Becken auf und kühlt sich anschließend in dem zweiten Becken an der Luft ab. Im Wasser enthaltene Mineralien verändern durch die Abkühlung ihre Struktur und beginnen bei kühleren Bedingungen das Licht zu streuen, sodass das Wasser azurblau erscheint. Im Gegensatz dazu wird die bunte Farbenpracht mancher heißer Quellen im Yellowstone Nationalpark durch die Lebensgemeinschaft verschiedener Mikroben hervorgerufen. Solche mikrobiellen Biofilme enthalten eine Vielzahl von Bakterien, die in ihrem Lebensraum spektakuläre

Farbspiegelungen hervorrufen können. Besonders die hohe Dichte an Cyanobakterien führt zu einer klaren gelben und grünen Farbe am kühleren Rand von Thermalquellen. Da die heißen Quellen wie die Grand Prismatic Spring zur Mitte hin eher bläulich erscheinen und immer dunkler werden, könnte der Eindruck entstehen, dass in größeren Tiefen andere oder gar keine Mikroorganismen zu finden sind. Allerdings bewachsen die Biofilme die Wände des gesamten Beckens der heißen Quellen und unterscheiden sich in ihrer mikrobiellen Zusammensetzung vornehmlich am Rand. Den Farbverschiebungen der tieferen Regionen liegen physikalische Effekte zugrunde, die dazu führen, dass sich die Farbstreuung an den Biofilmen und den angrenzenden Wassermolekülen in der Dunkelheit stärker in Richtung blau verschiebt (Vollmer et al. 2017).

Kasten 6.2 – Das Problem mit dem Sauerstoff

Bei hohen Temperaturen sind viele Extremophile äußerst anfällig gegenüber Sauerstoff, der zum Beispiel bei der Probennahme in die Probe eindringt und sich im flüssigen Medium löst. Viele Thermophile bewohnen einen Lebensraum ohne Sauerstoff, was besonders auf die geringe Löslichkeit von Sauerstoff bei hohen Temperaturen zurückzuführen ist. Mit der richtigen Handhabung ist eine Lagerung von hyperthermophilen Mikroorganismen jedoch selbst bei Temperaturen um den Gefrierpunkt möglich, sodass die meisten Hyperthermophilen auch nach langjähriger Lagerung im Laborkühlschrank ohne Sauerstoff mit den richtigen Methoden wieder zum Leben erweckt und kultiviert werden können. Die Anzucht von großen Mengen an Zellen ist jedoch bei derartigen Exoten allerdings meist nur schwer zu bewerkstelligen, aber für manche Fragestellungen extrem wichtig (Kap. 10). Hohe Temperaturen und besondere Zusammensetzungen des Nährmediums lassen herkömmliche Anzuchtbehälter schnell rosten, weshalb vor allem Rührer sowie Zu- und Abläufe des Behälters aus widerstandsfähigen Materialien wie beispielsweise Titan bestehen sollten. Unter optimierten Bedingungen ist es heute aber durchaus möglich, in einigen 100 l Kulturbrühe bakterielle Biomasse mit einem Feuchtgewicht von 1 bis 2 kg zu erreichen. Im Vergleich dazu können derartige Zellmassen bei Verwendung des beliebtesten Bakteriums im Labor, *Escherichia coli*, bereits in nur wenigen Litern Medium gewonnen werden.

Aber nicht nur im Yellowstone Nationalpark befinden sich Thermalquellen. Besonders viele heiße Quellen und Geysire finden wir auch in Chile, auf der Nordinsel von Neuseeland sowie im Asien, vor allem in Russland und China. Die russische Extremophilenforscherin Elizaveta Bonch-Osmolovskaya bereiste diese Gebiete und isolierte mit ihrer Arbeitsgruppe am Winogradsky-Institut für Mikrobiologie in Moskau, mehr als 50 neue thermophile Arten. Fündig wurde sie vornehmlich in heißen Quellen und Vulkangebieten der russischen Halbinsel Kamtschatka (Merkel et al. 2017). Im berühmten Tal der Geysire sind nach den Geysirfeldern im Yellowstone Nationalpark die meisten Springquellen auf einem Fleck zu finden. Auf europäischem Gebiet sind Quellen vulkanischen Ursprungs vor allem entlang des mittelatlantischen Rückens verteilt, wobei wir sehr gut untersuchte Hot Spots auf den zu Portugal gehörenden Azoren und auf Island finden.

Die Azoren – Ein Dorado für den passionierten Extremophilenjäger

Der mittelatlantische Rücken ist ein Gebirge auf dem Grund des Atlantiks, das sich durch die Verschiebung der Kontinentalplatten in den vergangenen 200 Mio. Jahren aus der Tiefe erhob und an einigen wenigen Stellen die Wasseroberfläche durchbrochen hat. Die tektonischen Platten weichen dabei auseinander, während Magma aus dem Erdinneren nach oben quillt. Ein aus neun großen und mehreren kleinen Inseln bestehendes Archipel im Atlantik zwischen Europa und Nordamerika bildet die Azoren. Inmitten des Verbreitungsgebiets zahlreicher Walarten, die auf offenem Meer beobachtet werden können, ist ihre Lage einzigartig, da sie in einem Bereich des mittelatlantischen Rückens liegen, an dem drei tektonische Platten aufeinandertreffen. Die Inseln Corvo und Flores befinden sich auf der nordamerikanischen Platte, während die Hauptinsel Sao Miguel auf der eurasischen Platte liegt und die übrigen Inseln zwischen der eurasischen und der afrikanischen Platte zu finden sind. Erdgeschichtlich können die Azoren mit einem geschätzten Alter von wenigen Hunderttausend bis knapp über 100 Mio. Jahren noch als sehr jung angesehen werden. In dieser Gegend entstehen und vergehen Inseln ganz besonders schnell. Die aktiven Vulkane führen dazu, dass sich über diesen Zeitraum neue Inseln aus dem Meer erheben, die fast ausschließlich aus Vulkangestein bestehen. Der Vulkan Pico auf der gleichnamigen Insel übertrifft mit einer Höhe von mehr als 2300 m die übrigen

Inseln. Mit Blick auf die Erdgeschichte kam nach der Entstehung einer neuen Insel meist ein Entdecker aus einer Seefahrernation und stellte eine Fahne auf, um das Eiland für sein Land zu beanspruchen. So gehören die Azoren seit ihrer offiziellen Beanspruchung durch Diogo de Silves im Jahr 1427 zu Portugal, obwohl wahrscheinlich schon einige Tausend Jahre früher Menschen sie erstmals erreichten. Nicht selten kam es allerdings vor, dass eine zweite Reise zu so mancher Insel bereits erfolglos war, da sie sich schon wieder verändert hatte oder gar ganz im Ozean versunken war. Bei den Azoren ist dies zwar nicht der Fall, aber erst in den 1950er-Jahren erhob sich durch einen Vulkanausbruch nahe der Insel Faial eine neugebildete Landmasse aus dem Meer, die sich nach etwa einem Jahr vulkanischer Aktivität mit der Insel vereinigte. Die nahegelegene Ortschaft wurde fast vollständig von Asche überschüttet und heute ragen nur noch an wenigen Stellen einzelne Dächer und der halb begrabene Leuchtturm aus der Erde heraus. In dieser tristen Landschaft erobern nun aber bereits erste Pflanzen einen neuen Lebensraum. Bleiben solche steinigen Inseln erhalten und sind sie weiterhin vulkanisch aktiv, entstehen ebenfalls Lebensräume, in denen sich thermophile Mikroben schnell niederlassen.

Obwohl die Inseln äußerst steinig sind, begünstigen das subtropische Klima, die gemäßigten Temperaturen und die hohe Luftfeuchtigkeit die Ausbildung einer üppigen Pflanzenvielfalt, die sich mit der kargen Vulkanlandschaft abwechselt und ein charmantes Landschaftsbild erschafft. Dieses ist vor allem durch die Verteilung der teilweise wunderschön bewachsenen Vulkane geprägt, auf denen satte und grüne Gräser und Bäume ebenso beheimatet sind wie die farbenprächtigsten Blumen. Manche stillen Kraterkessel (die sogenannten **Calderen**) der Vulkane, sind mit Wasser vollgelaufen, sodass sich bis zur nächsten Eruption Seen bilden, die mit jedem Gemälde erfolgreich konkurrieren können. Der Lagoa do Fogo (portugiesisch für Feuersee) entstand nachdem der Vulkan Pico da Sapateira im Jahre 1563 ausgebrochen war und anschließend in sich zusammenfiel. Er befindet sich in einer Höhe von etwa 500 m und erweckt vor niedrigen Wolken den Eindruck eines Sees im Himmel. Heute liegt er in einem Naturschutzgebiet und stellt ein beliebtes Ziel für Wanderer dar.

Ebenfalls auf der Hauptinsel Sao Miguel, die auch als „grüne Insel" bezeichnet wird, befindet sich die kleine verschlafene Gemeinde Furnas, die in einer steinigen Ebene eine Vielzahl heißer Quellen und dampfender **Fumarole** beherbergt. Dadurch liegt in diesem tropischen Paradies stets ein beißender Geruch von Schwefel in der Luft und das Gebiet erinnert teilweise an eine karge Mondlandschaft. Für Touristen bietet dieses Städtchen aber auch zahlreiche Heil- und Thermalquellen, die oft versteckt in den schönsten öffentlichen Gärten zu finden sind. Ein kulinarisches Highlight ist sicherlich der Genuss von traditionell gegarten Speisen. Für die Lebensmittelzubereitung nutzen die Einwohner warme Erdlöcher, in denen ein Eintopf bestehend aus unterschiedlichsten Gemüsen wie beispielsweise Kohl und Kartoffeln zusammen mit Fleisch über einige Stunden langsam gegart wird und durch die Nähe zu den heißen Quellen und Schlammlöchern einen charakteristischen Geschmack annimmt.

Im gesamten Archipel der Azoren ist vor allem diese geothermisch sehr aktive Region biologisch gut untersucht.

Diese vielfältige Landschaft ist nicht nur die Heimat von zahlreichen extremophilen Mikroorganismen, sondern auch einige höhere Lebewesen, wie der Regenwurm *Pontoscolex corethrurus,* fühlen sich hier wie zuhause (Cunha et al. 2014). Die Temperatur des Bodens und der Quellen schwankt in Furnas meist zwischen 40 und mehr als 90 °C. Einige kühlere Bereiche zeichnen sich durch einen extrem sauren Boden aus, sodass die Quellen mancherorts pH-Werte von nur etwa 2,5 aufweisen können. Mit Wasser gefüllte Kanäle befinden sich zwar tief in der Erde, aber sie erreichen die Oberfläche an verschiedenen Stellen und speisen mehrere heiße Quellen. Im Gegensatz dazu treten bei den ebenfalls weit verbreiteten Fumarolen lediglich Gase und Wasserdampf aus dem Boden vulkanisch aktiver Gegenden aus, ohne dass flüssiges Wasser die Erdoberfläche erreicht. Schaut man sich in Furnas um, dann dampft und brodelt es überall und die unterschiedlichen Quellen leuchten oft in den bunten Farben der Biofilme, von denen sie bedeckt sind. Andere heiße Ausströmungen sind kaum erreichbar, da sie nur schwer zu durchdringenden, heißen und stinkenden Dampf erzeugen. Wenn der Wasserdampf noch mit etwas Wasser versetzt ist, entsteht oft ein matschiger Untergrund. In diesem Zustand werden die Fumarole auch als **Schlammtöpfe** bezeichnet, die wiederum unermüdlich blubbern. Enthält der ausgetretene und geruchsintensive Dampf viel Schwefelwasserstoff, werden die Ausströmungen auch **Solfatare** genannt. Hierfür war der italienische Vulkankrater Solfatara namensgebend, der in der Nähe von Neapel besucht werden kann, nachdem wir von den Azoren wieder abgereist sind. Zuvor wird unser nächster Stopp allerdings eine andere Insel im Atlantik nördlich der Azoren sein.

Island – Ein vom Vulkanismus geprägtes Paradies für Thermophile

Der Nordatlantik wird im Westen von Nordamerika, im Osten von Europa und im Norden von Grönland und dem Europäischen Nordmeer begrenzt. Auch hier zieht sich ein Riss durch den Boden, wo die nordamerikanische und die eurasische Kontinentalplatte aufeinandertreffen. Zwischen Grönland und Norwegen liegt die größte Vulkaninsel des Planeten: Island. Sie liegt sowohl auf der nordamerikanischen als auch auf der eurasischen Kontinentalplatte, während der mittelatlantische Rücken von Südwesten nach Nordosten über die Insel verläuft. Aufgrund ihrer einzigartigen geologischen Position zeichnet sich dieses Eiland ebenfalls durch beeindruckende Naturphänomene aus. Im Gegensatz zu den Azoren ist Island nicht nur zu etwa 10 % vollständig vereist, sondern beheimatet auch den größten und dicksten Gletscher Europas: der Vatnajökull im Südosten der Insel. Es wird vermutet, dass es in den vergangenen 1000 Jahren zu fast 100 subglazialen Vulkanausbrüchen auf Island gekommen ist. Obwohl dabei die Gletscherdecke nie vollständig zum Schmelzen gebracht wurde, fließt viel Gletscherwasser über Flüsse ins Meer oder stürzt sich über riesige Wasserfälle in die Tiefe.

Für Besucher sind aber nicht nur die Gletscher und mehr als 30 Vulkane der Insel besonders attraktiv, sondern auch die unzähligen heißen Quellen, aus denen überall in der Landschaft heißer Dampf und brodelndes Wasser aus der Erde strömt. Auch sie finden wir nahe des mittelatlantischen Rückens. An der Küste im Südwesten liegt Islands Hauptstadt Reykjavik und der Nationalpark Þingvellir, der 2004 zum Weltkulturerbe ernannt wurde und in der Allmännerschlucht einen Besuch der Kontinentalplatten ermöglicht. Dies ist auch meist die erste Station des „Goldenen Rings", einer eintägigen Rundreise auf Island, die den Besucher auch zu dem bekanntesten Wasserfall der Insel, dem Gulfoss („goldener Wasserfall"), und dem Geothermalgebiet Haukadalur führt. Haukadalur gehört mit seinen etwa 25 aktiven Springquellen neben dem Tal der Geysire in Kamtschatka und dem Yellowstone Nationalpark zu den weltweit größten Geysirfeldern und präsentiert spektakuläre Naturschauspiele. Während der namensgebende große Geysir nicht mehr ausbricht, lässt sich die kleinere Springquelle Strokkur (isländisch für Butterfass) auch heute noch bewundern. Strokkur stößt etwa alle 10 min seine Wasser- und Dampffontäne aus und erreicht dabei Höhen von 30 bis 35 m. Unweit dieses Geysirs befindet sich auch die wunderschöne und azurblaue Springquelle Blesi *(Kasten 6.1 – Thermalquellen erstrahlen in den schönsten Farben)* sowie zahlreiche Schlammtöpfe und Fumarole. Allerdings sind nicht nur die Landregionen entlang des mittelatlantischen Rückens äußerst aktiv, sondern auch um Island herum unter Wasser befinden sich viele heiße Quellen.

In den Hochtemperaturgebieten Islands wimmelt es nur so von Leben, weshalb die Insel schon vor etwa 40 Jahren auf die Karte der europäischen Extremophilenforscher rückte. Hier finden wir die Lebensräume unzähliger hitzeliebender Mikroorganismen, deren Erforschung bereits kurz nach der Entdeckung der Thermophilen im Yellowstone Nationalpark gestartet wurde. Viele Verwandte von *Thermus aquaticus* wurden 1983 in den heißen Quellen Islands identifiziert (Kristjansson und Alfredsson 1983). Am schnellsten waren jedoch wieder einmal Karl Stetter und seine Mitarbeiter (Kap. 3, Abschn. „Die Jagd nach den Hyperthermophilen"), die bereits 1981 das methanogene Archaeon *Methanothermus fervidus* isolierten (Stetter et al. 1981). Bei der Mehrzahl der beschriebenen Thermophilen aus Island handelt es sich aber bis heute um Bakterien, die vor allem in heißen Quellen nahe Hveragerði südöstlich von Reykjavik gefunden wurden. In der kleinen Gemeinde dampft es in fast allen Vorgärten und die Anwohner haben sich die Erdwärme zunutze gemacht, um in Gewächshäusern Bananen und andere Südfrüchte zu züchten. Allerdings finden wir nicht nur auf Islands Festland einzigartige Extremophile, auch in der Nähe der submarinen Vulkane in Küstennähe wurden bereits einige Vertreter gefunden. In mehr als 100 m Tiefe am Kolbeinsey-Rücken wurden die kleinste hitzeliebende Mikrobe der Welt, die als Aufsitzer auf einer zweiten Art lebt, und weitere Hyperthermophile gefunden *(Kasten 6.3 – Der kleinste Hyperthermophile der Welt)*. Dennoch bleiben auch an den heißen Standorten inmitten Islands arktischer Landschaft die meisten Extremophilen bis heute unentdeckt, da sie nicht kultiviert werden können, und versprechen so auch zukünftig noch viele spannende Forschungsfragen zur Vielfalt in diesem einzigartigen Lebensraum.

Kasten 6.3 – Der kleinste Hyperthermophile der Welt

Einer der eindrucksvollsten Hyperthermophilen ist sicherlich das winzig kleine und weit verbreitete Archaeon *Nanoarchaeum equitans*, das von der Arbeitsgruppe um Karl Stetter vor der isländischen Küste entdeckt wurde (Kap. 3, Abschn. „Die Jagd nach den Hyperthermophilen"). Bei dem „reitenden Urzwerg" handelt es sich mit einem Durchmesser von 400 nm um das kleinste bekannte Lebewesen überhaupt (Huber et al. 2002). Dieser Durchmesser entspricht 400 Millionstel Millimeter – nicht viel größer als ein durchschnittlicher Virus. Noch interessanter wird dieses Lebewesen, wenn wir uns das Genom anschauen. Mit einer Größe von nur 490.000 Basenpaaren, ist es das kleinste bekannte Genom von aller Prokaryoten (Waters et al. 2003). Allerdings fehlen hier viele essentielle Gene, die in den meisten anderen sequenzierten Genomen nachgewiesen wurden. Daher überlebt *N. equitans* nur als eine Art Aufsitzer auf einem größeren Archaeon (*Ignicoccus hospitalis*, die „gastliche Feuerkugel"), von dem es anscheinend die meisten Nährstoffe bezieht. Bei Temperaturen um 90 °C wachsen beide Mikroben am schnellsten, jedoch teilt sich der kleine Urzwerg aufgrund seiner minimierten Größe fast doppelt so häufig wie die Feuerkugel in der gleichen Zeit. Wenn das Ungleichgewicht zu groß wird, werden die kleineren Zellen in die umgebene Flüssigkeit entlassen. Allerdings stellen sie dann ihr Wachstum sofort ein, da ein direkter Zell-Zell-Kontakt zu *I. hospitalis* essentiell für das Überleben von *N. equitans* ist.

Ein derartiges Verhalten und der Verlust von essentiellen Genen sind bei vielen parasitären Lebewesen bekannt, allerdings stellt *N. equitans* wahrscheinlich eine äußerst interessante Ausnahme dar. Gene, die im Laufe der Evolution nicht mehr gebraucht werden, sammeln häufig Mutationen an und werden dadurch inaktiviert, bevor sie vollständig verlorengehen. Zumeist sind sie als nicht funktionsfähige Pseudogene im Genom leicht aufzuspüren. Bei *N. equitans* gibt es allerdings in Bezug auf die Größe des Genoms nur sehr wenige Pseudogene, was auf eine evolutionäre Entwicklung der Art ohne anschließenden Verlust vielfältiger Funktionen hinweisen könnte. Die stammesgeschichtliche Einordnung von *N. equitans* führt zu einer Positionierung in der Nähe des Ursprungs des Lebens, was ebenfalls ein Hinweis darauf sein könnte, dass dieser Nanoorganismus sehr früh in der Evolution entstanden ist.

Heiß, Heißer, Hyperthermophile

„Echte" Hyperthermophile bevorzugen extrem heiße Temperaturen von mindestens 80 °C und stellen bei einer für sie unangenehmen Kühle unter 65 °C das Wachstum bereits vollständig ein (Kap. 2, Abschn. „Erst ab 45 °C wird es richtig angenehm"). Während die Anzahl an bekannten und untersuchten Prokaryoten schon lange unüberschaubar ist, umfassen die Hyperthermophilen bisher nur etwa 100 beschriebene Arten. Unter ihnen gibt es nur wenige Bakterien, während diese Gruppe durch Archaeen dominiert wird. Von den bakteriellen Vertretern sind die Arten der Gattung *Aquifex* besonders hitzeresistent und bereits gut untersucht. Der wichtigste Vertreter ist *Aquifex pyrophilus,* der „feuerliebende Wassermacher", der bei der Atmung Wasser produziert (Huber et al. 1992). Innerhalb der Bakterien bekleidet *Aquifex pyrophilus* mit einem Wachstum bei 95 °C den einsamen Spitzenplatz unter den Hyperthermophilen. Gefunden wurde diese Mikrobe übrigens ebenfalls in heißen submarinen Quellen am *Kolbeinsey*-Rücken nahe Island.

Die hyperthermophilsten Spezies überhaupt gehören aber alle zu den Archaeen und wurden entweder aus heißen Quellen, Solfataren oder in der Nähe von Tiefseequellen isoliert. Sie sind deshalb neben den hohen Temperaturen oft auch an hohe Drücke optimal angepasst. Manche polyextreme Hyperthermophile bevorzugen auch seltenere Kombinationen von extremen Bedingungen, wie der kleine Sulfatreduzierer *Thermococcus gammatolerans* (Jolivet et al. 2003). Dieses hyperthermophile Archaeon hält gleichzeitig einer hohen Strahlenbelastung stand, während *Thermococcus alcaliphilus* heiße Temperaturen in alkalischer Umgebung bevorzugt (Keller et al. 1995). Die am meisten beeindruckenden Hyperthermophilen sind allerdings andere Vertreter, deren Wachstumsgrenzen bei Temperaturen jenseits der 100 °C liegen. Nach den ersten Entdeckungen von hitzeliebenden Mikroben wurden schnell immer extremere Hyperthermophile mit einer immer höheren Hitzetoleranz der interessierten Öffentlichkeit präsentiert.

Das Archeon *Methanothermus fervidus* gehört mit einer maximalen Wachstumstemperatur von 97 °C zu den „echten" Hyperthermophilen und war nicht nur der erste Extremophile, der in Islands heißen Quellen gefunden wurde, sondern für ein paar Jahre auch Islands Spitzenreiter in Sachen Hitzetoleranz. Allerdings überschreitet dieses winzige Archaeon noch nicht die 100-°C-Marke. Wieder war es aber die Arbeitsgruppe von Karl Stetter, die mit *Pyrobaculum islandicum* in einem Solfatar an einem anderen Standort auf der Vulkaninsel ein Archaeon entdeckte, das noch heißere Temperaturen toleriert und selbst in kochendem Wasser noch wachsen kann (Huber et al. 1987). Eine weitere äußerst bekannte hyperthermophile Art ist der „Feuerlappen" mit dem klangvollen wissenschaftlichen

Namen *Pyrolobus fumarii,* der von den Wänden von Schwarzen Rauchern am mittelatlantischen Rücken isoliert wurde (Blöchl et al. 1997). Diese **chemolithoautotrophe** Mikrobe gewinnt ihre Energie dadurch, dass sie aus Kohlenstoffdioxid Biomasse aufbaut. Im Gegensatz zu den Photoautotrophen ist sie dabei allerdings nicht auf Licht angewiesen, sondern nutzt chemische Verbindungen aus dem Gestein der Erdkruste. Mit der Entdeckung von *P. fumarii* vor 20 Jahren musste die maximal tolerierbare Temperatur bereits auf 113 °C und die optimale Wachstumstemperatur auf 106 °C heraufgesetzt werden. *P. fumarii* ist eine echte wissenschaftliche Sensation, denn bei einer Umgebungstemperatur von eindrucksvollen 90 °C ist es der kleinen Mikrobe bereits zu kalt zum Wachsen.

In der Zwischenzeit konnte die maximale Wachstumstemperatur aber erneut überboten werden. Ein Isolat des Tiefsee-Archaeons *Methanopyrus kandleri* mit der Stammbezeichnung 116 baut selbst bei Temperaturen von 116 °C in flüssigem Medium noch Biomasse auf. Diese Mikrobe ist eines der extremsten Lebewesen auf dem Planeten und wird formal zu den Methanogenen gezählt. Durch die Anpassung an seine einzigartige Nische hat sie sich im Laufe der Evolution jedoch stark verändert und kann heute als der am wenigsten nahe Verwandte aller anderen Methanogenen bezeichnet werden. *M. kandleri* wurde in der Nähe eines Schwarzen Rauchers auf dem Grund des Pazifiks in der Nähe der kalifornischen Küste isoliert. Die Wassertiefe beträgt an dieser Stelle etwa 2 km und der natürliche Umgebungsdruck etwa 20 MPa. Durch eine künstliche Erhöhung des Drucks unter Laborbedingungen auf vergleichbare 20 MPa konnte die

Wachstumstemperatur sogar noch auf 122 °C erhöht werden. Diese Beobachtungen wurden 2008 von einem Team um Koki Horikoshi (Kap. 3, Abschn. „Die Entdeckung der Alkaliphilen") publiziert und sind bis heute unübertroffen (Takai et al. 2008).

Allerdings eröffnen diese Daten ein breites Feld für Spekulationen. Wir wissen heute, dass die Temperatur unter der Erde ansteigt, umso tiefer wir graben. Berechnungen haben ergeben, dass in Tiefen von einigen Kilometern unterhalb des Grundes der Tiefsee die Grenztemperatur des Lebens von 122 °C im Erdinneren wahrscheinlich langsam überschritten wird, sodass hier im dunkelsten Boden vielleicht keine lebenden Mikroben mehr zu finden sein könnten (Kap. 5, Abschn. „Im Tiefseesediment"). Dies sind jedoch bis jetzt nur Theorien und Vermutungen, die noch durch Fakten bewiesen werden müssen. Erste Hinweise konnten kürzlich in Schlammvulkanen gefunden werden. Diese Vulkane befinden sich auf dem Grund der Tiefsee im Westpazifik und sind mit weichem Geröll gefüllt, das an die Oberfläche drängt. In Bohrproben haben Wissenschaftler erst 2017 organische Substanzen nachweisen können, die auf mikrobielle Lebewesen in unvorstellbaren Tiefen im Sediment hinweisen (Plümper et al. 2017). Die mikrobiologische Auswertung der Ergebnisse steht jedoch noch aus, wodurch die Frage bestehen bleibt, ob in den Tiefen der Erde vielleicht doch noch unentdeckte Mikroben schlummern, die möglicherweise auch noch Temperaturen über 122 °C trotzen.

Genetische Ausstattung von hitzeliebenden Mikroben

Hitzeliebende Mikroorganismen können nicht nur anhand des Aufbaus ihrer Zellen unterschieden werden, sondern auch auf Grundlage der Erbinformation. Denn hohe Temperaturen beeinträchtigen die Funktionalität von Nukleinsäuren und fettsäurehaltigen Membranen. Die drei Wasserstoffbrückenbindungen zwischen den DNS-Basen Guanin und Cytosin sind bei höheren Temperaturen stabiler als die beiden Brücken zwischen den Basen Adenin und Thymin. Daher wird die DNS von Thermophilen durch einen erhöhten Guanin:Cytosin-Gehalt stabilisiert.

Die Analyse der genetischen Ausstattung von Thermophilen und der direkte Vergleich mit verwandten Arten gibt weitere Hinweise auf Besonderheiten von hitzeliebenden Mikroben. Aufgrund der genetischen Ausstattung und stammesgeschichtlichen Verwandtschaft konnten bereits einige Verwandtschaftsverhältnisse zwischen Mesophilen und Thermophilen aufgezeigt werden. Jedoch staunte die Fachwelt trotzdem nicht schlecht, als 2012 eine neue Bakterienart vorgestellt wurde, die am liebsten bei moderaten Temperaturen um 35 °C wächst, aber mit keinem Mesophilen verwandt war. Die nächsten Verwandten dieser neuen Art gehörten zu den bekannten und sehr gut untersuchten Bakterien der Gattung *Thermotoga,* die optimal an heiße Temperaturen angepasst sind. Hierbei handelt es sich um einige der „echten" hyperthermophilen Bakterien, deren Prototyp *Thermotoga maritima* heißt und ebenfalls von Karl Stetter und seinem Team entdeckt wurde (Huber et al. 1986). Die Zellen sind typischerweise von einer umhangähnlichen (die Toga), äußeren Membran umschlossen. In Analogie zu den Arten der Gattung *Thermotoga*, wurde die 2012 neuentdeckte mesophile Art als *Mesotoga prima* bezeichnet (Nesbø et al. 2012). Interessant sind Vertreter der neu entdeckten Gattung *Mesotoga* aber erst, wenn wir die Lebensweise von thermophilen Bakterien als gegeben hingenommen und vollständig akzeptiert haben. Dann erscheinen die Arten der Gattung *Mesotoga* wiederum als die wahren Extremophilen und lassen uns über die verschlungenen Pfade der Evolution staunen.

Auch die Proteine und Enzyme brauchen bei hohen Temperaturen einen besonderen Schutz, da sie bei großer Hitze normalerweise zerstört werden. Wenn wir unser Frühstücksei an einem lauschigen Sonntagmorgen kochen, denaturieren wir die im Ei enthaltenen Eiweiße, wobei Eiweiß lediglich ein anderes Wort für Protein ist. Das heißt: Durch das Kochen wird die räumliche Struktur der Proteine aufgelöst, sodass eine lineare Aminosäurekette zurückbleibt. Wenn wir nur die Bestandteile von Hühnereiweiß und der Proteine aus hitzeliebenden Mikroben vergleichen, werden wir keinen Unterschied sehen. Die kleinen Einzeller müssen also eine andere Lösung gefunden haben, um ihre räumliche Struktur in Ordnung zu halten: Die einzelnen schraubenförmigen und gefalteten Strukturelemente der thermostabilen Proteine sind häufig dicht gedrängt und streng angeordnet, während thermolabile Proteine aus einer Vielzahl von lockeren und unstrukturierten Bereichen bestehen.

7

Überleben in gesättigten Salzlösungen

© Springer-Verlag GmbH Deutschland 2018
S. Elleuche, *Extreme Lebensräume: Wie Mikroben unseren Planeten erobern*, https://doi.org/10.1007/978-3-662-56015-0_7

Fast das gesamte Wasser auf der Erde ist zu salzhaltig, um es trinken zu können. Wenn ein Schiffbrüchiger Salzwasser trinkt, kann er seinen Durst nicht stillen. Der menschliche Körper würde nämlich Wasser aus den Zellen freigeben, um das aufgenommene Salz in verdünnter Form wieder ausscheiden zu können. Der Schiffbrüchige würde trotz der Aufnahme von Wasser verdursten. Für manche salzliebenden Mikroben ist das meiste Salzwasser auf dem Planeten aber noch längst nicht salzig genug. Wenn in ihrem Lebensraum der Salzgehalt nicht mindestens dreimal so hoch ist wie im Meer, dann lösen sie sich auf. Sie bevölkern Lebensräume, in denen der Salzgehalt die Sättigungsgrenze erreicht und die Ufer von Gewässern verkrusten. Die halophilen – also die salzliebenden – Mikroorganismen, von denen die meisten zu den Archaeen gehören, leben im Toten Meer und anderen Salzseen, in salzhaltigen Senken in der Tiefsee und in eingelegten Lebensmitteln. Wenn sie sich wohl fühlen, dann überwachsen sie ihren Lebensraum so stark, dass sie aufgrund ihrer kräftigen Färbung selbst aus dem Weltall gesehen werden können. Und diese Färbung geben sie auch an unterschiedliche Tiere weiter, denen sie als Nahrungsquelle dienen.

Salzige Lebensräume

Der Volksmund sagt: „Ist die Suppe versalzen, dann war der Koch verliebt!" Mittlerweile ist dieses Sprichwort sogar wissenschaftlich bewiesen, da einige schlaue Forscher herausgefunden haben, dass der veränderte Hormonhaushalt bei frisch Verliebten dazu führt, dass die Geschmackswahrnehmung für Salz schwächer ist als bei Singles oder bei langjährig Verliebten. Allerdings ist Salz nicht nur als Indikator für Liebe relevant. Auf der Erde gibt es Unmengen von Lebewesen, die an eine salzige Umgebung angepasst sind. Immerhin handelt es sich bei mehr als 97 % des gesamten Wassers auf der Erde um Salzwasser. Ein Esslöffel Salz kann etwa aus 1 l Meerwasser gewonnen werden. In den Ozeanen ist so viel Salz enthalten, dass der Meeresboden von einer fast 50 m dicken Salzschicht bedeckt wäre, wenn das Meerwasser vollständig verdunsten würde. Da Salz in Wasser besonders gut löslich ist, finden wir neben den Meeren mit einem durchschnittlichen Salzgehalt von etwa 3,5 % auch zahlreiche natürliche Salzseen, welche die Sättigungsgrenze von 35 % erreichen oder sogar zeitweise übersteigen können. Fische überleben übrigens nur bis zu einem Salzgehalt von etwa 13 %, während Salinenkrebse und die Larven der Salzfliege noch weit höhere Konzentrationen aushalten.

Auch vom Menschen genutzte salzige Umgebungen wie Salinen und Salzlaken stellen Lebensräume für hochspezialisierte Überlebenskünstler dar (Oren 2015). Hochsaline Lebensräume sind außerdem in den Tiefen der Ozeane, in Senken, auf gesalzenen Lebensmitteln und auf den Blättern von manchen Pflanzen zu finden *(Kasten 7.1 – Salzliebende Pflanzen als alternative Energiequelle)*. Wir finden sie auch in Böden, die landwirtschaftlich mit salzhaltigem Wasser bewässert wurden. Die wirtschaftliche Nutzung ist durch die Versalzung von Anbauflächen nicht mehr möglich, bevor das Salz ausgewaschen oder gezielt entfernt wurde, aber einige Halophile triumphieren im neu entstandenen Lebensraum. Sie besiedeln einen „gerade erst frei gewordenen" Lebensraum, in dem sie zuvor noch stark unterrepräsentiert waren. Eine weitere, außergewöhnliche ökologische Nische für einige salzliebende Mikroben sind Wandgemälde, die in mittelalterlichen Schlössern oder in griechischen Tempeln gefunden wurden. Der Salzgehalt der verwendeten Farben ist teilweise so hoch, dass die Bilder von salztoleranten Mikroben bewachsen werden. Auch die Nasenlöcher einiger Leguane sind dicht besiedelt und führten zur Entdeckung einzigartiger salzliebender Arten (Deutsch 1994). Die Liebe zum Salz der US-amerikanischen Halophilenforscherin Carol Litchfield (1936–2012) ging sogar so weit, dass sie zu Lebzeiten alles Wissenswerte über Salz sammelte. Ihre Objekte, die aus Salzstreuern, Schildern von Salzwerken und Aufzeichnungen zur Salzgewinnung bestehen, wurden nach ihrem Tod im Hagley Museum im Bundesstaat Delaware ausgestellt.

Kasten 7.1 – Salzliebende Pflanzen als alternative Energiequelle

Pflanzen, die salzhaltige Lebensräume besiedeln, werden als Halophyten bezeichnet. Sie nehmen Salz über ihre Wurzeln aus dem Boden auf und sammeln es in ihrem Innern. Ihr Salz tritt mithilfe von Wasser aus den Blättern auf deren Oberfläche aus, wodurch einzigartige Lebensräume für halophile Mikroorganismen entstehen. Der Mensch nutzt Salzpflanzen: In manchen Ländern verspeist er bestimmte Arten, wie den fleischigen Queller (Arten der Gattung *Salicornia*) beispielsweise als Beilage im Salat oder zu Fischgerichten, da die Pflanze dem Essen eine salzige Note verleiht. Besonders wichtig sind Salzpflanzen in Küstenregionen vieler Länder, um die Dünen am Strand durch ihr verzweigtes Wurzelwerk zu stabilisieren und eine Abtragung der Landmasse durch das Meer zu verhindern. Da in den Salzwiesen in Strandnähe viel Meerwasser versickert, sind die Böden so stark versalzen, dass andere Pflanzen dort nicht wachsen.

Neuerdings rücken salzliebende Pflanzen immer mehr in den Fokus des öffentlichen Interesses, da sie wirtschaftliche Begierden erwecken. Zuckerhaltige pflanzliche Rohstoffe können als Ausgangsmaterial zur Energieerzeugung dienen und damit als umweltfreundliche Alternative zu fossilen Brennstoffen eingesetzt werden. Nutzpflanzen, deren Biomasse als Energielieferant verwendet wird, stehen jedoch entweder in direkter Konkurrenz zur Nahrungsmittelindustrie, wenn sie auch als Nahrungsmittel eingesetzt werden könnten, wie beispielsweise Korn oder Zuckerrohr. Oder sie werden auf Agrarflächen kultiviert, die auch zur Anzucht von essbaren Pflanzen genutzt werden könnten (Kap. 10, Abschn. „Kann ich mit Stroh mein Auto tanken?"). Bekannte Beispiele sind die Ölpalme oder Raps. Da salzhaltige Böden aber keinen Lebensraum für gängige Nutzpflanzen bieten, eignen sie sich ausschließlich als Anbauflächen für Salzpflanzen und könnten gezielt besiedelt werden, um Halophyten zur Energie- und Rohstoffgewinnung zu nutzen. Geeignete Kultivierungsflächen sind an nahezu allen Küsten der Ozeane und auch häufig im Landesinnern vorhanden (Debez et al. 2017).

Typischerweise verändert sich die Salzkonzentration in Hochsalzhabitaten während des Jahres durch Verdunstungen und Regenzeiten. Durch die Verdunstung von Wasser entstehen und vergehen lokale ökologische Nischen in Salzseen, solange ihr abgetrenntes Becken keinen Zulauf vom Meer oder aus Flüssen hat und daher kein frisches Wasser nachfließen kann. Hier spielen vor allem die einwertigen Kationen Natrium (Na^+), Kalium (K^+) und die zweiwertigen Kationen Kalzium (Ca^{2+}) und Magnesium (Mg^{2+})

eine Rolle. Die relevantesten anionischen Gegenspieler zur Salzbildung sind Chlorid (Cl^-), Sulfat (SO_4^{2-}) und Karbonat (CO_3^{2-}) (Zimmermann und Pfeifer 2004). Erreicht die Konzentration von Salz in diesen Lebensräumen die Sättigungsgrenze, breiten sich vor allem drei Arten von rot gefärbten Mikroorganismen aus. Neben der weit verbreiteten, einzelligen Alge *Dunaliella salina* sind an extrem salzigen Standorten zumeist das Bakterium *Salinibacter ruber* und das Archaeon *Haloquadratum walsbyi* zu finden. Die Algen der Gattung *Dunaliella* wachsen allerdings nur bis Salzkonzentrationen knapp unter der Sättigungsgrenze von etwa 29 %. Ist die Sättigungsgrenze erreicht, kristallisiert Salz aus und bildet Krusten am Ufer von Salzseen und Flüssen. Bei etwas niedrigeren Salzkonzentrationen von 15 bis 25 %, dominieren in der Regel Arten der Halobakterien zusammen mit der Gattung *Dunaliella (Kasten 7.2 – Halobakterien sind keine Bakterien)*. Algen sind auch in salzigen Habitaten die wichtigsten **Primärproduzenten** und bilden deshalb eine essentielle Grundlage für alle **heterotrophen** Organismen in diesen Lebensräumen. Ist die Sättigungsgrenze schließlich erreicht, überleben noch immer Mikroben aus allen **drei Domänen des Lebens.** Dies unterscheidet salzige von extrem heißen Lebensräumen (etwa 80 °C und wärmer), die ausschließlich von Prokaryoten, aber beispielsweise nicht mehr von hitzeliebenden Pilzen bewohnt werden (Kap. 6). Allerdings trotzen diese kleinen Überlebenskünstler nicht nur der salzigen Umgebung. Da Salz viel Wasser bindet, müssen Salzseen ihren Bewohnern auch noch äußerst trocken erscheinen. In manchen Gegenden in Südamerika reflektiert das weiße Salz die Sonne sogar so stark, dass in Kombination mit der dünnen

Luft auch noch die Strahlungsintensität extrem ansteigt. Das beeinträchtigt die Ausbreitung der kleinen Mikroben ebenfalls.

Kasten 7.2 – Halobakterien sind keine Bakterien

Im Prinzip können zwei große Gruppen von halophilen Mikroorganismen unterschieden werden. Die extrem halophilen und aeroben Archaeen (Haloarchaea) und die moderat halophilen Bakterien. Leider ist die Einteilung nicht sehr strikt, da es neben den typischen Haloarchaea auch noch methanogene, halophile Archaeen – der salztoleranteste Vertreter heißt *Methanohalobium evestigatum* – gibt und weil nach der Etablierung dieser Einteilung auch Haloarchaea gefunden wurden, die am besten bei einem Salzgehalt wachsen, der mit bis zu 15 % eigentlich typisch für moderat halophile Arten ist. Auch bei den Bakterien gibt es einige extrem halophile Arten, die aber zumeist dort nachgewiesen wurden, wo sich die Bedingungen kontinuierlich verändern, sodass ihr spontanes Auftreten möglicherweise durch die Bildung von Nanonischen erklärt werden könnte *(Kasten 2.1 – Nanonischen)*. Eine exakte Einteilung der halophilen Mikroorganismen ist bisher nicht möglich.

Zu einer noch größeren Verwirrung führt außerdem der Umstand, dass die Haloarchaea vor allem früher auch als Halobacteria bezeichnet wurden. Diese Bezeichnung stammt noch aus der Zeit vor Carl Woese's bahnbrechender Einteilung des Lebens in die **drei Domänen:** Bacteria, Archaea und Eukaryota. Aus dieser Zeit kommt auch die Familienbezeichnung Halobacteriaceae (die einzige Familie innerhalb der Ordnung Halobacteriales), die noch bis heute benutzt wird, aber ausschließlich Archaeen und kein einziges Bakterium umfasst (Oren 2008). Ein echtes Dilemma für den Systematiker. Wir wissen heute, dass Archaeen nahe mit den Eukaryoten verwandt sind und insbesondere essentielle Prozesse wie die Proteinbiosynthese und die Transkriptionsmaschinerie sich von den Bakterien deutlich unterscheiden. In der Familie Halobacteriaceae werden die stäbchenförmigen Vertreter der Gattung *Halobacterium* von den kugelförmigen Mitgliedern der Gattung *Halococcus* unterschieden. Die meisten der mehr als 100 beschriebenen Arten wachsen ohne Salz überhaupt nicht und benötigen mindestens 10 % Salzgehalt zum Überleben. Der Prototyp der Familie ist sicherlich die Mikrobe des Jahres 2017 (Vereinigung für Allgemeine und Angewandte Mikrobiologie) mit dem klangvollen Namen *Halobacterium salinarum* (Pfeifer 2017). Dieses Archaeon wurde bereits zu Beginn des 20. Jahrhunderts aus gesalzenem Fisch isoliert. Obwohl der Speisefisch in Salz gelagert wurde, um ihn für den Verkauf auf dem Hamburger Fischmarkt haltbar zu machen, verdarben verschiedene Exemplare immer wieder und wurden deshalb einer umfangreichen Untersuchung unterzogen. Auf der Haut wurden schließlich Zellen entdeckt, die zunächst als rote, salzliebende Bakterien beschrieben wurden. Durch die purpurnen Bakterioruberine schützt sich auch *H. salinarum* vor Strahlung und oxidativen Schäden. Im Gegensatz zum Menschen widersteht es so enorm hohen Dosen von schädlicher Strahlung, die nur noch von dem Polyextremophilen *Deinococcus radiodurans* und einigen weiteren Radiotoleranten übertroffen wird (Kap. 9, Abschn. „Im Schlaraffenland der Radiotoleranten").

Die Halobakterien stammen übrigens von den anaeroben Methanbildnern ab, allerdings sind die rot pigmentierten Archaeen auf Sauerstoff angewiesen. Genomstudien ergaben, dass die Haloarchaea mehr als 1000 Gene von Bakterien aufgenommen und in ihr Genom eingelagert haben. Dabei haben sie auch die Fähigkeit, Sauerstoff zu atmen, erst erlernt. Vor wenigen Jahren wurde außerdem eine weitere Gruppe von entfernten Verwandten der Halobacteriaceae beschrieben. Die winzigen Nanohaloarchaea sind weit verbreitet und konnten bereits sequenziert, allerdings bisher noch nicht erfolgreich kultiviert werden (Narasingarao et al. 2012).

Die rote Farbe der salzliebenden Mikroorganismen ist übrigens auf die Einlagerung verschiedener Pigmente zurückzuführen. Bei den Algen handelt es sich um **Karotinoide** (Bickel-Sandkötter et al. 1995). Interessanterweise gehören Arten der Gattung *Dunaliella* stammesgeschichtlich zu den Grün- und nicht zu den Rotalgen. Im Gegensatz dazu sind bei Bakterien und Archaeen, sogenannte **Bakterioruberine,** für den charakteristischen roten Farbton verantwortlich. Diese Farbstoffeinlagerungen schützen die Zellen vor der starken Strahlung der Sonne – unter den Haloarchaea gibt es übrigens nur sehr wenige Arten, die eher farblos sind. Die kräftige Färbung führt sogar dazu, dass halophile Arten nicht nur unter dem Mikroskop erkannt werden können. Sehr beeindruckend sind zum Beispiel der Magadisee in Kenia oder die Salinen an der Pazifikküste von San Francisco, die aufgrund ihrer großen Fläche selbst aus dem Flugzeug heraus gut zu sehen sind. In manchen salzhaltigen Lebensräumen überträgt sich die rote Farbe der halophilen Mikroben auch auf verschiedene Tiere. Da die Einzeller oft den bekannten Salinenkrebsen als Nahrung dienen, nehmen diese die rote Farbe auf und schimmern ebenfalls rosa. Wenn wir die Nahrungskette noch weiterverfolgen, treffen wir auf die prächtig gefärbten Flamingos, die Kleinkrebse als Nahrung bevorzugen und vor allem die Bakterioruberine von *Halobacterium salinarum* und Verwandten aufnehmen und in ihre Gefieder einlagern.

Das Tote Meer und andere salzige Lebensräume

Einen der salzigsten und am besten untersuchten Lebensräume stellt das Tote Meer dar. Es ist etwa 320 m tief und weist einen neutralen pH-Wert auf. Die Salzkonzentration kann je nach Jahreszeit annähernd den Sättigungswert erreichen und ist damit etwa zehnmal höher als in den Ozeanen. Zu Hochzeiten wurde im Toten Meer ein tatsächlicher Salzgehalt von etwa 35 % gemessen, wobei Natriumchlorid (das normale Speisesalz) nicht die Hauptkomponente darstellt, sondern Magnesiumchlorid. Tot ist das Tote Meer jedoch nicht. Die aktuell extrem hohe Salzkonzentration verhindert allerdings dichte Populationen von Mikroorganismen. Die Temperatur und der Sauerstoffmangel stehen dagegen einer erfolgreichen Besiedelung nicht im Wege. Erstmals entdeckte der israelische Mikrobiologe Benjamin Elazari-Volcani (1915–1999) in den 1930er-Jahren im Zuge seiner Doktorarbeit halophile Archaeen im Toten Meer (Oren und Ventosa 1999). Ihm zu Ehren wurde auch ein bekannter halophiler Modellorganismus *Haloferax volcanii* genannt (Mullakhanbhai und Larsen 1975). Zu Zeiten der Probennahme von Elazari-Volcani war der Salzgehalt an der Oberfläche des Sees mit etwa 27 % allerdings geringer als heute. Die Verdünnung der Salzkonzentration in den oberen Wasserschichten im Verlaufe eines Jahres ist zumeist eine direkte Folge starker Regenfälle im Winter. Außerdem sorgt Frischwasser aus dem Jordan zeitweise für eine stärkere Besiedelung des Toten Meeres. Eine wirklich dichte Ausbreitung von Mikroben wurde zuletzt zu Beginn der 1990er-Jahre beobachtet. Interessanterweise dominierte diese Blüte eine bis dato unbekannte und nicht zu kultivierende Art, während heutzutage kleine Populationen diverser Arten beobachtet werden. Diese Mikroben verbreiten sich vornehmlich in der Nähe von Frischwasserquellen auf dem Grund des Toten Meeres. Die Erforschung der mikrobiellen Ökologie im Toten Meer ist seit nunmehr 30 Jahren das zentrale Forschungsgebiet von dem in Jerusalem lehrenden Mikrobiologen Aharon Oren, der einer der größten Experten auf dem Gebiet der Halophilen-Forschung ist. Im Toten Meer werden jedoch nicht nur Prokaryoten gefunden, selbst verschiedene einzellige Pilze sind hier weit verbreitet. Aufgrund ihrer kräftigen schwarzen Färbung, die durch die Einlagerung von Melaninpigmenten hervorgerufen wird, werden sie auch als schwarze Hefen bezeichnet. Melanine schützen ebenso wie Bakterioruberine vor Sonneneinstrahlung. Beim Menschen führen Melanine zu Unterschieden in der Pigmentierung der Haut und zur Ausbildung von Leberflecken und Muttermalen.

Das Tote Meer ist allerdings nicht das salzigste Gewässer auf der Erde. Der Assalsee in Dschibuti ist noch etwas salziger als das Tote Meer. Der Spitzenreiter ist allerdings der Don-Juan-See in den Trockentälern der Antarktis. Aufgrund einer Übersättigung mit mehr als 40 % Salzgehalt gefriert dieses Gewässer selbst bei den antarktischen Temperaturen von weniger als −30 °C nicht. Allerdings bietet es sehr wahrscheinlich auch keinen Lebensraum. Im Gegensatz dazu befindet sich der antarktische Wostoksee unter einer permanenten Gletschereisschicht und weist einen Salzgehalt von etwa 20 % auf. Die Temperatur ist auch fast 30 °C höher als im Don-Juan-See. Darum wurde im Wostoksee erst kürzlich eine Jagd auf Psychrohalophile gestartet (Kap. 4, Abschn. „Mehrere hundert Seen unter den Gletschern der Antarktis"). Bisher konnten jedoch nur einige wenige Arten, wie *Psychromonas antarcticus,* beschrieben werden (Mountfort et al. 1998). Auch Kombinationen mit anderen extremen Parametern sind in der Natur zu finden, wobei Haloalkaliphile, also salz- und laugenliebende Bakterien, relativ weit verbreitet sind. Dagegen wurden bisher keine Haloazidophilen, also salz- und säureliebende Bakterien, entdeckt (Kap. 2, Abschn. „Welche Extremophilen suchen wir bisher vergeblich?"). Eine außergewöhnliche Besiedelung mit salzliebenden Spezialisten erfahren auch die salzhaltigen Senken in den Tiefen der Meere. Hierbei handelt es sich um lokale Bereiche in mehreren Kilometern Tiefe, wo ebenfalls Salzgehalte nahe der Sättigungsgrenze entstehen können. Da es kaum Wasserbewegung gibt, verändern sich die ökologischen Nischen nur äußerst langsam. Diese Senken wurden zum Beispiel im Mittelmeer und im Roten Meer untersucht. Sie stellen jedoch normalerweise keinen eigenen Lebensraum dar, sondern bilden den Ausgangspunkt für Salzgradienten im umgebenden Meerwasser. Diese unterschiedlichen Salzkonzentrationen auf engstem Raum bieten wiederum einzigartige Lebensräume für zahlreiche mikrobielle Arten (Eder et al. 2001).

Neben dem Toten Meer ist der am besten untersuchte Salzsee der Große Salzsee im Westen der Vereinigten Staaten von Amerika. Er bietet einen reichhaltigen Lebensraum für salzliebende Mikroorganismen. Auch hier ist die rote Farbe der eingelagerten Bakterioruberine so dominant, dass besonders der Norden des Sees selbst vom Weltall aus betrachtet rot schimmert. Da der Große Salzsee mehrere Frischwasserzuläufe im Süden hat, ist ein Konzentrationsgradient entstanden, der zu einem salzigeren Norden und einem salzärmeren Süden des Sees geführt hat. Im Norden sind es wieder die Algen der Gattung *Dunaliella,* die die wichtigsten Primärproduzenten darstellen und erst das Leben aller anderen salzliebenden Organismen ermöglichen. Im salzärmeren Süden sind dagegen vornehmlich salztolerante Blaualgen verbreitet. Mit dem Anstieg der Salzkonzentration von Süden nach Norden nimmt die mikrobielle Vielfalt ab. Mit einem maximalen Salzgehalt von etwa 27 % ist der Große Salzsee weniger salzig als das Tote Meer und beherbergt einige höhere Lebewesen, wie Salinenkrebse und verschiedene Garnelen.

Neben Salzseen gibt es auch salzige Böden und einige echte Salzwüsten auf dem Planeten. In direkter Nachbarschaft des Großen Salzsees im US-Bundesstaat Utah befindet sich die Große Salzwüste, die aus einem ausgetrockneten prähistorischen See entstanden ist, von dem heute nur noch der Große Salzsee übrig ist. Allerdings sind diese Lebensräume bisher nur sehr wenig untersucht worden und bieten noch viel Stoff für Studien.

Im Salzwerk sind sie zu Hause

An einem anderen extrem salzhaltigen Ort erwarten wir wahrscheinlich gar keine Mikroorganismen. Es ist uns vielleicht gar nicht bewusst, dass der Mensch durch Förderung von Kochsalz in ein spezialisiertes Ökosystem eingreift. Das meiste Salz in den Industrieländern wird in sogenannten Siedesalinen gewonnen, indem Steinsalz untertage durch das Einpumpen von Wasser gelöst wird. Die Salzlösung wird anschließend an die Oberfläche befördert und eingedampft, sodass Kochsalz entsteht.

In Salzwerken wurden Mikroben in mehrere Millionen Jahre altem Salz gefunden. In winzigen ökologischen Nischen, die durch den Einschluss von Wasser in den Salzkristallen gebildet werden, leben halophile Mikroorganismen und trotzen so dem extrem einseitigen und winzigen Lebensraum. Sind die Zellen in Salzkristallen praktisch wasserfrei eingeschlossen, können sie für Millionen Jahre überdauern und mit geeigneten Kultivierungstechniken im Labor wieder „zum Leben erweckt" werden.

Auch in Salzanlagen zur Gewinnung von Salz aus Meerwasser wurden beeindruckende Extremophile gefunden. Derartige Salzgewinnungsanlagen sind auf allen Kontinenten weit verbreitet. Ihre Verdunstungsbecken weisen oft kräftig gefärbte Biofilme auf, in denen salzliebende Blaualgen dominieren. In den Salinen der Küstenstadt Santa Pola im Südosten und Isla Cristina im Südwesten Spaniens begibt sich eine Gruppe Wissenschaftler um den angesehenen Mikrobiologen Antonio Ventosa bereits seit mehr als 35 Jahren auf die Spur der dort heimischen Halophilen. Die Salinenbecken in Santa Pola liegen in einiger Entfernung vom Meer und sind durch Kanäle miteinander verbunden. Von Zeit zu Zeit werden sie jedoch mit frischem Meerwasser geflutet. Da die Kultivierung dieser spezialisierten Mikroben oft eine große Herausforderung darstellt, werden klassische Kultivierungstechniken in Kombination mit Sequenzanalysen eingesetzt. Erst kürzlich konnte Ventosa von der Entdeckung eines ganz besonderen Halophilen berichten. Zunächst wurde die Genomsequenz eines unbekannten Bakteriums ermittelt und erst mithilfe von genetischer Information gelang die Anzucht einer Reinkultur im Labor. Interessanterweise sind die Zellen in einer frischen Kultur klein und rund und machen erst während der stationären Phase des Wachstums ihrem Namen alle Ehre. Dann wächst *Spiribacter salinus* nämlich in die Länge und zeigt seine typische Spiralform (León et al. 2014).

Die osmotische Balance aufrechterhalten

Halophile Mikroorganismen stehen in ihrem natürlichen Lebensraum vor zahlreichen Herausforderungen. Die Löslichkeit von Sauerstoff nimmt nicht nur als Folge von Temperaturerhöhungen kontinuierlich ab, sondern ebenfalls mit einem Anstieg der Salzkonzentration. In Anpassung an die geringe Sauerstoffzufuhr verändern die Halophilen ihre Zellform und damit das Verhältnis von Volumen zu Zelloberfläche sodass sie optimal Sauerstoff aufnehmen können. In ihren bevorzugten Habitaten lassen sich halophile und auch zahlreiche andere marine Mikroorganismen an der Wasseroberfläche treiben. Im oberen Bereich der Meere und Seen ist nicht nur die Salzkonzentration geringer, es ist auch wärmer und der Sauerstoffgehalt ist höher. Die heimischen Mikroben erreichen die oberen Regionen, indem sie Gasbläschen in der Zelle ausbilden, die einen regulierbaren Auftrieb ermöglichen (Zimmermann und Pfeifer 2004).

Darüber hinaus muss sich die Natur weitere Strategien zunutze machen, um den **osmotischen Druck,** der auf eine Zelle in einer salzigen Nährlösung wirkt, auszugleichen. Ist der intrazelluläre osmotische Druck im Vergleich zur Umgebung zu gering, verliert die Zelle Wasser, zieht sich zusammen und stirbt – wie der Schiffbrüchige, der in seiner Verzweiflung Meerwasser trinkt. Ist der Druck dagegen zu hoch, wird durch die teilweise durchlässige (semipermeable) Membran Wasser aufgenommen, bis die Zellmembran reißt oder die Zelle sogar platzt. Es muss also das Ziel sein, die Flüssigkeit im Zellinneren (das sogenannte Zytoplasma) isoosmotisch im Vergleich zur Umgebung zu halten, das heißt, die Salzkonzentration dauerhaft auszugleichen. Halophile Mikroben, die hypersaline Habitate besiedeln, stehen hier aber vor einem großen Problem: Durch die Einlagerung von Salz in der Zelle würden langfristig Proteine im Zellinneren beschädigt oder vollständig funktionslos werden. Das Salz im Zellinneren entzöge den Proteinen nämlich ebenfalls viel Wasser. Die Proteine würden sich dann gegenseitig anziehen und verklumpen. Die Natur hat aber mindestens zwei äußerst clevere Strategien entwickelt, um das Zytoplasma isoosmotisch zu halten und eine Zerstörung der Proteine zu verhindern (Oren 2008).

Bei den meisten Lebewesen liegt Natrium in der Zelle nur in sehr geringer Menge vor und andere Ionen sind dafür höher konzentriert. Die niedrige Natriumkonzentration wird in energieaufwändigen Prozessen aufrechterhalten, indem in Bakterien zum Beispiel Natrium kontinuierlich aus der Zelle heraus- und Wasserstoffionen, also Protonen, im Gegenzug in die Zelle hereintransportiert werden (Na^+/H^+-Antiporter). Die intrazellulären

Natriumionen werden durch Chlorid- oder Kaliumionen ersetzt, um den osmotischen Druck aufrecht zu erhalten. Als Kation wird Kalium gegenüber Natrium bevorzugt, da Ersteres größer ist und eine größere Menge an Wassermolekülen benötigt, um von einer Wasserhülle umschlossen zu sein. Diese Strategie heißt Einsalzung und wirkt sich auf vielfältige Art und Weise aus, da die gesamte Zellmaschinerie mit allen Enzymen und sonstigen Proteinen auf einen hohen Kaliumgehalt eingestellt sein muss. Normalerweise sind die meisten Enzyme gegenüber hohen Kaliumkonzentrationen äußerst anfällig, jedoch zeigen die Proteine aus Halophilen hier eine optimale Anpassung. Den Nachteil, dass herkömmliche Proteine bei hohen Salzkonzentrationen oft unlöslich werden und ausfallen, machen wir uns in der Biochemie wiederum zunutze. Proteine können durch die Veränderung von Salzkonzentrationen gezielt ausgesalzt werden. Das heißt: Unterschiedliche Proteine lassen sich aufgrund ihrer unterschiedlichen Löslichkeit voneinander trennen. Bei Proteinen aus Halophilen wird dagegen ein hoher Salzgehalt benötigt, damit die Proteine löslich bleiben und nicht denaturieren *(Kasten 7.3 – Besonderheiten von Proteinen in Halophilen)*. Es geht sogar so weit, dass die Proteine aus „echten" Halophilen hohe Salzkonzentrationen benötigen, um überhaupt erst aktiv sein zu können. Diese Strategie ist insgesamt in Bezug auf die Synthese von Molekülen energiesparend, allerdings tolerieren Halophile dafür oft nur geringe Schwankungen des extrazellulären Salzgehalts.

Kasten 7.3 – Besonderheiten von Proteinen in Halophilen

Proteine aus Halophilen zeichnen sich durch eine große Menge an sauren Aminosäuren (Asparaginsäure und Glutaminsäure) aus. Glutamin- und Asparaginsäure sind bei diesen Proteinen besonders häufig auf der Zelloberfläche lokalisiert und liegen bei einem neutralen pH-Wert in der Zelle deprotoniert vor. Dadurch sind sie negativ geladen. Das führt dazu, dass die Proteinoberfläche Wasser besonders gut binden kann. Da hohe Salzkonzentrationen den Proteinen Wasser entziehen und dadurch zur Verklumpung führen, sind Proteine aus halophilen Mikroben weniger anfällig gegenüber derartig negativen Effekten. Die sauren Aminosäuren im Proteininneren bilden außerdem zusammen mit den basischen Seitenketten von Lysin und Arginin ein Geflecht aus Salzbrücken, die ebenfalls die Proteine salzliebender Mikroben stabilisieren.

Ungleich energieaufwändiger ist eine zweite Strategie. Sie basiert auf der Synthese von sogenannten **kompatiblen Soluten** (zum Beispiel verschiedene Arten von Zucker oder Glycerin), die sich im Zellinneren ansammeln. Diese Moleküle sind meist klein und organischer Natur. Sie werden zwar aufwändig produziert, allerdings erleichtert diese Strategie im Vergleich zur Einlagerung von Salzen auf sich verändernde Umweltbedingungen zu reagieren. Da die Moleküle in der Regel keinen Einfluss auf das **Proteom** und besonders nicht auf die Funktionalität von Enzymen in der Zelle haben, kann sich der Organismus einfach anpassen, indem die Menge an Soluten verringert oder vergrößert wird. Energie kann außerdem eingespart werden, wenn passende Solute im Medium bereits vorhanden sind und einfach aufgenommen werden können, ohne dass sie selbst hergestellt werden müssen. Wichtig ist hierbei, dass die Solute im Zellinnern verbleiben und nicht durch die Membran diffundieren. Glycerin wandert zwar durch die Membranen von Prokaryoten hindurch, wird jedoch von eukaryotischen Algen wie *Dunaliella* genutzt und im Zellinneren langfristig verwahrt. Aufgrund des Energieaufwandes bei der Produktion wird diese Strategie in Hochsalzhabitaten vor allem von **autotrophen** Algen genutzt. Allerdings produzieren auch einige methanbildende Archaeen und verschiedene halotolerante Bakterien kompatible Solute, während die Halobakterien (Halobacteriaceae) auf diese Strategie zum Salzausgleich verzichten.

Interessanterweise sind salzliebende Mikroben nicht die einzigen Extremophilen, die kompatible Solute aufweisen (Kap. 4, Abschn. „Welche genetische und physiologische Ausstattung erleichtert das Leben im Eis?"). Auch bei den hitzeliebenden Mikroorganismen spielen sie eine wichtige Rolle. Sie verringern vermutlich den freien Raum innerhalb der Zellen und schützen dadurch Proteine und andere große Moleküle vor der Zerstörung durch die Bewegung, die durch die hohe thermische Energie in heißen Lebensräumen entsteht. Allerdings spielen kompatible Solute hier vermutlich keine essentielle Rolle, sondern ermöglichen lediglich eine Adaption an sich verändernde Umweltbedingungen. Im Umkehrschluss setzt die schnelle Molekülbewegung bei hohen Temperaturen auch ein effizientes System voraus, um die Proteine zunächst in jene Form zu falten, in der sie ihre Funktion erfüllen können, und um einen schnellen Stoffaustausch zu ermöglichen. Neuere Genomsequenzierungen zeigten sogar, dass es Spezies zu geben scheint, die weder Ionenkanäle produzieren, um Kalium in der Zelle anzusammeln, noch Proteine besitzen, die die Synthese oder den Import von kompatiblen Soluten bewerkstelligen. Das lässt darauf schließen, dass es mindestens noch eine weitere Strategie geben muss, um die Lebensweise an salzige Umgebungen optimal anzupassen.

Artgerechte Pflege von Halophilen

Viele Lebewesen sind zwar optimal an spezifische Bedingungen angepasst, aber sie überleben oft auch an weniger optimalen Standorten, zumindest vorübergehend. Wie wir gesehen haben, stellen Thermophile und selbst die putzigen Bärtierchen beispielsweise bei kühlen Temperaturen den Stoffwechsel zeitweise ein, aber sie erwachen wieder zum Leben, sobald sie aufgewärmt werden (Kap. 1, Abschn. „Ein tapsiger und widerstandsfähiger Sonderling"). „Echte" Halophile stehen dagegen vor einem großen Problem, wenn sie in salzarmen Umgebungen ausgesetzt werden. Sie sind auf so extrem hohe Salzkonzentrationen spezialisiert, dass sie sich im salzarmen Frischwasser sofort auflösen und sterben. Der einzige „echte" halophile Pilz ist übrigens *Wallemia ichthyophaga* (Zajc 2013). Er stirbt bei Salzkonzentrationen unter 10 % und ist selbst in einer gesättigten Salzlösung noch lebensfähig. Halotolerante Mikroben wachsen dagegen auch ohne Salz im Medium, allerdings werden sie in der Umwelt zumeist in salzhaltigen Lebensräumen gefunden. Da sie auch mit Salz leben könnten, bevorzugen sie salzige Habitate möglicherweise, um Konkurrenten ausweichen zu können.

Bei den „echten" Halophilen stellt sich die wichtige Frage, wie sie sich in der Natur überhaupt ausbreiten konnten, da nicht alle salzhaltigen Lebensräume miteinander verbunden sind. Möglicherweise kommt hier die Langlebigkeit der Zellen entscheidend zum Tragen. Zahlreiche halophile Arten können in kleinen flüssigen Spots innerhalb von Salzkristallen für mehrere Jahrhunderte oder selbst für Millionen Jahre überdauern (Vreeland et al. 2000). Ebenso wie sporenbildende *Bacillus*-Arten, sind auch halophile Archaeen und viele kälteliebende Bakterien so resistent, dass sie viele Jahre leb- und reglos verbleiben und als Folge von Klimaveränderungen oder mithilfe der passenden Kultivierungstechniken wieder „reaktiviert" werden (Kap. 4). Diese speziellen Bedingungen im Labor genau zu kopieren, ist allerdings eine echte Herausforderung. Wir gehen heute davon aus, dass weniger als 5 % aller Halophilen auf unserem Planeten mit gängigen Labortechniken kultiviert werden können. So ergab zum Beispiel ein Kultivierungsansatz einer salzigen Tiefseesenke je nach Medium und Technik eine Ausbeute zwischen 0,006 und 4,3 % der kultivierbaren Arten. In einer Saline dagegen gelang es, mithilfe von verschiedenen Kultivierungstechniken und enorm viel Geduld alle bereits genetisch bekannten Arten zu züchten. Wie schwierig die Isolation und Kultivierung von halophilen Mikroorganismen trotzdem ist, lässt sich anschaulich am salzliebenden Archaeon *Haloquadratum walsbyi* erläutern. Dieser äußerst flache Prokaryot wurde bereits in einer ersten Sequenzanalyse im Jahr 1995 entdeckt, aber es dauerte zehn Jahre, bis der Organismus tatsächlich lebend isoliert werden konnte. Mittlerweile wissen wir sogar, dass er einer der häufigsten

Vertreter überhaupt in salzigen Lebensräumen ist (Ventosa et al. 2015).

Auch aus wirtschaftlicher Sicht ist die Kultivierung der mikrobiellen Bewohner von hypersalinen Habitaten durchaus interessant. Da ihre Enzyme bei hohen Salzkonzentrationen außerordentlich stabil sind, könnten sie zum Abbau von salzhaltigen Substraten eingesetzt werden. Ferner werden kompatible Solute bereits biotechnologisch produziert und als Stabilisatoren für Proteine, Membranen und ganze Zellen eingesetzt. Auch in der Lebensmittelindustrie, bei der Herstellung von Sauerkraut und der Veredelung von eingelegtem Gemüse sind halophile Mikroben relevant (Magesin und Schinner 2001).

Überleben in Säure und Lauge

S. Elleuche, *Extreme Lebensräume: Wie Mikroben unseren Planeten erobern*, https://doi.org/10.1007/978-3-662-56015-0_8

Wenden wir uns nun den basischsten und sauersten Lebensräumen auf unserem Planeten zu. Auch hier finden wir eine dichte Besiedelung mit extremophilen Mikroorganismen. Sie nutzen die pH-Skala von 0 bis 14 beinahe komplett aus, während Tiere und Pflanzen in den sauersten und basischsten Habitaten fast vollständig fehlen. Die extremen Azido- und Alkaliphilen werden den sogenannten Neutrophilen, zu denen auch die Mehrzahl der höheren Lebewesen gehören, gegenübergestellt. Sie besiedeln große alkalische Seen, den Darm von Termiten, extrem saure schwefelhaltige Tümpel oder beeinflussen ihre eigene Umwelt, indem sie säuerliche Verbindungen in ihren Lebensraum abgeben. Säureliebende Mikroben halten selbst in Umgebungen mit den niedrigsten pH-Werten, in hochkonzentrierten Säuren, einen intrazellulären pH-Wert aufrecht, der im neutralen Bereich liegen kann. Alkaliphile haben zumeist einen intrazellulären Wert knapp über dem neutralen Bereich. Ein klassisches Charakteristikum von Azido- und Alkaliphilen ist die besondere Struktur ihrer Membranen. Sie enthalten eine erhöhte Menge an Protonenpumpen, die eine Übersäuerung oder Verseifung des Zellinneren verhindern.

Sauer bis basisch

Bei dem Wort Säure denken die meisten Menschen wahrscheinlich an Zitronen oder Essig. Vielen fällt dann möglicherweise noch Salz- oder Schwefelsäure ein. Säuren schmecken in der Regel sauer und wirken ätzend. Chemisch werden Flüssigkeiten als Säuren zusammengefasst, die in der Lage sind, Wasserstoffionen (Protonen, H^+) auf Wasser (H_2O) zu übertragen, wodurch Oxoniumionen (H_3O^+) entstehen. Starke Säuren wie Salzsäure geben ihre Protonen gern ab, hingegen geben schwache Säuren wie Essigsäure nur ungern ihre Protonen ab. Den Gegenpart zu den Säuren bilden Basen, welche wiederum Säurebestandteile binden können. Übrigens reagiert Wasser sowohl als Säure als auch als Base. Der Zustand, in welchem Wasser nicht reagiert, wird als neutral bezeichnet und der pH-Wert beträgt 7. Wenn sich die Anzahl der Oxoniumionen im Wasser durch die Lösung einer Säure erhöht, dann sinkt der pH-Wert, während er durch die Zugabe von basischen Verbindungen steigt. Normalerweise liegt der pH-Wert zwischen 0 und 14, allerdings können einige sehr gut lösliche Säuren diese Skala noch um eine Einheit auf -1 verschieben und auch ein weiterer Anstieg im alkalischen Bereich auf einen pH-Wert von 15 ist durchaus möglich.

Geschmacklich sind Basen schwerer einzuordnen als Säuren, da wir keinen passenden Geschmackssinn für diese besitzen. Häufige basische Lebensmittel sind vor allem verschiedene Arten von Gemüse wie Spinat oder Grünkohl, dennoch fällt uns wahrscheinlich eher Seifenlauge ein, wenn wir an basische Bedingungen denken. Mit dem Ausspruch „Das schmeckt ja wie Seife!" meinen wir jedoch normalerweise auch keinen „basischen" Geschmack. Koriander schmeckt beispielsweise für manchen von uns nach Seife. Der Geschmack dieses beliebten Gewürzes hat jedoch nichts mit dem pH-Wert zu tun, sondern ist auf eine Mutation in einem Geruchsrezeptor zurückzuführen, der bei einigen Menschen zu diesem sehr speziellen Geschmackserlebnis führt.

Die Mikroben, um die es in diesem Kapitel gehen wird, verfügen allerdings, wie alle niederen Lebewesen, über gar keinen Geschmackssinn. Dennoch sind sie an extrem saure oder basische Bedingungen hervorragend angepasst. Sie werden als säureliebend (azidophil) und als basenliebend (alkaliphil) bezeichnet und können den Neutrophilen, die sich in gemäßigten pH-Bereichen am wohlsten fühlen, gegenübergestellt werden (Kap. 2, Abschn. „Vom Leben in der Säure und in der Lauge"). Interessanterweise wurden in den vergangenen Jahren sogar zahlreiche Bakterien und Pilze beschrieben, die zwar aus pH-neutralen Lebensräumen isoliert werden konnten, aber gleichzeitig extrem gut an saure und basische Umgebungen angepasst sind. Im Labor überleben sie fast auf der gesamten Skala zwischen den pH-Werten 2–14, obwohl derartige Habitate natürlicherweise nicht vorkommen. Aufgrund der chemischen Grundvoraussetzungen von sauren und alkalischen Lebensräumen sind Alkali- und Azidophile vor allem in flüssigen und in feuchten Habitaten zu finden. Hier werden wir uns auf die Suche nach diesen Extremophilen begeben und mit den Alkaliphilen beginnen.

Leben in Lauge

Hochkonzentrierte Alkalilauge ist für die meisten Lebewesen tödlich. Allerdings bietet diese Umgebung einen optimalen Lebensraum für die extremsten Alkaliphilen. Unter diesen Vertretern finden sich einige wenige Hefen und andere niedere Eukaryoten und sehr viele Arten von Bakterien. Wenn wir ihre Anpassungen im Labor anschauen, dann müsste *Clostridium paradoxum* eigentlich einen der basischsten Lebensräume überhaupt bevölkern. Dieser kleine Künstler wächst nämlich im Experiment noch bei einem pH-Wert von 11. *C. paradoxum* wurde aus verschiedenen Kläranlagen in den Vereinigten Staaten von Amerika isoliert, in denen jedoch niemals derartig alkalische Bedingungen gemessen wurden. Ein Umstand, der theoretisch seinen Artnamen erklären könnte. Paradoxerweise hat der Artname *paradoxum* allerdings nichts mit der Vorliebe von *C. paradoxum* für basische Habitate zu tun, sondern wurde ihm verliehen, weil er ungewöhnliche begeißelte Endosporen produziert. Im Gegensatz dazu tragen die Mikroben mit dem alkalischsten Zellinneren den klangvollen Namen *Natranaerobius thermophilus*. Es liebt eine alkalische Umgebung, benötigt keinen Sauerstoff und mag es außerdem warm. Das alkalische Milieu im Zellinneren weist einen pH-Wert von maximal 9,9 auf und setzt damit die bisher bekannte obere Grenze. Es wurde spekuliert, dass es auch in anderen noch unbekannten Einzellern nicht mehr viel basischer werden darf, ohne dass der Stoffwechsel vollständig versagt.

In den basischsten Lebensräumen auf dem Planeten wimmelt es von alkaliphilen Mikroben. Natürliche Lebensräume können neben den verbreiteten **Natronseen** auch kleinere ökologische Nischen, wie basische Strömungen in der Tiefsee oder der Darm von Insekten, sein (Thongaram et al. 2003). Termiten sind vor allem für die Identifizierung von Extremozymen zum Abbau von holziger Biomasse relevant, da ihr Mitteldarm kurz vor dem Endausgang einen alkalinen Bereich mit pH-Werten zwischen 10 und 12 aufweist, der von alkaliphilen Mikroben bevölkert wird (Kap. 10, Abschn. „Kann ich mit Stroh mein Auto tanken?"). Bei den isolierten Bakterien handelt es sich vornehmlich um Verwandte der bodenbewohnenden Bacilli, allerdings konnte eindeutig gezeigt werden, dass sie nicht in Form von Sporen überdauern, sondern physiologisch aktiv und relevant für den Stoffwechsel der Termiten sind. Diese Bakterien zerkleinern die aufgenommene Zellulose und ermöglichen den Termiten somit einen exklusiven Zugang zu einer Zuckerquelle. Aus diesem Grund wurde postuliert, dass diese Bakterien eine symbiontische Lebensweise führen und außerdem ihren Lebensraum zwischen dem Darm der Insekten und dem Boden zyklisch wechseln können, um neue Lebensräume zu erschließen und sich gleichzeitig auszubreiten.

Mit einem durchschnittlichen pH-Wert von etwa 8,3 wären auch die Ozeane der Erde eigentlich ein optimaler Lebensraum für die meisten moderat alkaliphilen Mikroben. Interessanterweise können die Ozeane jedoch nicht als bevorzugter Lebensraum für Alkaliphile eingestuft werden, da marine Mikroorganismen zumeist ein optimales Wachstum bei pH-Werten unter 8,3 aufweisen und deshalb eher den klassischen Neutrophilen zugeordnet werden müssen. Um „echte" Alkaliphile zu finden, müssen wir fernab von den Ozeanen in viel unkomfortableren Habitaten suchen.

Im Natronsee ist es ungemütlich

Klassische natürlich vorkommende, basische Lebensräume sind die weit verbreiteten Natron- oder Sodaseen. Sie bieten die stabilsten basischen Habitate in der Natur.

Ihre geologischen Besonderheiten resultieren aus karbonathaltigen Gesteinen in Kombination mit hohen Verdunstungsraten und einer nicht vorhandenen Abflussmöglichkeit, weshalb Natronseen besonders häufig in Steppen und Wüsten zu finden sind. Ein Überschuss von Natrium, in Form von Salzen wie Natriumkarbonat (Soda) oder Natriumchlorid (Kochsalz), ist einer alkalinen Umgebung zuträglich, während geringe Mengen von Magnesium meist in Form von unlöslichem Magnesiumsulfat ausfallen. Eine erhöhte Konzentration von Kalzium führt dagegen dazu, dass alkalines Karbonat aus dem Wasser entfernt und der pH-Wert neutralisiert wird. Dieser Effekt kann im großen Salzsee in US-Bundesstaat Utah beobachtet werden, während ein Überschuss von sedimentierten Magnesiumverbindungen zu einer Versäuerung des Toten Meeres führen kann (Kap. 7). Aufgrund des erhöhten Salzgehaltes dominieren in vielen Natronseen meist haloalkaliphile Arten, wobei sie sich von den „echten" Halophilen deutlich unterscheiden. Letztere werden deshalb in der Fachliteratur auch als Haloneutrophile bezeichnet, um diese von den Haloalkaliphilen abzugrenzen.

Namensgebend für den typischen basischen Gewässertyp ist übrigens der Lake Natron in Tansania. Dieser See ist infolge von geologischer Aktivität während des **afrikanischen Grabenbruchs** entstanden und befindet sich im Süden am Fuße des Vulkans Ol Doinyo Lengai. Als einziger Vulkan auf der Erde, stößt der Ol Doinyo Lengai stark natronhaltige Lava aus, die sich im See sammelt und einen hohen pH-Wert um 10 zur Folge hat. Die schwarze, karbonathaltige Lava verbleibt auch teilweise auf dem Vulkan, wo sie abkühlt und anschließend ausbleicht, sodass aus der Ferne der Eindruck einer Schneedecke entsteht. Allerdings resultieren die basischen Bedingungen nicht nur aus der Lava. Der Natronsee wird auch durch mineralreiche Hydrothermalquellen an seinem Grund gespeist. Durch das einströmende warme Wasser sind Tagestemperaturen über 30 °C keine Seltenheit, wodurch sich selbst für einige wenige Tiere hervorragende Bedingungen bieten. Im Natronsee sind, wie in den meisten anderen ostafrikanischen Seen und deren Zuläufen, verschiedene Sodacichliden – alkaliphile Buntbarsche – verbreitet, die sich den Lebensraum mit einigen Krebsen und unzähligen Mikroben teilen. Hier finden wir ausschließlich einige Buntbarsche der Gattung *Alcolapia,* deren Vorliebe für alkalische Habitate sich auch in ihrem Gattungsnamen widerspiegelt.

An der südlichen Grenze Tansanias zu Malawi und Mosambik liegt im afrikanischen Grabenbruch der bekannte Malawisee, der zwar auch alkalische Bedingungen aufweist, aber mit einem pH-Wert von maximal knapp unter 9 eine größere Tierartenvielfalt erlaubt. Trotz großer Tiere wie Nilpferden und Krokodilen wird der Malawisee vor allem von wunderschönen kräftig blau und gelb strahlenden Buntbarschen dominiert, die nicht nur dem passionierten Aquarianer ein Begriff sind, sondern sicherlich jedem schon einmal beim Besuch im Zoo oder Zoogeschäft aufgefallen sein müssten. Sie sind das Wahrzeichen des Malawisees. Ein weiterer großer See im afrikanischen Grabenbruch ist der Tanganyikasee im Westen Tansanias, der eine natürliche Grenze zur Demokratischen Republik Kongo darstellt und außerdem an Burundi und Sambia grenzt. Er ist sogar noch etwas alkalischer als der

Malawisee. Der Tanganyikasee wird ebenfalls von vielen Buntbarschen besiedelt, von denen sich viele Arten jedoch eher durch gedeckte Farben auszeichnen. Während die Fische nur die sauerstoffreichen oberen Schichten des Sees bevölkern, bieten vor allem die sauerstofffreien Bereiche in der Tiefe einen vielfältigen Lebensraum für extremophile Mikroorganismen.

Während die salzhaltigen Sodaseen, wie der Lake Natron in Tansania, durch die Verbreitung von salzliebenden Alkaliphilen oftmals rötlich gefärbt sind (Kap. 7), ist die kräftig grüne oder gelbe Farbe anderer Natronseen meist auf photosynthetischen Bakterien und Algen zurückzuführen. Da Natronseen besonders in den tropischen Regionen Afrikas vorkommen, bieten sie exzellente Bedingungen, wie erhöhte Temperaturen in Verbindung mit einer hohen Sonneneinstrahlung, die besonders das Wachstum von kohlenstoffdioxidfixierenden Mikroorganismen beschleunigen. Dabei sind vor allem die Blaualgen der Gattungen *Spirulina* und *Synechococcus* relevant. Sie bestimmen, durch den von ihnen produzierten Sauerstoff, den Lebensraum für alle anderen vorkommenden Organismen. Außerdem reguliert die salzabhängige Löslichkeit von Sauerstoff dessen Verteilung nachhaltig, sodass es vor allem während der Regenzeit zur Blüte von **auxothrophen** Mikroben kommt.

Natronseen sind jedoch nicht nur in Afrika verbreitet, sondern auch auf jedem weiteren Kontinent zu finden. Allerdings sind bisher nur einige wenige im Hinblick auf ihre mikrobielle Vielfalt hin erforscht worden. Im indischen Bundesstaat Maharashtra östlich von Mumbai ist ein Natronsee durch einen Meteoriteneinschlag entstanden. In dem dadurch gebildeten kleinen Krater mit einem Durchmesser von etwa 1200 m sammelte sich Regen- und Grundwasser. Aufgrund des Basaltgesteins bildete sich anschließend ein salzreicher und basischer Mikrokosmos, der im Laufe der Zeit von zahlreichen Mikroben besiedelt wurde. Interessanterweise vermischt sich die Uferregion, die einen neutralen pH-Wert aufweist, nicht mit dem inneren Bereich des Sees, der durch einen hohen Salzgehalt und extrem basische Bedingungen mit einem pH-Wert von 11 charakterisiert ist.

Aus all diesen exotischen und extrem basischen Habitaten ergeben sich interessante physiologische Fragestellungen, die auch mehr als 50 Jahre nach der Entdeckung der Alkaliphilen nicht endgültig beantwortet werden konnten. Wie können einige Arten beispielsweise selbst in der ungemütlichsten Lauge einen nahezu neutralen intrazellulären pH-Wert aufrechterhalten? Die umgebene Membran und vor allem die Zellwand von **grampositiven Bakterien** stellen sicherlich die entscheidenden Barrieren dar. Bei grampositiven Bakterien geht die extreme Toleranz gegenüber basischen Umgebungen übrigens sofort verloren, wenn die Zellwand entfernt wird und nur noch die Membran als Abgrenzung fungiert. Allerdings ist nicht nur die Physiologie der Alkaliphilen bis heute ein gefragtes Forschungsfeld mit vielen ungelösten Rätseln. Auch die Produktion von stabilen Enzymen für industrielle Anwendungen ist äußerst gefragt. Enzyme aus Alkaliphilen werden längst in industriellen Maßstäben produziert und sind beispielsweise aus der Waschmittelindustrie nicht mehr wegzudenken (Kap. 10). Auch auf diesem Gebiet waren Koki Horikoshis Arbeiten wegweisend, in denen er bereits in den 1970er- und 1980er-Jahren die ersten eiweißauflösenden und zuckerspaltenden Enzyme isolierte und untersuchte.

Leben in Säure

Während Natronseen häufig von Fischen und anderen höheren Lebewesen bevölkert werden, sind in der Regel azidophile Mikroorganismen in sauren Tümpeln und Flüssen oder in Minenabwässern ganz für sich. Manche Fische widerstehen noch pH-Werten bis 4 und einige wenige Pflanzen und Insekten tolerieren selbst noch saurere Bedingungen; die sauersten Orte der Erde werden aber nur noch von niederen Lebensformen besiedelt.

Interessanterweise waren die ersten entdeckten Azidophilen, die bei einem pH-Wert unter 1 noch leben, jedoch keine Bakterien oder Archaeen, sondern Eukaryoten. Von dem schwarzen Gießkannenschimmel *Aspergillus niger* ist schon seit mehr als 100 Jahren bekannt, dass er so viel Zitronensäure produziert, dass sein Lebensraum extrem angesäuert wird. Auch innerhalb der einzelligen Rotalgen gibt es derartige Überlebenskünstler, die außerdem zumeist auch erhöhte Temperaturen bevorzugen und deshalb zu den Polyextremophilen gezählt werden können. Außerdem sind sie oft äußerst tolerant gegenüber hohen Konzentrationen von Arsen. Die Grünalge *Dunaliella acidophila* und verschiedene Hefepilze der Gattungen *Candida* und *Rhodotorula* sind ähnlich gut angepasste Eukaryoten. *Scytalidium acidophilum* ist ein Pilz, der ebenfalls noch kurz erwähnt werden sollte. Er bevorzugt das Leben in extrem sauren Habitaten und wurde ursprünglich aus einer Uranmine und aus torfigen Lebensräumen isoliert, wo er am besten bei pH-Werten um 2 wächst und gedeiht.

Das erste beschriebene säureliebende Bakterium, das auf eine saure Umgebung unter keinen Umständen verzichten kann, trägt den wissenschaftlichen Namen *Acidithiobacillus ferrooxidans*. Es wurde bereits Ende der 1940er-Jahre in sauren Abwässern von Bergbaugebieten isoliert und stellt dabei eine der ersten bekannten extremophilen Arten überhaupt dar. Damals noch als *Thiobacillus ferrooxidans* beschrieben, ist diese Art besonders im Hinblick auf ihre Fähigkeit zur mikrobiellen **Biolaugung** untersucht worden (Kap. 9, Abschn. „Biologische Sanierung durch Mikroorganismen"). Interessanterweise wurde aber bereits 20 Jahre früher ein kurzer Artikel in dem renommierten amerikanischen Fachjournal *Science* publiziert, in dem die beiden Autoren Selman A. Waksman und Jacob S. Joffe erläuterten, dass sie ein Bakterium isoliert haben, welches elementaren Schwefel oxidiert und in der eigens produzierten, schwach konzentrierten Schwefelsäure lebt (Waksman und Joffe 1921). Dennoch wurden zunächst nur sehr wenige säureliebende Mikroben untersucht, bevor in der zweiten Hälfte des vergangenen Jahrhunderts ein echter Trend entstanden ist, um nach diesen Exoten zu suchen.

Ein wahrer Hot Spot für azidophile Mikroben bietet der im Südwestens Spaniens in Andalusien gelegene Río Tinto. Dieser Fluss fließt durch ein Bergbaugebiet, dass der Legende nach dazu diente, König Salomo mit Gold für den Bau seines prunkvollen Palastes zu versorgen. Der Name Roter Fluss spiegelt das Erscheinungsbild des Río Tinto sehr gut wieder. Das Wasser des Flusses weist stellenweise die kräftige, dunkelrote Farbe eines schmackhaften Rotweins auf, allerdings riecht es gleichzeitig unangenehm nach Schwefel und es kribbelt bei Kontakt mit der Haut. Die rote bis bräunliche Farbe ist nämlich nicht wie bei manchen Lebensräumen der Halophilen auf die Einlagerung von Bakterioruberinen in Bakterienzellen zurückzuführen (Kap. 7, Abschn. „Salzige Lebensräume"), sondern auf die große Menge von gelösten Eisen- und Kupferionen. In der Landschaft kommt reichlich eisen- und kupferhaltiger Kies (Pyrit und Chalkopyrit) vor. Durch Verwitterung und den mikrobiellen Abbau der sulfidhaltigen Minerale gelangen neben den Metallionen große Mengen von Schwefelsäure in den Fluss, was dazu führt, dass dieser extrem angesäuert wird. Über Jahrhunderte ist so ein exklusiver Lebensraum für azidophile Mikroorganismen entstanden. Die Mikroben lösen nicht nur die Metalle aus den Gesteinen und Böden, sondern zersetzen ganz langsam auch die ausrangierten Eisenbahnen, die am Rande des Flusses verrosten. Mittlerweile wurden in diesem vermeintlich lebensfeindlichen Fluss mehr als 1000 unterschiedliche Arten gefunden. Neben zahlreichen Prokaryoten dominieren vor allem einige Algenarten den Fluss. Ihre photosynthetische Aktivität hat stellenweise eine enorme Anreicherung von Sauerstoff zur Folge, der in Form von Blasen an die Oberfläche steigt. Die NASA (National Aeronautics and Space Administration) untersucht zusammen mit dem renommierten Mikrobiologen Ricardo Amils, ob das sauerstofffreie Sediment und die Umgebung des Roten Flusses den unterirdischen Bedingungen auf dem Mars ähneln könnten (López de Saro et al. 2015). Zum Vergleich werden geologische

Experimente mit Hilfe des Mars-Rovers Curiosity direkt auf dem fernen Planeten durchgeführt und den Ergebnissen vom Río Tinto gegenübergestellt. Durch diese Forschnungsarbeiten soll ausgelotet werden, ob Mikroorganismen, die den Bewohnern des Roten Flusses ähneln, sich auch auf dem Mars heimisch fühlen könnten.

Heutzutage wissen wir, dass Azidophile sehr viel weiter verbreitet sind, als wir zunächst vermuten würden. Wir kennen verschiedene Arten, die saure und moderate, heiße oder sehr heiße Lebensräume bevölkern *(Kasten 8.1 – Wie in warmer Batteriesäure)*. Neben *Acidithiobacillus* stellen *Acidiphilum* und *Acidocella* die wichtigsten bakteriellen Gattungen dar, während unter den Archaeen die Gattungen *Ferroplasma, Picrophilus, Thermoplasma* und *Sulfolobus* dominieren. Interessanterweise teilen sich die verwandten Arten der Thermoplasmales mit der Gattung *Sulfolobus* häufig dieselben Lebensräume, sodass zahlreiche **horizontale Genaustausche** zwischen verschiedenen Arten nachgewiesen werden konnten. Aufgrund der breiten Verteilung von Azidophilen vor allem bei den thermo- und hyperthermophilen Arten gilt es heute als gesichert, dass die Fähigkeit, in sauren Lebensräumen zu überleben, während der Evolution mehr als einmal erfunden wurde.

Kasten 8.1 – Wie in warmer Batteriesäure

Selbst Zitronensaft ist für manche Azidophile nicht sauer genug. Die hyperazidophilen Archaeen der Gattung *Picrophilus* gehören wahrscheinlich zu den eindrucksvollsten Lebewesen, die jemals entdeckt wurden. Mitte der 1990er-Jahre aus einem sauren und trockenen **Fumarol** aus Japan von Christa Schleper, Wolfram Zillig und Kollegen isoliert und beschrieben, wachsen die beiden Arten *Picrophilus torridus* und *Picrophilus oshimae* optimal bei einem pH-Wert, der niedriger ist als 1 und sie sind selbst bei einem negativen pH-Wert noch lebensfähig (Schleper et al. 1995, 1996). Da *Picrophilus* sich außerdem bei Temperaturen von etwa 55 bis 65 °C am wohlsten fühlt, werden diese Archaeen ebenfalls in die Gruppe der Thermoazidophilen eingeordnet. Des Weiteren stellen sie typische Vertreter der Polyextremophilen dar. Wir erinnern uns, dass Polyextremophile zumeist im Hinblick auf ein Parameter extremer sind, als auf die übrigen Einflüsse (Kap. 2, Abschn. „Die (Fast-)Alleskönner unter den Extremophilen"). *Picrophilus* ist extrem gut an den sehr sauren pH-Wert seines bevorzugten Lebensraums angepasst, während Temperaturen um 65 °C nicht mit den extrem hohen Temperaturen von mehr als 100 °C konkurrieren können, die von einigen Hyperthermophilen toleriert werden.

Ihre Vorliebe für ihr heimisches Biotop spiegelt sich auch vollständig im Namen von *Picrophilus torridus* wider. *Picros* bedeutet sauer oder bitter auf Griechisch, während *torridus* auf Latein trocken bedeutet. Zu Ehren des japanischen Biochemikers Tairo Oshima wurde die zweite Art *P. oshimae* genannt. In flüssiger Kultur im Labor sind die Anzuchtbedingungen dieser Hyperazidophilen mit einem Leben in warmer verdünnter Batterie- oder Schwefelsäure zu vergleichen. Bedingungen, die für uns Menschen eigentlich unvorstellbar sind, obwohl sie auch vergleichbar mit unserer Magensäure sind, wenn wir noch nichts gegessen haben. Dennoch fühlen sich die Arten der Gattung *Picrophilus* hier pudelwohl. Wegen des extrem niedrigen pH-Werts im umgebenen Milieu gelingt diesen Archaeen allerdings nicht mehr das Kunststück, einen neutralen intrazellulären pH-Wert aufrechtzuerhalten, wie er im Zellinneren fast aller anderer Lebewesen vorherrscht. Dennoch sind die Bedingungen in der Zelle von *P. torridus* noch nicht so sauer, wie im umgebenden Lebensraum. Die Zellen weisen einen internen pH-Wert von 4,6 auf, der von vielen Transportproteinen aufrechterhalten wird (Ciaramella et al. 2005).

Die Arbeitsgruppen der deutschen Mikrobiologen Wolfgang Liebl und Garabed Antranikian fanden heraus, dass insgesamt etwa 12 % aller Gene im Genom von *P. torridus* für Proteine kodieren, die in den Membrantransport involviert sind (Fütterer et al. 2004). Die Zellmembran dieser Mikrobe ist bei hyperaziden Bedingungen außerdem extrem undurchlässig für Protonen, wodurch eine weitere Ansäuerung des Zellinneren verhindert wird. Steigt der pH-Wert der Umgebung jedoch auf 4 oder höher, beginnt die Zellmembran porös und durchlässig zu werden, sodass diese Archaeen sterben.

Aufgrund ihrer extremen Lebensweise bei erhöhten Temperaturen und niedrigem pH, werden auch die Enzyme von Thermoazidophilen für die Biotechnologie als enorm vielversprechend eingestuft, um sie in industriellen Prozessen einsetzen zu können (Kap. 10, Abschn. „Zuckersüße Thermozyme in der Lebensmittelindustrie"). Vor etwa 15 Jahren waren einige Glucoamylasen die ersten charakterisierten Enzyme aus *P. torridus* und *P. oshimae* (Serour et al. 2002). Da sie aus den Archaeen freigesetzt werden, müssen sie optimal an die Umgebungsbedingungen der Mikroben angepasst sein. Obwohl diese beiden Hyperazidophilen nur vergleichsweise geringe Temperaturen bevorzugen, wiesen die charakterisierten Enzyme außerdem noch untypische Temperaturoptima von etwa 90 °C auf und waren gleichzeitig noch in extrem saurer Umgebung bei einem pH-Wert von zwei aktiv. Allerdings gestaltete sich die Herstellung dieser Proteine in einem fremden Wirtsorganismus bisher als schwierig, sodass sie noch nicht für eine industrielle Verwendung zur Verfügung stehen.

Wie schützen sich säureliebende Mikroben vor ihrer sauren Umgebung?

Da saure Lebensräume extrem lebensfeindlich sind, stellt sich natürlich die Frage, wie sich Azidophile vor einer Übersäuerung ihrer Zellflüssigkeit schützen können.

Um einen Zustand der Homöostase, also das Gleichgewicht zwischen saurer Umgebung und neutralem Zellinneren, aufrechtzuerhalten, machen sich säureliebende Mikroben verschiedene Strategien zunutze (Baker-Austin und Dopson 2007). Azidophile weisen besonders häufig eine extrem undurchlässige Membran auf. Die Poren ihrer Membrantransporter haben einen sehr kleinen Durchmesser und können Protonen aktiv aus dem Zellinneren heraustransportieren. Das Zellinnere der säureliebenden Mikroben ist außerdem oft so stark gepuffert, dass geringe Mengen von einströmenden Protonen keine dramatischen Effekte zur Folge haben. Kommt es dennoch zu Defekten an Proteinen, so werden diese schnell und effizient durch verschiedene Helferproteine, wie spezialisierte **Chaperone,** repariert. Von einigen intrazellulären Enzymen wissen wir jedoch, dass sie selbst bei viel saureren Bedingungen noch stabil sind, als sie in ihrer natürlichen Umgebung normalerweise auftreten. Bei Arten der Gattung *Ferroplasma* wurde sogar entdeckt, dass diese Archaeen gar keine Zellwand besitzen, sondern lediglich von einer Membran umgeben sind, die das Innere der Zellen umschließt. Da ihr Lebensraum durchaus saure Bedingungen mit negativen pH-Werten umfasst, können deutliche Schwankungen im Zellinneren auftreten. Bei einigen Arten wurden eisenhaltige Proteine gefunden, deren Struktur durch die gebundenen Eisenmoleküle so fest zusammengehalten wurden, dass sie selbst bei kurzzeitigen, extrem sauren Bedingungen in ihrer Funktion nicht beeinträchtigt wurden. Wird das Eisen jedoch künstlich herausgelöst, kommt es zu einem irreversiblen Zerfall der Proteine.

Auch die Zusammensetzung der Membran unterscheidet sich bei säureliebenden Mikroben von der der neutrophilen Verwandten. Membranen bestehen in der Regel aus sogenannten Membranlipiden, deren Hauptbestandteile Fettsäuren sind. Diese werden durch ein Glycerinmolekül zusammengehalten. Normalerweise werden die Fettsäuren mit dem Glycerin über natürliche Esterbindungen verknüpft. Da diese Verbindungen jedoch in saurer Umgebung instabil sind, werden in Azidophilen häufig säurestabilere Etherverknüpfungen gefunden. Diese Eigenschaften machen die Membranen der säureliebenden Mikroben zu beliebten Studienobjekten der Pharmaindustrie, da sie den Einschluss von Medikamenten erlauben. Die Membranlipide umlagern dabei den Wirkstoff und sorgen somit für einen sicheren Transport durch den Körper bis an den gewünschten Wirkungsort. Eine der bekanntesten säureliebenden Mikroben ist das thermoazidophile Archaeon *Thermoplasma acidophilum,* dessen dünne Membran fast völlig undurchlässig für Protonen ist. Diese Mikrobe wurde aus einer heißen Kohlenhalde und aus **solfatarischen Feldern** isoliert. Sie bevorzugt einen pH-Bereich zwischen 1 und 3,5, während sie bei einem pH-Wert von 0,3 ebenso stirbt wie bei einem pH-Wert von 4.

Wenn Azidophile auf die Hilfe von schnell arbeitenden Protonenpumpen zurückgreifen, dann können sie dauerhaft einen intrazellulären pH-Wert im neutralen Bereich aufrechterhalten, sodass ihre Proteine gar nicht unbedingt an eine saure Umgebung angepasst sein müssen. Der extrem enge Durchmesser dieser Pumpen verhindert, dass ungewollt Protonen in die Zelle einströmen.

Trotz all dieser Vorkehrungen wurden bei den meisten Arten dennoch leicht saure intrazelluläre Werte gemessen, bei denen ein pH-Wert von etwa 5 das Minimum darstellt. Diese milden Bedingungen erfordern zumeist keine besondere Anpassung der Proteine, sodass diese sich nicht sehr stark von ihren Verwandten aus neutrophilen Arten unterscheiden. Im Gegensatz dazu sind alle Proteine, die aus der Zelle sekretiert werden, äußerst stressigen Belastungen ausgesetzt. Sie müssen dauerhaft den gefährlichsten und unvorstellbarsten Säuregraden standhalten. Wie manche Enzyme einiger Azidophilen in der Lage sind, bei pH-Werten um 0 ihre spezifischen Reaktionen zu katalysieren, ist bis heute noch weitgehend unverstanden. Auffällig ist aber beispielsweise der hohe Gehalt an sauren Aminosäuren auf der Oberfläche der Enzyme von diesen säureliebenden Mikroben.

9

Katastrophale Lebensräume

© Springer-Verlag GmbH Deutschland 2018
S. Elleuche, *Extreme Lebensräume: Wie Mikroben unseren Planeten erobern*, https://doi.org/10.1007/978-3-662-56015-0_9

Durch den Menschen verursachte Katastrophen führen zu nachhaltigen Veränderungen in der Natur. Deutlich wurden menschliche Eingriffe durch einen rücksichtslosen Umgang mit unseren natürlichen Ressourcen sowie in jüngster Vergangenheit durch Unfälle bei der Erdölförderung, durch die industrielle Vergiftung von Flüssen und Böden und durch Nuklearkatastrophen. Die dadurch entstehenden ökologischen Nischen öffnen aber auch der Evolution viele Türen, sodass sich noch unbekannte Mikroben in begrenzten Lebensräumen durchsetzen und erfolgreich ausbreiten können. Die Entdeckung derartiger extremophiler Mikroorganismen bietet gleichzeitig eine neue Chance, wenn sie in umweltfreundlichen Sanierungsprozessen eingesetzt werden können. Sie besitzen das Potenzial, zukünftig bei der Entgiftung industrieller Abwässer zu helfen, da sie oft nicht nur in Anwesenheit schädlicher Substanzen überleben, sondern auch in der Lage sind, toxische Moleküle aufzunehmen oder sogar direkt abzubauen. Wir müssen uns allerdings auf die beschwerliche Suche nach der passenden kleinen Supermikrobe machen, um der fortschreitenden Umweltverschmutzung entgegenwirken zu können. Andere Mikroorganismen werden direkt im eigentlichen industriellen Prozess verwendet, um die Erzeugung von toxischen Nebenprodukten zu verhindern. Dies gelingt schon heute bei der Auswaschung von wertvollen Metallen aus Erzen, wo säureliebende Mikroben als nachhaltige Alternative zur chemischen Laugung weltweit eingesetzt werden.

Durch Öl angetriebene Mikroben

Nicht nur Verbrennungsmotoren können durch Erdöl angetrieben werden, auch einige spezialisierte Mikroorganismen greifen auf fossile Brennstoffe als Energiequelle zurück. Mithilfe von Sauerstoff bauen sie Öl ab. Darin unterscheiden sich diese spezialisierten Mikroben allerdings von uns Menschen. Im Gegensatz zu unseren Speiseölen ist Erdöl für uns unverdaulich. Vorstufen des Erdöls wurden schon vor vielen Millionen Jahren durch Algen und Cyanobakterien gebildet und überdauern seitdem im Boden. Dabei veränderten sich die Bestandteile des Öls enorm, sodass sie heutzutage praktisch keine Ähnlichkeit mehr mit der ursprünglichen Biomasse aufweisen. Den Hauptbestandteil von Erdöl machen sogenannte Kohlenwasserstoffe aus. Wie ihr Name schon sagt, bestehen diese Moleküle lediglich aus Kohlenstoff und Wasserstoff, während Speiseöle viele Fettsäuren aufweisen, die im Gegensatz zu den Kohlenwasserstoffen auch Sauerstoff gebunden haben. In fossilen Brennstoffen wie Erdöl und Erdgas, sind vor allem die sogenannten linearen Alkane zu finden. Diese Kohlenwasserstoffe fungieren als wichtigste Energieträger und sind deshalb von globaler Bedeutung. Begleitet von starker Hitzeentwicklung verbrennen Kohlenwasserstoffe an der Luft und liefern dabei sehr viel Energie. Es könnte so zwar der Eindruck entstehen, dass Erdölverbrennung gar nicht umweltschädlich ist, da auch dieses Öl letztendlich auf einen natürlichen Ursprung zurückgeht. Allerdings wurde bei der Biomasseproduktion durch die Photosynthese in Algen und Bakterien Kohlenstoffdioxid über viele Millionen Jahre fixiert, welches nun innerhalb kürzester Zeit durch die Verbrennung von Erdöl schlagartig zurück in die Luft gelangt, während bei nachwachsenden Rohstoffen Kohlenstoffdioxid gerade erst fixiert wurde (Widdel 2010).

Millionen Jahre altes Erdöl ist deshalb auch häufig in unterirdischen Reservoirs zu finden und wird dort durch undurchlässige jüngere Gesteinsschichten abgedeckt, sodass es nicht an die Oberfläche gelangt. Bohrt der Mensch Erdölvorkommen gezielt an, ist es möglich, das schwarze Gold abzupumpen. Auf dem Grund der Meere dringt Erdöl außerdem an vielen Stellen langsam durch den Meeresboden und treibt entweder im Meerwasser in die Höhe oder es quillt dickflüssig aus sogenannten **Asphaltvulkanen.** Auf diese Art und Weise gelangt kontinuierlich eine gigantische Menge Erdöl in die Meere und müsste sich langfristig eigentlich an der Wasseroberfläche und besonders an Küsten ansammeln. Bei gigantischen Mengen reden wir übrigens von mehreren Tonnen Erdöl pro Tag, das aus dem Boden der Ozeane aussickert. Dass wir aber im Badeurlaub nicht völlig ölbedeckt aus dem Wasser steigen müssen, liegt an Bakterien, die in allen Meeren verbreitet sind und sich darauf spezialisiert haben, Erdöl aufzufressen. Da sie bereits an den Austrittstellen am Grund der Ozeane ihrer Leidenschaft, Erdöl zu verzehren, nachgehen, gelangen nur sehr geringe Mengen ins offene Meer, die dann durch Strömungen und Winde verbreitet werden (Boetius 2010).

Die erdölabbauenden Bakterien benötigen nicht nur Mineralien zum Überleben, die sie im Meeresboden finden, sondern auch Sauerstoff, um die reaktionsträgen

Kohlenwasserstoffe im Erdöl zu oxidieren und dadurch die wertvollen Fettsäuren zu erzeugen. Erst die Fettsäuren dienen schließlich zur Energiegewinnung und können verbrannt werden, sodass Wasser und Kohlenstoffdioxid entsteht. Auf diese Art und Weise wird die ganze Zeit eine durch Erdöl verursachte, übermäßige Verunreinigung der Meere umweltfreundlich abgewendet. In der direkten Nähe dieser Bakterien siedeln sich oft auch höhere Lebewesen wie Muscheln und Schwämme an, die sich an den bakteriellen Nährstoffen laben (Rubin-Blum et al. 2017).

Da erdölfressende Mikroorganismen normalerweise nur eine geringe Anzahl aller Einzeller in den Meeren ausmachen, sind sie nicht in der Lage, noch größere Mengen Erdöl als die natürlich verbreiteten Vorräte zu beseitigen. Führt der Mensch eine echte Ölkatastrophe herbei, in deren Folge vermehrt Erdöl austritt, sind die Mikroben zumeist machtlos. Zwei der bekanntesten neueren Ölkatastrophen sind der Unfall des Öltankers Exxon Valdez und der Untergang der Tiefseebohrplattform Deepwater Horizon. Bei der Havarie des Öltankers im März 1989 vor der Küste Alaskas gelangten fast 40.000 t Erdöl ins Meer und verschmutzen weite Küstenabschnitte sowie den offenen Ozean, wodurch viele Fische, Meeresvögel und auch andere Tiere den Tod fanden. Wenn das Öl an den Küsten angeschwemmt wird, trocknet es aus und bildet teerähnliche, feste Verbindungen, die noch viel langsamer zersetzt werden als freischwimmendes Öl im offenen Meer (Reineke und Schlömann 2015). Vermutlich wird es an der Küste Alaskas noch viele Jahre dauern, bis Mikroben alle Ölreste vollständig abgebaut haben.

Noch ungleich schlimmer war die Erdölkatastrophe im April 2010 vor dem Golf von Mexiko, als ein Unfall und eine Explosion dazu führten, dass die Tiefseebohrplattform Deepwater Horizon sank. Am Grund des mehr als 1000 m tiefen Ozeanabschnitts war ein Bohrloch etwa 5500 m tief in die Erdkruste gebohrt worden, aus dem in fast drei Monaten schätzungsweise eine Million Tonnen Erdöl direkt ins Wasser entwichen. Zunächst wurde der kontinuierliche Austritt abgewendet, indem das Bohrloch verschlossen wurde. Das bereits im Wasser schwimmende Öl sollte anschließend kontrolliert abgebrannt oder abgesaugt werden. Das Abbrennen von Öl im Wasser kann jedoch zu einer folgenreichen Luftverschmutzung führen. Es entstehen polyzyklische aromatische Kohlenwasserstoffe, die giftig sind und ihren Weg in die Nahrungskette finden können. Es wurde deshalb spekuliert, dass die Konsequenzen dadurch noch verheerender sein könnten als der Austritt des Öls und die damit verbundene Verschmutzung der Ozeane.

Aufgrund des hohen Drucks entwich das Erdöl bei der Deepwater-Horizon-Katastrophe in Form von fein zerstäubten Tröpfchen aus dem Bohrloch durch ein dünnes Rohr. Diese feinen Tröpfchen stiegen nur sehr langsam zur Oberfläche auf. Die Bildung eines Ölteppichs sollte außerdem verhindert werden, indem Dispersionsmittel eingesetzt wurden, um ebenfalls gezielt möglichst kleine Öltropfen zu bilden. Leider sind auch diese Chemikalien vermutlich giftiger als das freigesetzte Öl. Da die entstandenen Tropfen sehr klein sind, bieten sie während ihres langsamen Aufstiegs eine verhältnismäßig große Oberfläche, wodurch sie von erdölabbauenden

Mikroben schneller und besser besiedelt werden. Da für diese spezialisierten Mikroben aber nur begrenzte Nährstoffe vorhanden sind, kann eine langfristige Verbreitung der Bakterien nur gewährleistet werden, wenn fehlende Nahrungsmittel durch gezielte Düngungsprozesse zur Verfügung gestellt werden. In Folge dessen kommt es schließlich zu einer massenhaften Vermehrung der mikrobiellen Gemeinschaften, die in der Lage sind, das Öl effizient abzubauen. Der Prozess ist jedoch trotzdem so langsam, dass die Folgen einer Ölkatastrophe auf diese Art und Weise nicht durch die Mikroorganismen eingedämmt werden. Durch Strömungen und Winde breiteten sich etwa 75 % des Öls schnell aus und verteilten sich im offenen Meer. Das Öl aus der Tiefseeplattform traf bereits nach wenigen Tagen auf die Küste des Golfs von Mexiko und auch bis heute werden noch immer Teerklumpen angespült. Teilweise sank das Öl auch zügig auf den Meeresboden hinab, wo sich ein dichter Teppich bildete. Da die meisten bakteriellen Erdölabbauer Sauerstoff für die Verbrennung der Kohlenwasserstoffe benötigen, überleben sie lediglich im Wasser an der Grenzfläche zum Erdölteppich, aber nicht im Inneren des Erdöls. Mittlerweile sind zwar auch einige anaerobe Erdölabbauer entdeckt worden, die andere Reaktionswege zum Abbau der Kohlenwasserstoffe nutzen. Allerdings wachsen diese Spezialisten so langsam, dass sie bei der globalen Beseitigung von Erdölverschmutzungen keine Rolle spielen. Genau an dieser Stelle bieten noch unbekannte Mikroben ein großes Potenzial, um Erdölkatastrophen schneller einzudämmen und die geschädigten Meere in der Zukunft zu renaturieren.

Einige Beispiele, bei denen ölabbauende Mikroben erfolgreich angesiedelt werden konnten, um marine Ökosysteme nach Ölkatastrophen zu sanieren, führten bereits zu einer nachhaltigen Entfernung von Ölverschmutzungen. Biologische Sanierungsprozesse funktionierten beispielsweise in der Arktis, obwohl bis heute weitgehend unverstanden ist, wie ein effizienter Erdölabbau in dieser extrem kalten Gegend abläuft. Und nicht nur marine Erdölabbauer sind im Hinblick auf Ölkatastrophen im Meer besonders interessant. Auch in den salzhaltigen Ölfeldern der Küstenregionen Kuwaits wurden salzliebende Mikroben gefunden, die in mikrobiologischen Sanierungsprozessen eingesetzt werden sollen (Fathepure 2014). Es konnte gezeigt werden, dass diese Mikroorganismen auf ganz bestimmte Komponenten im Erdöl spezialisiert sind und beispielsweise aromatische Kohlenwasserstoffe wie Benzol oder Toluol effizient aus den kontaminierten Böden entfernen, während langkettige lineare Alkane auch nach so mancher Wartezeit nicht abgebaut werden konnten.

Nichtsdestotrotz können Mikroorganismen im Meer auch selbst ein Risiko für eine mögliche Ölkatastrophe darstellen. Das Bakterium *Halomonas titanicae* besiedelt das versunkene Stahlgerüst des legendären Dampfers Titanic. Es ist nicht in der Lage, Öl abzubauen, aber von seinen Verwandten wissen wir, dass sie auch andere eisenhaltige Oberflächen bewohnen. Sie sind nämlich auf den Gerüsten von Ölpipelines zu finden, die den Grund der Ozeane wie ein Netzwerk durchziehen. Indem sie das Eisen als Energiequelle nutzen, zersetzen sie langsam die Pipelines, sodass diese anfangen zu rosten. Die globalen

Auswirkungen sind kaum abzuschätzen, da eine Beschädigung der Pipelines in einer nie dagewesenen Ölkatastrophe gipfeln könnte.

Biologische Sanierung durch Mikroorganismen

Giftstoffe in die Umwelt einzutragen, ist leicht. In der Vergangenheit wurden sowohl gedankenlos als auch durch Unfälle Pestizide, industrielle Abfallstoffe und Düngemittel in die Umwelt eingebracht. In der indischen Millionenstadt Bangalore gibt es ein Gewässer, das so stark mit Chemikalien belastet ist, dass sich bei Regen meterhoch Schaum bildet und das Wasser sich teilweise selber entzündet. Giftige Substanzen wieder aus unserer kostbaren Natur zu entfernen, stellt die Wissenschaft oft vor zahlreiche und nur schwer einzuschätzende Probleme. Chemische Verfahren sind zwar denkbar und werden durchaus angewendet, allerdings erzeugen sie oftmals neue giftige Neben- oder Abbauprodukte. Biologische Sanierungsansätze können dagegen umweltfreundlicher sein. Die eingesetzten Mikroorganismen nehmen Schadstoffe auf, verstoffwechseln diese und bauen Biomasse auf oder scheiden natürliche Abfallstoffe aus, deren Eintrag in die Natur risikolos ist. Diese Mikroben weisen ein spezialisiertes Portfolio an Enzymen auf, die Reaktionen oft nicht nur spezifischer und schneller katalysieren, sondern bei denen sich auch keine Nebenprodukte anhäufen (Kap. 10). Da sie sich auch noch selbstständig vermehren, ist das gesamte Vorgehen sauberer und billiger.

Ein großes Problem ist beispielsweise die riesige Menge an Plastik, die täglich anfällt. Plastik ist nicht kompostierbar und somit ist die Entsorgung der Plastikmassen mit einem großen Aufwand verbunden. In ersten veröffentlichten Studien wurden nun einige Pilze und Bakterien beschrieben, die Polyethylenterephthalat (PET) spalten, einen Kunststoff der viel verwendeten PET-Flaschen. PET wird außerdem zur Herstellung von Folien und Filmen genutzt. Verfahren zum Recycling von PET sind gut etabliert, kommen aber bisher nur unzureichend zum Einsatz, während ein großer Teil des Plastiks in die Umwelt gelangt und nur langsam zersetzt wird. Kleinste Plastikteile sammeln sich deshalb in der Nahrungskette an und werden auch vom Menschen aufgenommen. Recyclingverfahren dienen zur Herstellung neuer Kunststoffflaschen oder Folien, aber auch zur Produktion von Textilfasern. Der Abbau einer Plastikflasche in der Natur dauert Schätzungen zufolge fast 500 Jahre und ist damit sehr langsam. Eine neue Hoffnung besteht seit der Entdeckung des Bakteriums *Ideonella sakaiensis* 201-F6. Bei der Verwertung von PET durch diese Mikrobe entstehen Ethylenglycol und Terephthalsäure (Yoshida et al. 2016). Beide Verbindungen sind nicht giftig, sodass PET als alleinige Kohlenstoff- und Energiequelle genutzt werden kann. Dieses Bakterium wächst zwar extrem langsam, aber vor allem die neu entdeckten Enzyme bieten vielversprechende Ansatzpunkte, um Plastikmüll, der die Umwelt belastet, in der Zukunft umweltfreundlich und schneller entfernen zu können.

Neben Plastik gelangen vielerorts auch Industrieabwässer mit extrem giftigen Substanzen in die Umwelt.

Innerhalb der Extremophilen bilden die Toxitoleranten eine wichtige Gruppe, die sich auf den Abbau von umweltgiftigen Substanzen spezialisiert hat. Sie umfasst alle Mikroorganismen, die extrem tolerant gegenüber erhöhten Konzentrationen von organischen Lösungsmitteln, Metallen oder anderen giftigen Verbindungen sind (Kap. 2, Abschn. „Vergiftete, verstrahlte und hungernde Extremophile"). Chemische Verbindungen, wie halogenierte Kohlenwasserstoffe oder verschiedene Aromaten, werden als industrielle Lösungsmittel eingesetzt oder dienen selbst als Ausgangspunkt für organische Synthesen und sind deshalb in Abwässern weit verbreitet. Normalerweise sind derartige organische Lösungsmittel bereits bei Konzentrationen von weniger als einem Prozent toxisch für lebende Zellen. Ein klassisches Beispiel ist der aromatische Kohlenwasserstoff Toluol, der auch als Bestandteil von Benzin vorkommt. Toluol wirkt bereits bei einer Konzentration von 0,1 % giftig auf die meisten Mikroben und kann deshalb auch zur Sterilisation eingesetzt werden. Bis zu den spektakulären Experimenten von Akira Inoue und Koki Horikoshi waren lediglich bakterielle Arten bekannt, die maximale Konzentrationen von etwa 0,3 % Toluol tolerierten. Die beiden japanischen Wissenschaftler durchsuchten mehr als 800 Umweltproben aus verschiedensten Böden und stellten schließlich *Pseudomonas putida* IH-2000 der erstaunten Öffentlichkeit vor. Im Jahr 1989 veröffentlichten sie eine Studie im renommierten Wissenschaftsjournal *Nature,* nachdem sie die skeptischen Gutachter in einem langwierigen Prozess schließlich erfolgreich überzeugt hatten (Inoue und Horikoshi 1989). Sie beschrieben, dass sie *P. putida* IH-2000 in einer Probe mit einer Konzentration von 30 % Toluol gefunden hatten. Anschließende Tests belegten sogar, dass dieser erstaunliche Toxitolerante selbst bei noch höheren Konzentrationen lebensfähig ist. *P. putida* IH-2000 ist zwar nicht in der Lage, die organische Verbindung abzubauen, allerdings ist seine Zellmembran so dicht, dass sie nicht von dem Lösungsmittel durchdrungen wird. Die Katalyse von biochemischen Reaktionen, die unter normalen Umständen nicht in organischen Lösungsmitteln denkbar sind, könnten in derartig extremen Mikroorganismen gezielt durchgeführt werden. So könnten extrem tolerante Spezies, wie *P. putida* IH-2000, eingesetzt werden, um organische Substrate umzusetzen, die in wässrigem Milieu nicht löslich oder besonders instabil sind.

Nichtsdestotrotz ist auch die Entgiftung von industriellen Abwässern im Hinblick auf organische Lösungsmittel durch Extremophile interessant. Durch den gezielten Einsatz von Bakterien und Hefen konnten erste Erfolge erzielt werden, um toxische Kohlenwasserstoffe und vor allem phenolische Verbindungen in hohen Konzentrationen nahezu vollständig aus Industrieabwässern zu entfernen. Interessanterweise konnten selbst im Amazonasregenwald Mikroorganismen isoliert werden, die niemals in Kontakt mit organischen Lösungsmitteln gekommen waren und trotzdem in der Lage sind, große Mengen Phenol in kurzer Zeit vollständig abzubauen und auf diesem Wege industrielle Abwässer zu entgiften (Bastos et al. 2000).

In vielen industriellen Prozessen gelangen auch Metalle in die Umwelt, indem sie ausgewaschen werden oder ausfallen *(Kasten 9.1 – Biologische Entgiftung von Blausäurederivaten)*. Im Lebensraum vorkommende Metalle, die in die Zelle transportiert werden, wirken bei hohen Konzentrationen meistens giftig und setzen einen effektiven Schutz voraus. Beispielsweise wird das toxische Metall enzymatisch umgewandelt, kontinuierlich aus dem Zellinnern heraustransportiert oder es gelangt gar nicht erst ins Zellinnere. Es wurden Mikroben identifiziert, die hohe Konzentrationen von Eisen, Zink, Arsen, Silber, Kupfer oder Quecksilber tolerieren und in mikrobiellen Laugungsprozessen eingesetzt werden können. Je nach Lebensraum müssen die einheimischen Extremophilen ebenfalls noch an weitere extreme Bedingungen angepasst sein. Da die Löslichkeit von Metallen in der Regel mit der Senkung des pH-Werts zunimmt, sind in industriellen, sauren Abwässern Konzentrationen von mehr als 1 g/l nicht ungewöhnlich und bieten ein äußerst beschränktes Habitat für nur wenige Anpassungskünstler.

Kasten 9.1 – Biologische Entgiftung von Blausäurederivaten

Nitrile (veraltet auch Cyanide genannt) sind die Salze der Blausäure. Die Gruppe von Verbindungen zeichnet sich durch eine extrem starke Bindung zwischen einem Stickstoff- und einem Kohlenstoffatom aus. Als Folge von großtechnischen Produktionsstätten gelangen Nitrile vor allem als Abfallprodukt in der Gold- und Edelsteinindustrie in die Umwelt. Aber auch in der kosmetischen Industrie und bei der Herstellung von Plastik und Nylon werden Cyanide verwendet. Bei industriellen Prozessen entstehen jährlich einige Milliarden Tonnen an nitrilhaltigem Abwasser, welche als Umweltgift relevant sind und deshalb behandelt werden müssen. Verschiedene Pflanzen, Tiere, Pilze und Bakterien stellen ebenfalls Nitrile her, um sich mit besonders cleveren Abwehrmechanismen vor Fressfeinden zu schützen.

In der Edelmetallgewinnung und bei der Galvanisierung von Metallen beziehungsweise zur Rückgewinnung der kostbaren Substanzen wird vor allem Natriumcyanid eingesetzt. Um Gold aus Erzen zu isolieren, ist die Laugung mit Nitrilen die weltweit am häufigsten verwendete Technik. In der chinesischen Hafenstadt Tianjin gelangte 2015 Natriumcyanid in Folge eines Brandes in die Luft, wo sich Blausäure bildete, die anschließend mehr als 100 Todesopfer forderte. Wenn Blausäure in den Körper gelangt, hemmt sie die Atmungskette in den Zellen. Bei der Goldgewinnung wird übrigens auch die verwandte Verbindung Kaliumcyanid verwendet. Letztere ist vor allem unter ihrem Trivialnamen besser bekannt: Zyankali fordert vor allem in der Kriminalliteratur das eine oder andere Todesopfer. Im Blut sind Nitrilverbindungen übrigens nicht stabil und werden indirekt über spezifische Abbauprodukte nachgewiesen.

Nitrile werden häufig über weniger toxisches Cyanat oder Thiocyanat entgiftet, wobei unterschiedliche Strategien angewendet werden. Da chemische Umwandlungen aufwändig sind und die Produktion vieler neuer Abfallstoffe zur Folge haben, werden mikrobielle Entgiftungsverfahren in der industriellen Abwasseraufbereitung angestrebt (Luque-Almagro et al. 2016). Es gibt einige bekannte Mikroorganismen, die in der Lage sind, Nitrile als alleinige Stickstoffquelle zu nutzen, da sie die stabile Bindung zwischen dem Stickstoff- und dem Kohlenstoffatom aufbrechen können. Da industrielle Abwässer außerdem noch mit hohen Konzentrationen von Metallen belastet sind, müssen die verwendeten Mikroben diesen Stoffen gegenüber ebenfalls tolerant sein. Das alkaliphile Bakterium *Pseudomonas pseudoalcaligenes* CECT5344 wächst beispielsweise in Gegenwart hoher Metallbelastungen und kann sowohl Cyanide als auch Cyanat als alleinige Stickstoffquelle nutzen und könnte deshalb in einem umweltschonenden Prozess zur Reinigung von Abwasser aus der Gold- und Edelsteinindustrie eingesetzt werden.

Acidithiobacillus ferrooxidans ist so ein azidophiler Mikroorganismus, der auch an hohe Metallbelastungen angepasst ist und eisenhaltigen Kies (Pyrit) in Bergbauhalden auflösen kann, indem Eisenverbindungen langsam oxidiert werden. Dabei gewinnt dieses bemerkenswerte Bakterium die Energie, die es zum Überleben benötigt. Da die vorhandenen Mineralien zudem schwefelhaltig sind, wird die Umgebung stark angesäuert (Temple und Colmer 1951). *A. ferrooxidans* wurde aber nicht nur in Bergbauhalden gefunden, sondern auch in Abwasserrohren. Diese Rohre werden durch die Reaktionskatalyse der Bakterien direkt angegriffen und stark beschädigt. Gleichzeitig kann dieses Bakterium aber auch dazu genutzt werden, um Kupfer, Uran, Gold oder andere wertvolle Komponenten aus verschiedenen Erzen herauszulösen (**Biolaugung** oder Biomineralisierung). Ein vergleichbarer Prozess, die sogenannte chemische Laugung, wird schon seit langer Zeit eingesetzt, um Metalle aus Erzen abzubauen. Da eine richtige Behandlung der Bakterien jedoch in einer effizienteren Laugung resultiert und keine Abgase oder Schadstoffe erzeugt, werden biologische Laugungsverfahren zurzeit immer beliebter. So hat die mikrobielle Kupferlaugung mittlerweile chemische Laugungsverfahren fast vollständig abgelöst und auch bei der Entgiftung von Abwässern aus der Goldindustrie werden mikrobielle Entgiftungstechniken vermehrt eingesetzt.

Im Schlaraffenland der Radiotoleranten

Der Mensch versucht sich weitestgehend vor Strahlung zu schützen. Radioaktives Edelgas entweicht aus dem Erdinneren und sammelt sich im Grundwasser. Auch bei medizinischen Untersuchungen oder der Reise mit dem Flugzeug sind wir kurzzeitig einer erhöhten Strahlung ausgesetzt. Wenn wir hören, dass radioaktive Strahlung schädlich ist, dann meinen wir, dass energiereiche Strahlung zur Veränderung von essentiellen Molekülen, wie den Nukleinsäuren und den Proteinen, führen kann. Dabei kann es in der DNS zu Einzel- oder Doppelstrangbrüchen kommen, Basen werden entfernt oder die Interaktion zwischen den Nukleinsäuren und den Proteinen wird empfindlich gestört. Auch Schäden der Membran oder von Bestandteilen der Zellen sind denkbar. Entscheidend für die Auswirkung von Strahlung ist die Art und Intensität sowie die Dauer der Einwirkzeit.

Sobald Defekte auftreten, werden verschiedene Reparatursysteme in der Zelle aktiviert. Ist die Dosis jedoch zu hoch, stirbt jeder Organismus schnell ab. Die Toleranzgrenze des Menschen ist äußerst niedrig. Manche Fische tolerieren verglichen mit dem Menschen etwa die dreifache Menge an Strahlung und die Fledermaus überlebt sogar die 30-fache Dosis. Am meisten abgehärtet sind jedoch wieder einmal verschiedene Mikroorganismen (Kap. 2, Abschn. „Vergiftete, verstrahlte und hungernde Extremophile"). Das bekannteste radiotolerante Bakterium ist sicherlich *Deinococcus radiodurans,* dem selbst im Vergleich mit dem Menschen 1000-fache Intensität an Strahlung nichts auszumachen scheint (Podbregar und Lohmann 2013). Dieses Bakterium würde mit seinen Fähigkeiten wahrscheinlich sogar einen Atomkrieg überleben. Es ist jedoch nicht nur extrem radiotolerant, sondern ein echter Polyextremophiler. Auch andauernde Trockenheit, eisige Kälte und saure Umgebungen können

D. radiodurans nichts anhaben. Aufgrund seiner einzigartigen Eigenschaften und in Anlehnung an den muskelbepackten und widerstandsfähigen Barbaren wurde dieser winzige Radiotolerante schon häufiger als Conan (das Bakterium) bezeichnet und auch einen Eintrag im Buch der Rekorde als *toughest bacterium* kann es mittlerweile vorweisen.

Es besitzt ein besonders effektiv arbeitendes Reparatursystem, das kleinste Fehler im Genom ebenso wie Fragmentierungen des Chromosoms zügig ausmerzen kann. Brüche in einem DNS-Strang können in den meisten Zellen noch relativ leicht repariert werden, indem der zweite Strang als Reparaturvorlage genutzt wird. Doppelstrangbrüche sind normalerweise nur schwer zu reparieren, vor allem, wenn sie gehäuft auftreten. *D. radiodurans* nutzt darum einen feinen Trick. Damit immer mindestens eine korrekte Vorlage der genetischen Information in der Zelle zur Verfügung steht, hält diese Mikrobe dauerhaft mehrere Kopien ihres Genoms bereit. Zumeist sind vier identische Kopien vorhanden. Die Anzahl wird während der Zellteilung sogar auf bis zu zehn Kopien erhöht. Dadurch wird gewährleistet, dass selbst häufig gebrochene Chromosomen an den passenden Stellen wieder zusammengesetzt werden können. Die andauernden Reparaturen können mehrere Stunden dauern, aber selbst bei 100-fach gebrochenen Chromosomen unterläuft *D. radiodurans* praktisch kaum ein Fehler.

Allerdings besitzen auch weniger resistente Bakterien zeitweise mehrere Kopien ihres Chromosoms in der Zelle. *Escherichia coli* generiert bis zu vier Kopien des Genoms, wenn es besonders schnell wachsen muss und kann trotzdem nicht vergleichbare Dosen radioaktiver Strahlung wie *D. radiodurans* tolerieren. Darum kann das Reparatursystem nicht alleine für die extreme Strahlungsresistenz verantwortlich sein. Seit einigen Jahren wird deshalb vermutet, dass *D. radiodurans* auch in der Lage ist, sein Proteom äußerst effektiv zu schützen (Daly 2009). Dies gelingt dem Bakterium durch Manganeinlagerungen, welche die Bildung von Sauerstoffradikalen verhindern. Sauerstoffradikale sind äußerst reaktiv und beeinträchtigen die katalytische Aktivität von Reparaturenzymen, welche für die Instandhaltung der genetischen Information essentiell sind. Auf diesem Wege werden zunächst die Proteine vor radioaktiver Strahlung geschützt, damit diese wiederum ihre Rolle zum Schutz der DNS wahrnehmen können. Interessanterweise unterscheiden sich die bekannten Reparaturproteine von *D. radiodurans* nicht besonders von den Proteinen anderer Mikroorganismen, sodass der Ursprung der enormen Resistenz gegenüber gefährlicher Strahlung auch weiterhin ein Mysterium zu bleiben scheint.

D. radiodurans wurde übrigens nicht in der Nähe eines Atomkraftwerks gefunden. Es wurde zufällig in vermeintlich sterilen Fleischkonserven entdeckt, die zuvor bestrahlt worden waren. Da das sterilisierte Fleisch dennoch verdarb, kamen Arthur Anderson und seine Kollegen diesem winzigen Bakterium auf die Spur (Seckbach und Rampelotto 2015). Heute wissen wir, dass sich radiotolerante Mikroorganismen selbst an Orten der größten Verwüstungen und schlimmsten Katastrophen der neueren Menschheitsgeschichte ausbreiten. Im Kernkraftwerk von Tschernobyl ereignete sich im Jahr 1986 ein folgenschwerer Unfall, bei dem radioaktive Verbindungen weit verteilt wurden. Selbst heutzutage ist eine erhöhte Strahlenbelastung auch noch im Süden

Deutschlands messbar. Wildwachsende Lebensmittel wie Pilze und Beeren weisen das radioaktive Isotop Cäsium[137] auf, welches eine lange Halbwertszeit von etwa 30 Jahren hat. Auch nach der Reaktorkatastrophe in Fukushima belastet vor allem dieses Isotop Lebensmittel und Trinkwasser in Japan. Die besonders starke Strahlung in unmittelbarer Nähe der defekten Reaktoren hat wie in Endlagern von radioaktiven Abfällen allerdings auch die Ausbildung von einzigartigen Ökosystemen und damit die Besiedelung mit extrem widerstandfähigen Radiotoleranten zur Folge.

Einige optimal angepasste Pilze, die in Tschernobyl gefunden wurden, wachsen als Folge andauernder Bestrahlung schneller und besser (Dadachova et al. 2007). Sie bilden sogar an der Wand des beschädigten und noch immer stark strahlenden Reaktors einen dichten schwarzen Belag. Und selbst in den mit Wasser gefüllten Abklingbecken von Kernkraftwerken, in denen die verbrauchten radioaktiven Brennelemente gekühlt werden, wimmelt es von zahlreichen Pilzarten und verschiedenen Bakterien. Die dunkle Grundfarbe vieler radiotoleranter Pilze resultiert aus der Einlagerung von großen Mengen schwarzen Melanins, das sie gegen die gefährliche Strahlung abschirmt (Kap. 7, Abschn. „Das Tote Meer und andere salzige Lebensräume"). Allerdings ist Melanin im Reich der Pilze weit verbreitet und entwickelte sich im Laufe der Evolution wahrscheinlich nicht als Folge von erhöhter Strahlung, da es selbst von Pilzen auf dem Meeresgrund gebildet wird. Obwohl diese Vertreter einen Lebensraum besiedeln, der überhaupt nicht von Strahlung durchdrungen wird, sind sie dennoch ebenso häufig strahlungsresistent wie ihre Verwandten auf der Erdoberfläche. Da dunkle Melanine Licht und Strahlung absorbieren, wurde sogar diskutiert, dass sie der direkten Energiegewinnung dienen könnten, indem die energiereiche Strahlung in radioaktiv verseuchten Lebensräumen als direkte Energiequelle genutzt wird, um das Wachstum von extremophilen Pilzen zu verbessern (Dadachova et al. 2007). Einige Geheimnisse konnten den Extremophilen insbesondere im postgenomischen Zeitalter bereits entlockt werden. Und obwohl bei manchen Vertretern Anpassungsstrategien zumindest teilweise aufgeklärt werden konnten, wie der Schutz vor ionisierender Strahlung von Pilzen durch die vermehrte Bildung von Melanin, tappt die Wissenschaft bei vielen Vertretern noch im Dunkeln.

Eine Sanierung radioaktiv verseuchter Gebiete ist dagegen bisher kaum zu bewerkstelligen und stellt einen enormen Kostenfaktor dar. Häufig sind Gegenden mit Atomkraftwerken oder Testgebiete der Atomwaffenindustrie auch mit toxischen Chemikalien belastet, die zwar von toxitoleranten Mikroben wie *P. putida* IH-2000 oder *A. ferrooxidans* entgiftet werden könnten, allerdings würden diese Bakterien aufgrund der hohen Strahlenbelastung schnell sterben. Im Gegensatz dazu würde *D. radiodurans* zwar in diesen Umgebungen überleben, aber diese Mikrobe ist natürlicherweise nicht in der Lage, umweltschädliche Chemikalien abzubauen. Glücklicherweise gibt es mittlerweile eine Reihe von Techniken, um *D. radiodurans* gezielt zu verändern, um belastete Böden biologisch zu sanieren. So wurden genetisch veränderte Varianten von *D. radiodurans* entwickelt, um in radioaktiv verseuchten Gegenden toxisches Quecksilber und organische Lösungsmittel abzubauen (Brim et al. 2000).

10

Industrielle Biokatalyse mit Extremozymen

© Springer-Verlag GmbH Deutschland 2018
S. Elleuche, *Extreme Lebensräume: Wie Mikroben unseren Planeten erobern,* https://doi.org/10.1007/978-3-662-56015-0_10

Seit Jahrtausenden nutzt die Menschheit die Biokatalyse zur Herstellung von Wein, Bier und Brot. Aber erst durch Forschungsarbeiten der vergangenen 200 Jahre beginnen wir, Zellen und Enzyme als Biokatalysatoren tatsächlich zu verstehen. Heutzutage besteht die Möglichkeit, klassische Prozesse der organischen Synthese umweltfreundlicher zu gestalten oder chemische Katalysatoren vollständig zu ersetzen, indem Enzyme zum Einsatz kommen. Allerdings steht nicht nur die Optimierung bestehender Produktionsprozesse im Fokus des Interesses; die Entdeckung neuer Enzyme mit einzigartigen Eigenschaften erlaubt ebenfalls die Realisierung neuer industrieller Verfahren. Durch ihre überlegenen Stabilitäten und katalytischen Eigenschaften werden auch Extremozyme, die Enzyme aus extremophilen Mikroorganismen, vermehrt in biotechnologischen Verfahren eingesetzt. Die Entwicklung der **Polymerasekettenreaktion,** mit der sich definierte DNS-Abschnitte millionenfach kopieren lassen, ist dabei sicher ein Meilenstein, aber auch bei der Reinigung von Wäsche, in der Lebensmittelindustrie oder bei der Produktion von Biokraftstoffen zeigt sich das große Potenzial dieser extremen Biokatalysatoren.

Was sind Biokatalysatoren?

Enzyme sind Proteine, die Reaktionen beschleunigen. Da sie im Gegensatz zu chemischen Katalysatoren biologischen Ursprungs sind, werden sie auch als **Biokatalysatoren** bezeichnet. In jedem lebenden Organismus sind Enzyme relevant, um beispielsweise den Stoffwechsel aufrechtzuerhalten, damit Zellen sich teilen können oder zum Schutz gegen Gifte. Das Fachgebiet der Biokatalyse zeichnet sich durch die umweltfreundliche Verwendung von Enzymen aus, die im Vergleich zur organischen Synthese mildere Reaktionsbedingungen bei gleichzeitiger Herstellung reinerer Produkte erlaubt. Vor allem aus diesem Grund stellen sie im Zeitalter der modernen Biotechnologie ein aktuelles Forschungsgebiet dar. Zahlreiche Biokatalysen konnten bereits erfolgreich in industrielle Prozesse überführt werden.

Der Beginn der modernen Biokatalyse kann heute ziemlich genau auf die erste Hälfte des 19. Jahrhunderts zurückdatiert werden. Schon seit einigen tausend Jahren wurden zwar bereits die Eigenschaften von Biokatalysatoren für die Herstellung von Wein und Bier genutzt, aber erst 1833 gelang Anselme Payen und Jean-Francois Persoz die Entdeckung eines Enzyms (Sahm et al. 2013). Die beiden französischen Chemiker glaubten allerdings, dass die von ihnen beschriebene Diastase einzelne Zuckerreste von der langkettigen Stärke trennen würde. Tatsächlich handelt es sich aber um ein **amylolytisches Enzym,** welches die langkettige Stärke zu kleinen Zuckermolekülen aufspaltet (Kap. 10, Abschn. „Zuckersüße Thermozyme in der Lebensmittelindustrie"). Zu Beginn des 20. Jahrhunderts wurden schließlich die ersten Biokatalysatoren patentiert, wodurch es zu einer Revolution in der chemischen Industrie kam. Bei dem ersten patentierten Enzym handelt es sich ebenfalls um eine Diastase. Die Takadiastase konnte als Medikament zur Verdauungsförderung eingesetzt werden und wurde von dem japanischen Biochemiker Jokichi Takamine aus einem Koji-Pilz *(Aspergillus* *flavus* var. *oryzae*) isoliert. Dieser Schimmelpilz wird bis heute zur Produktion von stärkespaltenden Enzymen verwendet. Berühmtheit erlangte Takamine aber vor allem, da es ihm erstmals gelang, das Hormon Adrenalin in reiner Form zu isolieren.

Obwohl der weltweite Umsatz, der durch den Verkauf von Enzymen erzeugt wird, im Vergleich mit anderen Industriefeldern relativ gering ist, wird der Markt von Produkten, die mithilfe von Biokatalysatoren hergestellt werden, etwa hundertfach so hoch eingeschätzt und beläuft sich auf mehr als 200 Mrd. Eur pro Jahr weltweit. Das entspricht etwa dem globalen Umsatz des Online-Händlers Amazon im Jahr 2016 (Jordan 2017). Die vielseitige Verwendung von Enzymen in industriellen Prozessen führt bis heute zu einer stetig wachsenden Nachfrage nach neuen Kandidaten mit optimal angepassten Eigenschaften. Biokatalysatoren eröffnen jedoch nicht nur die Möglichkeit, neue Prozesse zu etablieren. Aufgrund ihrer selektiven Eigenschaften sind sie der herkömmlichen chemischen Katalyse oftmals überlegen und können deshalb traditionelle Katalysatoren ersetzen. Allerdings finden viele etablierte industrielle Prozesse, bei denen Katalysatoren zum Einsatz kommen, unter harschen Bedingungen statt und setzen darum eine immense Stabilität der Enzyme im Hinblick auf unterschiedliche physikalische Parameter voraus. Diese Biokatalysatoren müssen bei hohen Temperaturen und Drücken, sauren oder alkalischen pH-Werten oder auch hohen Konzentrationen organischer Lösungsmittel (bis zu 100 %) stabil sein und der Anwesenheit von Tensiden und anderen Reinigungsmitteln trotzen können. Wie wir aber bereits in den vorangegangenen Kapiteln gesehen haben, entsprechen derartige Bedingungen den Vorlieben von manchen extremophilen Mikroben, sodass sie sich zum industriellen Einsatz unter extrem harschen Bedingungen besonders gut eignen und sogar als **Ganzzellbiokatalysatoren** verwendet werden.

Die Anpassung der extremophilen Mikroben an den jeweiligen extremen Lebensraum spiegelt sich auch immer in den spezifischen Eigenschaften ihrer Enzyme wieder. Sie sind besonders robust und erlauben beispielsweise die Erschließung neuer Nahrungsquellen oder den Abbau von Giftstoffen. Aus diesem Grund stellen extremophile Mikroorganismen eine unerschöpfliche Quelle an industriell wertvollen Enzymen dar, die als **Extremozyme** bezeichnet werden (Adams et al. 1995).

Extremozyme sind die Enzyme der Extremophilen

Das breite Anwendungspotenzial von Extremozymen wurde in den vergangenen 25 Jahren vor allem durch die Vielzahl von akademischen und industriellen Forschungsarbeiten deutlich, bei denen neue, immer stabilere und effizientere Enzyme isoliert und charakterisiert wurden. Ihr Einsatz bietet zahlreiche Vorteile, da konventionelle Biokatalysatoren (zumeist Enzyme aus mesophilen Mikroorganismen) meistens bei moderaten Temperaturen, neutralen pH-Bereichen und nur bei geringen Salzkonzentrationen optimal arbeiten. Hohe Drücke in Verbindung mit hohen Temperaturen werden aber beispielsweise für die Verflüssigung von langkettigen Polymeren vorausgesetzt und bieten somit vielfältige Ansatzpunkte für biotechnologische Innovationen. Auch im Hinblick auf Kontaminationen ist der Einsatz von Extremophilen von großem Interesse. Da diesen Mikroben der Lebensraum „Mensch" in der Regel zu durchschnittlich ist, stellen sie keine für den Menschen gefährlichen Keime dar. Im Umkehrschluss überleben „normale" Mikroben nicht im natürlichen Lebensraum von Extremophilen, sodass industrielle Prozesse, die beispielsweise bei erhöhten Temperaturen ablaufen, üblicherweise nicht von krankheitserregenden Mikroorganismen kontaminiert werden. Hohe Temperaturen gewährleisten außerdem erhöhte Umsatzraten durch eine höhere Löslichkeit von Substraten.

Das Potenzial für industrielle Anwendungen von vielen Extremophilen wird zwar ausgelotet, aber nur wenige Ansätze haben es bisher bis zur Marktreife gebracht. Aufgrund ihrer Eigenschaften bieten sich für Extremozyme jedoch vielfältige Einsatzmöglichkeiten, beispielsweise in der Textil- und Papierindustrie, in der Biokraftstoffproduktion oder in der Molekularbiologie. Vor allem aber steht die oft komplizierte Produktion von **rekombinanten** Extremozymen der breiten industriellen Anwendung noch im Wege. Heutzutage wird der Großteil der industriell relevanten und zumeist bakteriellen Enzyme im industriellen Maßstab in verschiedenen Arten der Gattungen *Bacillus* und *Streptomyces* produziert, während pilzliche Enzyme vor allem in *Trichoderma reesei* und *Aspergillus* sp. hergestellt werden. Vergleichbare Produktionseffizienzen konnten bisher kaum für Extremozyme nachgewiesen werden.

Für industrielle Prozesse stellt bereits die Identifizierung von geeigneten Kandidaten die erste Hürde dar (Mirete et al. 2016). So werden innovative und oft aufwändige Methoden benötigt, um einen geeigneten Biokatalysator in einem einzelnen Extremophilen oder einer Umweltprobe aus einem extremen Lebensraum zu isolieren. Die Kosten entsprechender Forschungsprojekte sind schwer kalkulierbar und bereits die Probenahme kann aufwändig und sehr teuer sein. So müssen bei der Beprobung des Tiefseesediments Schiffe zur Verfügung stehen, mit denen Tiefseebohrungen durchgeführt werden können. Außerdem müssen die Proben optimalerweise sofort vor Ort im Labor weiterverarbeitet werden. Bohrungen in kilometerdicke Gletscher oder Packeis werden vor allem von Glaziologen durchgeführt und sind ebenfalls relevant zur mikrobiellen Probennahme (Jacquet 2015). Bei heißen Quellen werden entnommene, anoxische Proben auch direkt an Ort und Stelle bearbeitet, um einen Sauerstoffeintrag möglichst zu verhindern (Kap. 3, Abschn. „Die Jagd nach den Hyperthermophilen"). Sind diese ersten Hürden genommen, werden Umweltproben heutzutage im großen Durchsatz untersucht, um neue Biokatalysatoren zu identifizieren und zu charakterisieren (Leggewie et al. 2010). Zumeist ist entweder eine sequenzbasierte Durchmusterung von **Metagenomen** oder die aktivitätsbasierte Untersuchung von extremophilen Stämmen, Mischpopulationen oder Genbibliotheken in geeigneten Wirten das Mittel der Wahl *(Kasten 10.1 – Was ist das Metagenom?).*

Kasten 10.1 – Was ist das Metagenom?

Die mangelnde Kultivierbarkeit von Mikroben stellt Mikrobiologen vor eine große Herausforderung. Pro Jahr werden etwa 500 neue Prokaryoten systematisch erfasst, kultiviert und im Detail beschrieben, aber dennoch gehen wir heutzutage davon aus, dass maximal nur etwa 1 % aller Mikroorganismen mit den etablierten Methoden überhaupt kultivierbar ist und hiervon bisher nur ein Bruchteil beschrieben wurde. Die effiziente Anzucht von Extremophilen ist aufgrund ihrer einzigartigen Lebensräume möglicherweise besonders schwierig, weshalb bei der Suche nach neuen Extremozymen Tricks und Kniffe angewendet werden müssen, um reichhaltige Schätze bergen zu können. Aus diesem Grund sind vor allem Metagenomanalysen eine elegante Möglichkeit, auch jene Bakterien und Archaeen im extremen Lebensraum zu erfassen, die nicht kultivierbar sind. Als Metagenom wird die Gesamtheit der genetischen Information eines Lebensraums oder einer Population bezeichnet. Dazu werden sämtliche Genome aller dort vorhandenen Mikroorganismen gemeinsam untersucht. Lebendige Zellen braucht man dafür aber nicht.

Es ist möglich, durch Wasch- und Siebschritte oder Sedimentationsprozesse alle Zellen aus einer Umweltprobe zu isolieren. Dann werden die Zellhüllen geknackt. Anschließend wird die gesamte genomische DNS von anderen Nukleinsäuren, Zellpartikeln und Proteinen getrennt. Das Metagenom wird dann in Fragmente zerlegt, die in ringförmige DNS-Vehikel verpackt werden. Je nach Größe sprechen wir von Plasmiden oder Fosmiden. Die verpackte DNS enthält sämtliche genetische Information aller Mikroben aus der isolierten Umweltprobe und kann nach der genetischen Information für Enzyme durchsucht werden. Allerdings ist es zu diesem Zeitpunkt normalerweise nicht mehr möglich, den Organismus zu identifizieren, aus dem ein neu entdecktes Enzym stammt. Die DNS-Sequenz oder die abgeleitete Proteinsequenz kann dann mit bereits in Datenbanken hinterlegten Sequenzen abgeglichen und eventuell zugeordnet werden.

Bei einem Screening wird zumeist das komplette Genom ausgelesen. Das heißt, die DNS wird sequenziert oder die einzelnen Transportvehikel werden in einen leicht zu kultivierenden Bakterienstamm eingebracht und auf spezifische katalytische Aktivitäten untersucht. In der Regel wird dazu *Escherichia coli* genutzt. Jede Bakterienzelle nimmt ein Plasmid oder Fosmid auf und erlangt dadurch eine oder mehrere neue Fähigkeiten, die die fremde DNS aus der Umweltprobe mitbringt. Wenn man dann nach einer bestimmten Eigenschaft sucht, beispielsweise nach der Fähigkeit zum Abbau einer giftigen Chemikalie, könnte ein Gemisch von *E. coli* mit unterschiedlichen Anteilen der Metagenombank auf einem „vergifteten" Nährmedium ausgestrichen werden. Mit etwas Glück wachsen einzelne Kolonien, die die Fähigkeit zum Überleben aus der fremden DNS erhalten haben. Das betreffende Plasmid oder Fosmid wird dann isoliert und sequenziert.

Eine auf Gensequenzen basierte Untersuchung geht schnell, kostet nicht viel und produziert eine gigantische Datenmenge. Da die computergestützte Erfassung von möglichen Enzymen ausschließlich auf Sequenzanalysen beruht, können nur Kandidaten identifiziert werden, deren Sequenzen bereits bekannten Biokatalysatoren ähneln. Den entgegengesetzten Weg geht hier das sogenannte aktivitätsbasierte Verfahren: Es nutzt geeignete Wirtsorganismen für die Produktion von unbekannten Proteinen, die im Hinblick auf eine gewünschte Fähigkeit gesucht werden. In diesem Fall wird zuerst die Enzymaktivität erkannt und anschließend die Gensequenz bestimmt, sodass vollkommen unbekannte Enzyme gefunden werden können. Die größte Hürde dabei ist, dass sich nicht jedes beliebige Enzym in einem fremden Wirt produzieren lässt und auch noch funktioniert. Deshalb bleiben manche Enzyme unentdeckt. So kann sich die Herstellung von Proteinen aus Thermo- oder anderen Extremophilen in dem liebsten Haustier der Molekularbiologen, in *Escherichia coli,* als besondere Herausforderung darstellen *(Kasten 10.2 – Tipps und Tricks zur Produktion von Extremozymen).* Obwohl ihre Identifizierung und Produktion sehr aufwändig sein kann, sind viele Extremozyme aufgrund ihrer Stabilität unter Prozessbedingungen und ihrer Lagerstabilität sowie der Möglichkeit des Recyclings besonders interessant und werden schon heute in der Molekularbiologie oder der Lebensmittel- und Textilindustrie eingesetzt.

Kasten 10.2 – Tipps und Tricks zur Produktion von Extremozymen

Nicht immer gelingt die **rekombinante** Produktion von Proteinen aus Extremophilen in einem einfach zu pflegenden Wirt wie unserem Darmbakterium *Escherichia coli* oder verschiedenen Hefepilzen. Ein entscheidender Stolperstein ist der unterschiedliche Gebrauch der **Codons** innerhalb der DNS-Sequenz. Der genetische Code basiert auf den vier Basen Adenin (A), Cytosin (C), Guanin (G) und Thymin (T), wobei eine Abfolge von drei Basen, ein sogenanntes Triplett, für eine Aminosäure kodiert. Das Triplett ATG kodiert beispielsweise für die Aminosäure Methionin. Allerdings gibt es bei vier verschiedenen Basen 64 Triplettmöglichkeiten, aber nur zwanzig Aminosäuren, die kodiert werden müssen. Drei Tripletts bilden ein Stoppsignal, während die übrigen 61 Tripletts teilweise die gleiche Aminosäure kodieren, sodass beispielsweise sechs Tripletts für Serin vorliegen. Obwohl der genetische Code universell ist, das heißt, in allen Lebewesen gilt, gibt es Unterschiede in der Präferenz von Tripletts, die für die gleiche Aminosäure kodieren. So kommen in einem Organismus vielleicht zwei Codons für Serin viel häufiger vor als die übrigen vier, während in einem zweiten Lebewesen drei Codons oft verwendet werden, zwei seltener und das sechste gar nicht benutzt wird. Das kann dazu führen, dass manche Extremozyme in *E. coli* oder Hefepilzen nicht produzierbar sind.

Um diesem Nachteil entgegenwirken zu können, werden zwei Strategien standardmäßig angewendet. Zum einen kann die DNS-Sequenz an die Vorlieben des Expressionswirts angepasst werden. Zum anderen werden neue Wirtsorganismen zur Produktion von fremden Proteinen etabliert, bei denen Extremophile selbst zum Einsatz kommen. Um einen neuen Expressionswirt nutzen zu können, müssen einige wichtige Faktoren berücksichtigt werden. Zunächst sollte die Handhabung im Labor möglichst einfach sein. Die Mikrobe muss vermehrt werden können. Außerdem sollte es möglich sein, sie genetisch zu verändern, um sie zur Herstellung von fremden Proteinen zu zwingen.

Für die Produktion von Proteinen aus hitzeliebenden Bakterien eignet sich besonders das Bakterium *Thermus thermophilus*, bei dem sich die Vorliebe für heiße Umgebungen sowohl im Gattungs- als auch im Artnamen widerspiegelt (Liebl et al. 2014). Im Gegensatz zu dem sehr gut bekannten *Thermus aquaticus* wurde *T. thermophilus* nicht aus dem Yellowstone Nationalpark isoliert, sondern zunächst in einer heißen Quelle in Japan gefunden. Der größte Vorteil für den Einsatz von *T. thermophilus* zur Produktion von fremden Proteinen ist die Fähigkeit dieses Bakteriums, fremde DNS aus dem umgebenden Medium aufzunehmen, wodurch die eigene genetische Ausstattung erweitert und verändert wird. Im Gegensatz zu *E. coli* nimmt *T. thermophilus* fremde DNS nämlich freiwillig auf und muss nicht dazu gezwungen werden. Dabei spielt es keine Rolle, welche Sequenz der DNS-Abschnitt aufweist.

Der ewige Klassiker – Polymerasekettenreaktion

Kein anderes Extremozym hat einen derartigen Siegeszug in der Molekularbiologie vorzuweisen wie die hitzestabile DNS-Polymerase. Dieses Enzym wird heute in der medizinischen, forensischen und ökologischen Diagnostik genutzt, um Vaterschaftstests durchzuführen, um Verbrechen aufzuklären oder um Verwandtschaftsverhältnisse von ganzen Populationen von Lebewesen zu verstehen. Sämtliche Methoden sind Abwandlungen der Vervielfältigung der DNS, Replikation genannt, und können auf zwei wichtige Entdeckungen zurückgeführt werden: 1) die Fähigkeit, DNS-Abschnitte im Reagenzglas zu vervielfältigen, und 2) die Verwendung eines hitzestabilen Enzyms, um eine zyklische Wiederholung der Replikation zu gewährleisten.

Der amerikanische Biochemiker Kary Mullis arbeitete Ende der 1970er- und Anfang der 1980er-Jahre bei dem Biotechnologie-Unternehmen Cetus Corporation und überführte den Prozess der DNS-Replikation in ein Reagenzglas. Wie er selbst schreibt, kam ihm die Idee während einer nächtlichen Autofahrt im Mondschein durch die Berge Kaliforniens (Mullis 1990). Bei der sogenannten **Polymerasekettenreaktion** (PCR, engl. *polymerase chain reaction*) wird der gesamte Ablauf auf die Aktivität des Enzyms DNS-Polymerase reduziert. Mit sogenannten **Primern** als Starthilfe können genau definierte Abschnitte der DNS durch die Polymerase millionenfach kopiert werden. Bei diesem Verfahren herrschen

Temperaturen von mehr als 90 °C vor, wodurch die neu gebildeten DNS-Doppelstränge gleich wieder voneinander getrennt werden, die Primer sich nach einer Absenkung der Temperatur erneut an die Einzelstränge anlagern und die DNS-Verdopplung von vorne beginnt. Trotz dieser Einfachheit dauerte es viele Monate, bis Mullis die wissenschaftliche Gemeinschaft von seiner Erfindung überzeugen konnte. Nachdem sie aber erstmal akzeptiert wurde, erschienen in den ersten fünf Jahren nach der Veröffentlichung bereits mehr als 1000 Publikationen von Forschungsarbeiten, in denen die PCR angewendet wurde.

In den Anfangszeiten wurde noch eine thermolabile DNS-Polymerase verwendet, die bei jeder zyklischen Temperaturerhöhung zur Trennung der DNS-Doppelstränge zerstört wurde. Dadurch war das Verfahren enorm kostenintensiv und nicht rentabel. Die Methode wurde dann aber noch einmal revolutioniert, indem die thermolabile DNS-Polymerase durch eine hitzestabile DNS-Polymerase ersetzt werden konnte. Der Prototyp ist die sogenannte *Taq*-Polymerase aus dem thermophilen Bakterium *Thermus aquaticus* (Kap. 3, Abschn. „Spektakuläre Entdeckungen im Yellowstone Nationalpark"). Dieses Enzym zeigt eine optimale Aktivität bei 72 °C und bleibt auch bei Temperaturen über 90 °C stabil. Mit dieser Verbesserung war für die PCR endgültig der Weg zur wichtigsten molekularbiologischen Methode des 20. Jahrhunderts geebnet. In der Zwischenzeit wurde jedoch die *Taq*-Polymerase in den meisten Anwendungen durch andere DNS-Polymerasen aus weiteren thermophilen oder hyperthermophilen Mikroben ersetzt. Diese neueren Enzyme weisen eine höhere Aktivität auf oder sind noch stabiler und zeigen eine geringere Fehlerrate (Garibyan und Avashia 2013).

Kary Mullis wurde für die Entwicklung der PCR mit zahlreichen Ehren bedacht. Ihm wurden Ehrendoktorwürden verliehen und er ist bis heute der einzige Nobelpreisträger, der für seine Arbeit in der industriellen Biotechnologie ausgezeichnet wurde. Von seinem Arbeitgeber erhielt er damals einen einmaligen Bonus von 10.000 US-$, bevor das Patent von Cetus Corporation für viele Millionen US-Dollar an Roche Molecular Systems verkauft wurde.

Kalt waschen, um Energie zu sparen

„Entfernen sie Schmutz und Flecken nicht nur schnell, sondern auch umweltfreundlich und sparen sie gleichzeitig Energie!" So ähnlich könnte ein Werbeslogan auf fast jedem gängigen Fleckenentferner oder Waschmittel lauten, wobei vor allem die Worte „umweltfreundlich" und „Energie sparen" darauf hinweisen, dass hier höchstwahrscheinlich ein enzymatischer Vorgang ausgenutzt wird. Bereits seit der zweiten Hälfte des vergangenen Jahrhunderts versprechen Waschmittelhersteller, dass der Anwender ohne die Verwendung von heißem Wasser seine Wäsche genauso gut reinigen kann, wie wenn er die Wäsche kocht. Das Geheimnis hinter diesem Versprechen verbirgt sich in der Regel in einer kleinen Gruppe von Enzymen, die Fette, Kohlenhydrate oder Peptide spalten, wobei die Enzyme selbst meist nur einen minimalen Anteil von weniger als 5 % des Endprodukts ausmachen (Osterath et al. 2007).

Um einen großen Wirkungsgrad zu erzielen, wird in den besten Waschmitteln eine möglichst breite Palette von aufwändig und teuer produzierten Enzymen verwendet, damit gleichzeitig verschiedene Arten von Verschmutzungen entfernt werden können.

Amylolytische Enzyme spalten Stärke und dienen zum Beispiel der Entfernung von Saucenflecken, während **Lipasen** Fettflecken am Hemdkragen entfernen. Blut- oder Grasflecken werden durch **Proteasen** aus dem Textilgewebe beseitigt und **Pektinasen** bauen Obstreste oder Konfitüre ab. Alle diese Enzyme gehören zur Gruppe der Hydrolasen und weisen für eine Anwendung in der Waschmittelindustrie idealerweise ein niedriges Temperaturoptimum bei gleichzeitig hoher Stabilität und einem breiten Wirkungsbereich in alkalischer Umgebung auf. Otto Röhm patentierte die ersten Proteasen, die als Zusatz in Waschmitteln eingesetzt werden konnten, bereits im Jahr 1914 (Sahm et al. 2013). Allerdings dauerte es noch fast ein halbes Jahrhundert, bis die Entdeckung der sogenannten Subtilisinproteasen den Einsatz von Enzymen als Waschmitteladditive zum großen Erfolg machte. Heutzutage werden von zahlreichen industriellen Herstellern wie Carlsberg, Enzyme Solutions, Henkel oder Novozymes Subtilisine angeboten, die durch mehr als 1000 Patente geschützt sind. Enzyme in Waschmitteln stellen einen großen Markt dar und machen 30–40 % aller technisch verwendeten Biokatalysatoren aus. Wenn wir die Produktionsmengen betrachten, wird schnell deutlich, dass alkaline Proteasen bis dato die wichtigsten Waschmitteladditive sind. Sie stellen mehr als 60 % aller verwendeten Enzyme in der Waschmittelindustrie dar, während

Amylasen in einer vergleichbaren Menge eingesetzt werden, wie alle übrigen Enzyme zusammen. Vor dem Einsatz von Waschmittelenzymen war die Reinigung der Wäsche ein Prozess, der entweder viel Kraft oder elektrische Energie erforderte und sehr lange dauerte.

Die Mehrzahl der heute verwendeten Waschmittelenzyme wurde aus alkaliphilen Bakterien der Gattung *Bacillus* oder aus Pilzen isoliert. Einige dieser Enzyme aus Alkaliphilen sind selbst bei pH-Werten um 13 noch aktiv, obwohl ihre Wirte unter diesen Bedingungen längst die weiße Fahne gehisst hätten. Zu den **Psychrozymen** der Psychrophilen, die von Natur aus bereits optimal an kalte Bedingungen angepasst sind, sind hier meist keine klaren Abgrenzungen möglich. So vertreibt der dänische Konzern Novozymes ein Produkt mit dem Namen Polarzyme®, welches den Eindruck erweckt, dass es auf einen psychrophilen Ursprung zurückgeht. Allerdings handelt es sich hierbei um eine Protease aus *Bacillus* sp., die durch genetische Mutationen künstlich an kühlere Bedingungen angepasst wurde.

Zuckersüße Thermozyme in der Lebensmittelindustrie

Aus unseren Lebensmitteln ist die Verwendung von Enzymen gar nicht mehr wegzudenken, wobei sie selbst bis auf wenige Ausnahmen nicht bis zum Verzehr im finalen Produkt verbleiben, sondern meistens während des Produktionsprozesses oder auch nur zur Veredelung verwendet werden. Enzyme werden in der Lebensmittelindustrie eingesetzt, um den Geschmack und das Aroma von Nahrungsmitteln zu verändern, um Brot knuspriger und den Kern in Pralinen weicher zu machen oder um Käse herzustellen *(Kasten 10.3 – Wo spielen Enzyme eine Rolle in unserem Alltag?).* Der dänische Chemiker Christian Hansen verwendete bereits ab den 1870er-Jahren standardisierte Enzymmischungen aus Kälberlab zur Käseherstellung und gründete den global agierenden Lebensmittelkonzern Chr. Hansen. Heutzutage wird nur noch etwa ein Drittel der Enzyme in der Käseherstellung durch die Verarbeitung des Labmagens von jungen Kälbern gewonnen, während der größte Teil biotechnologisch in Mikroorganismen produziert wird.

Kasten 10.3 – Wo spielen Enzyme eine Rolle in unserem Alltag?

Enzyme sind in unserem täglichen Leben allgegenwärtig. Wenn wir morgens aufstehen, freuen wir uns auf ein leckeres Frühstück und direkt begegnen uns zahlreiche „Arbeitsergebnisse" von Enzymen. Amylasen haben die Stärke des Mehls in unserem Brötchen verzuckert, was dazu führte, dass die Bäckerhefe den Zucker verstoffwechseln konnte. Dabei atmete sie Kohlenstoffdioxid aus, wodurch wiederum der Teig aufging und das Brötchen schön groß wurde. Amylasen und Pektinasen wurden möglicherweise dazu verwendet, die Saftausbeute unseres Frühstücksgetränkes zu erhöhen und die Trübung zur verringern. Die Protease Chymosin wiederum spaltete das Protein Casein in der Milch und half bei der Herstellung von Käse.

Auch als Biosensor finden Enzyme Verwendung, wenn der Diabetiker nach dem Frühstück den Zuckerspiegel im Blut vermessen muss. Die Teststäbchen sind mit Glukoseoxidasen beschichtet, durch die der Zuckergehalt bestimmt werden kann. Bevor wir das Haus verlassen, ziehen wir die neue Jeans an, die aber gar nicht mehr neu aussieht, sondern schon stellenweise etwas ausgeblichen ist. Der *stonewashed*-Effekt wird schon lange nicht mehr durch Steine erzeugt. Heute werden Cellulasen eingesetzt, welche die Cellulosepolymere lösen und dadurch den Kontakt zwischen der Hose und dem Farbstoff lockern, sodass der typische ausgeblichene Effekt entsteht.

Zum Mittagessen gibt es ein zartes Stück Fleisch, das fast auf der Zunge zergeht, aber vor allem so weich ist, da Proteasen die Textur veränderten, indem stabilisierende Proteine abgebaut wurden. Der gegenteilige Effekt kommt übrigens bei Würstchen zum Einsatz, um die Bissfestigkeit zu erhöhen. Dazu dienen Transglutaminasen, die durch die Vernetzung von Proteinen die Festigkeit erhöhen. Abends entspannen wir dann noch mit einem Glas Wein. Aber auch bei der Herstellung des Korkens begegnen uns wieder Enzyme. Laccasen wurden hier möglicherweise verwendet, um den Korkgeschmack zu minimieren. Bevor wir zu Bett gehen, entnehmen wir noch schnell unsere Kontaktlinsen und legen sie in die Lagerflüssigkeit. In dieser Lösung befinden sich Proteasen, die Proteinrückstände abbauen und so unsere Kontaktlinsen sauber halten.

Während die Herstellung von Käse oder auch die Spaltung von Milchzucker bei niedrigen Temperaturen abläuft, werden industriell vor allem kohlenhydratabbauende Thermozyme verwendet. Stärke ist ein wichtiger Ausgangsstoff für die Zuckerherstellung. Es ist ein aus den zwei Bestandteilen Amlyose und Amylopektin aufgebautes Molekül, das ausschließlich aus miteinander verknüpften Glukoseeinheiten besteht. Während Amylopektin verzweigt ist, handelt es sich bei Amylose um eine lineare Zuckerkette. Aufgrund der komplexen Struktur werden verschiedene Enzyme benötigt, um die unterschiedlichen chemischen

Verbindungen zu lösen und das große Polysaccharid in kleinere Zuckermoleküle zu zerlegen (Bertoldo und Antranikian 2002). Da sich Stärke außerdem in Wasser nur schlecht löst und bei Erwärmung zähflüssig wird, gestaltet sich ihr Abbau durch herkömmliche Enzyme aus mesophilen Mikroorganismen meist schwierig.

In der Lebensmittelindustrie wird hauptsächlich Glukose- und Maltosesirup aus verflüssigter Stärke produziert. Der Prozess besteht aus zwei Schritten. Zunächst wird die Stärke (zumeist aus Mais) bei hohen Temperaturen verflüssigt, bevor sie verzuckert werden kann. Die Stärke wird zunächst erwärmt und wird dickflüssig. Nach einer anfänglichen Erhitzung auf über 100 °C wird die Temperatur auf 95 °C abgekühlt. Die anschließende Verzuckerung erfolgt in der Regel durch pilzliche Amylasen bei niedrigeren Temperaturen, weshalb die Lösung abgekühlt und ein leicht saures Milieu geschaffen werden muss. Die Stärke wird dann in kleinere Oligosaccharide (Zuckereinheiten aus mehreren Einfachzuckern) zerlegt. Die bekannten und industriell verwendeten Amylasen sind bei Temperaturen bis etwa 55 °C aktiv und bevorzugen einen sauren pH-Wert um 5. Aus diesem Grund muss der Reaktor unter enormem Energieaufwand abgekühlt und der pH-Wert nachjustiert werden. Hitzebeständige Enzyme eignen sich hier deshalb besser als Enzyme aus Pilzen oder *Bacillus*-Spezies. Genetisch modifizierte Amylasen oder ihre Verwandten aus Extremophilen können bereits vor der Erhitzung in den Prozess gegeben werden, da sie den Bedingungen standhalten. Manchmal werden auch thermostabile Pullulanasen als Zusatz verwendet, da diese Enzyme die unterschiedlichen Zuckerverknüpfungen im

Stärkemolekül spalten können und dadurch Verzweigungen besser auflösen. Es wurden bereits vereinzelte Enzymkandidaten beschrieben, die selbst bei Temperaturen von mehr als 130 °C noch etwas aktiv sind (Koch et al. 1991).

Verflüssigte und verzuckerte Stärke wird als finales Produkt auf unterschiedliche Weise in der Lebensmittelindustrie eingesetzt. Die erzeugte Glukose kann beispielsweise durch ein bestimmtes Enzym, die Isomerase, teilweise zu Fruktose umgewandelt werden, sodass ein Fruktose-Glukose-Zuckersirup entsteht, der vor allem für das Süßen von Getränken verwendet wird. Auch die Verfeinerung von Lebensmitteln ist denkbar, indem in einem finalen Prozessschritt so genannte Cyclodextrine produziert werden. Dabei handelt es sich um ringförmige Zuckermoleküle. Sie können besonders wertvoll für biotechnologische und pharmazeutische Anwendungen sein, in denen Duftstoffe, Arzneimittel oder Geschmacksverstärker transportiert werden müssen. Die gewünschten Moleküle können bei einer passenden Größe in ein definiertes Cyclodextrin eingeschlossen werden. Auf diesem Wege können Langzeitwirkungen oder aber bestimmte Wirkungen eines Stoffes zu einem definierten Zeitpunkt erzielt werden, indem das Cyclodextrin sich in einer bestimmten Umgebung strukturell verändert oder aufgelöst wird und den Inhaltsstoff freigibt. So ist es beispielsweise möglich, Medikamente erst in Gegenwart von Magensäure freizusetzen oder den Geschmack von Kaugummi durch den Kontakt mit Speichel zu regulieren.

Kann ich mit Stroh mein Auto tanken?

Energie benötigen wir nicht nur, um unsere Wäsche zu waschen oder um im Labor Millionen Kopien eines DNS-Abschnitts herzustellen. Heutzutage wird der Großteil aller fossilen Rohstoffe zur Energieerzeugung und zur Herstellung von Plattformchemikalien benutzt, die als Ausgangsstoffe für die Herstellung vieler Industrieprodukte dienen. Diese Reserven sind extrem kostbar, da sie nicht nachwachsen. Ferner sind sie im Verlauf der Erdgeschichte über Jahrmillionen entstanden und können durch technische Maßnahmen nicht erneuert werden. Daher drängt die Zeit immer mehr, den Energiebedarf zu reduzieren und alternative Energiequellen wie Wind, Sonnenlicht oder Erdwärme zu erschließen, die das Klima nicht verändern. Biomasse wiederum dient nicht nur zur Energiegewinnung, sondern kann auch zur Herstellung von Chemikalien genutzt werden (Schrauwers und Poolman 2013). Dabei sind pflanzliche Überreste, wie Stroh oder Schalen von Früchten und Samen, unerschöpflich und liegen oft als Abfallprodukte der Lebensmittelindustrie vor. Mit geeigneten Verfahren können sie vollständig verbraucht werden.

Die Hauptbestandteile von Pflanzen sind neben Fetten und Proteinen vor allem Kohlenhydrate. Pflanzliche Zellwände bestehen hauptsächlich aus zuckerhaltiger **Lignocellulose,** wodurch Cellulose zum häufigsten Biopolymer auf unserem grünen Planeten wird. Wie Stärke ist Cellulose aus verknüpften Einheiten von Glukosemolekülen zusammengesetzt. Glukose wiederum dient als vielversprechender Ausgangsstoff für die industrielle Herstellung von Bioethanol. Da zuckerhaltige Stärke auch für die Lebensmittelindustrie von zentraler Bedeutung ist und Anbauflächen von Nutzpflanzen begrenzt sind, ist die Entwicklung von Konzepten zur nachhaltigen Nutzung pflanzlicher Abfallstoffe, beispielsweise Cellulose, von essentieller Bedeutung. Die sogenannte Bioraffinerie führt ökologische, biotechnologische und ökonomische Fragestellungen in einem einheitlichen Konzept zusammen, um pflanzliche Rohstoffe effizient nutzen zu können. Dafür ist die Synergie aus verfahrenstechnischen Ansätzen und der Biokatalyse wichtig.

Pflanzliche Rohstoffe, die einen hohen Anteil an Lignocellulose aufweisen, stellen die verwertende Industrie allerdings vor große Probleme. Leider ist Glukose als Bestandteil der Cellulose fest eingeschlossen in der komplexen Lignocellulose und nur äußerst schwer zugänglich. Das Gerüst stützt nicht nur die Pflanze, sondern schützt auch die Cellulose vor Abbau. Der industrielle Aufschluss von Biomasse benötigt darum in der Regel hohe Temperaturen und es müssen physikochemische und enzymatische Verfahrensschritte kombiniert werden. Lignocellulose wird zuerst chemisch oder physikalisch aufgeschlossen, bevor Zucker enzymatisch freigesetzt wird, der wiederum zu Biokraftstoffen weiterverarbeitet werden kann. Der grundsätzliche Abbau von Lignocellulose ist zwar bereits gut verstanden, allerdings ist ihre Zusammensetzung in verschiedenen Pflanzen sehr unterschiedlich. Aus diesem Grund kann die Spaltung der Polysaccharide in industriellen Prozessen nur äußerst ineffizient durchgeführt werden, was zu einer großen Nachfrage nach lignocellulolytischen Thermozymen führt. Die Herstellung von Biokraftstoffen aus pflanzlichen Abfallstoffen braucht die effizientesten Biokatalysatoren.

Aber wo findet der aufmerksame Wissenschaftler die vielversprechendsten Enzyme? In den vergangenen Jahren wurden vor allem Cellulasen an den unwahrscheinlichsten Orten auf der Erde gesucht und gefunden. Einige der aktivsten Enzyme wurden in den Exkrementen von Elefanten und im Pansen von Kühen identifiziert (Ilmberger et al. 2014). Da diese Tiere sich vornehmlich von Gras und Stroh ernähren, können sie Lignocellulose in pflanzlichen Zellwänden vollständig zersetzen und die entstehenden Einfachzucker verwerten. Dabei kommt ihnen eine einzigartige mikrobielle Vielfalt in ihrem Magen zugute, die beispielsweise von Forschern des renommierten Joint Genome Institute in Kalifornien um Edward Rubin und Matthias Hess genau untersucht wurde. Sie legten Kühen eine Magenfistel, damit ein mit Stroh gefülltes, durchlässiges Behältnis in den Pansen eingeführt werden konnte (Hess et al. 2011). Mikroben, die auf den Abbau pflanzlicher Biomasse spezialisiert sind, siedelten sich auf dem Stroh an und konnten anschließend über den Magenzugang isoliert und untersucht werden. Über Metagenomstudien *(Kasten 10.1 – Was ist das Metagenom?)* der isolierten Mikroben konnten mehr als vierzig neue Enzyme identifiziert werden, die sich für den Abbau von Lignocellulose eignen. Auch Termiten und manche Pilze, die abgestorbene Baumstämme besiedeln und Holz zersetzen können, bieten sich als Quelle für besonders aktive

Glykosidhydrolasen an, die verschiedene zuckerhaltige Verbindungen wie Cellulose aufspalten. Zusätzlich bevorzugen Enzyme aus Termiten oft extrem alkaline Bedingungen, da Bereiche des Darms von Termiten pH-Werte zwischen 10 und 12 aufweisen (Kap. 8, Abschn. „Leben in Lauge").

Extreme Bedingungen in Verbindung mit pflanzlicher Biomasse finden wir auch im Sediment der Tiefsee, wo sehr altes Pflanzenmaterial verrottet und mithilfe von Tiefseebakterien langsam zersetzt wird (Kap. 5, Abschn. „Im Tiefseesediment"). Die Enzyme dieser piezophilen Mikroben sind druckstabil und könnten in industriellen Verfahren verwendet werden, bei denen die Bestandteile der Lignocellulose durch den Aufbau von Druck und die anschließende spontane Entspannung voneinander getrennt werden. Auch der Flohkrebs *Hirondellea gigas* gibt uns hinsichtlich seiner Ernährung einige Rätsel auf (Kap. 1, Abschn. „Bizarre Ungeheuer der Tiefsee"). Er tritt natürlicherweise in Schwärmen auf und erreicht eine Größe von etwa 5 cm, obwohl es auf dem Grund der Tiefsee ständig an Nahrung mangelt. Die Evolution fand aber auch hier eine beeindruckende und sehr effektive Lösung: Der Flohkrebs ernährt sich von absinkendem Holz und Wasserpflanzenrückständen. Diese Lebensweise erfordert extrem lange Fastenzeiten. Sobald Nahrung aber vorhanden ist, wird so viel gefressen, bis die kleinen Tierchen fast platzen, um anschließende Hungerphasen überdauern zu können. Die Vorliebe des Flohkrebses für Holz wurde übrigens entdeckt, als Fallen im Marianengraben ausgelegt wurden, die unterschiedliche Köder beinhalteten, um

neue Lebewesen zu finden. Selbst eine Kamera, die Holz-
bauteile aufwies, wurde von den Flohkrebsen angefressen.
Für die industrielle Anwendung sind die Cellulasen von *H. gigas* besonders relevant, da sie, ebenso wie die Enzyme der
Tiefseebakterien, dem extremen Druck im Lebensraum der
Krebse standhalten. Wissenschaftlich sind die Cellulasen
des Flohkrebses außerdem interessant, da sie einen anderen
evolutionären Ursprung zu haben scheinen als alle anderen bisher entdeckten Cellulasen. Alle bekannten Enzyme
stammen aus Prokaryoten oder Pilzen. Wir haben außerdem gesehen, dass auch die Cellulasen aus Wiederkäuern
und Termiten auf die Mikroorganismen in ihrem Magen
oder Darm zurückzuführen sind. Im Gegensatz dazu scheinen die Cellulasen in dem Flohkrebs tatsächlich in seinem
eigenen Genom kodiert zu sein (Kobayashi et al. 2012).

Um Cellulasen zu finden, die auch noch in kochendem
Wasser aktiv sind und damit in einer nachhaltigen Bioraffinerie einsetzbar wären, müssen wir uns noch einmal in
die Lebensräume der Hyperthermophilen begeben. Damit
direkt nach der physikalischen Vorbehandlung von pflanzlicher Biomasse mit der enzymatischen Verzuckerung
begonnen werden kann, gibt es eine industrielle Nachfrage
nach Cellulasen, die eine optimale Aktivität bei Temperaturen um 100 °C aufweisen. Es werden also Mikroorganismen gesucht, die bei enormer Hitze auf fester Cellulose
wachsen. Der US-amerikanische Extremophilenforscher
Frank T. Robb machte sich vor etwa zehn Jahren mit seinen Kollegen an der Universität von Kalifornien auf die
Suche und spürte eine kleine Gemeinschaft von nur drei
hyperthermophilen Arten aus dem Reich der Archaeen

auf, die gemeinsam auf fester Cellulose wachsen können (Graham et al. 2011). Mit vereinten Kräften zersetzten sie Lignocellulose auch noch bei mehr als 90 °C. Zuvor gab es praktisch kaum Daten über Archaeen, die Cellulose als Nährstoffquelle nutzen, sodass neue Methoden entwickelt werden mussten, um diesen winzigen Extremophilen auf die Schliche zu kommen. Da die drei Spezies nicht einzeln im Labor wuchsen, musste Robb einen äußerst cleveren Ansatz nutzen, um die Genomdaten von allen drei Stämmen zu erfassen und diese dann voneinander abzugrenzen. Interessanterweise wurde dabei aber nur in einer Art eine neuartige und extrem hitzestabile Cellulase identifiziert, deren Aufbau sich von allen bisher bekannten Enzymen unterscheidet. Die Cellulase war fast völlig inaktiv bei Temperaturen unter 70 °C und spaltete ihr Substrat am liebsten bei 109 °C. Interessanterweise ist das Enzym über einen breiten pH-Bereich aktiv und auch bei hohen Konzentrationen von Salz und anderen Zusätzen äußerst stabil. Die Autoren spekulierten, dass es wahrscheinlich nicht möglich war, ein einzelnes hyperthermophiles Archaeon aus dem Konsortium zu isolieren, da diesen Mikroben aufgrund ihres kompakten Genoms verschiedene Enzyme fehlten, die eine vollständige Nährstoffverwertung gewährleisten und sie daher auf ihre Lebensgemeinschaft angewiesen sind. Diese Hypothese konnte bis heute aber weder bestätigt noch widerlegt werden.

Wie wir gesehen haben, werden in der heutigen Zeit die unterschiedlichsten Lebensräume wie Elefantenexkremente, Tiefseesedimente und Kuhmägen durchmustert, um die stabilsten und aktivsten Cellulasen zu finden. Auf diesem Wege wird es in Zukunft möglich sein, Biomasse aus unterschiedlichen Pflanzen effizient zu verarbeiten, um Biokraftstoffe und wertvolle Grundsubstanzen zu erzeugen, ohne dass eine Konkurrenzsituation mit der Nahrungsmittelherstellung entsteht. Damit kann auch die Frage, ob mit Stroh das Auto betankt werden kann, eindeutig mit Ja beantwortet werden!

11

Von vermeintlich Außerirdischen bis zum schnellsten Bakterium der Welt

Die Faszination des Menschen für extreme Biotope beschränkt sich nicht nur auf seinen eigenen Planeten. Die Begeisterung richtet sich auch über die Grenzen der Erde hinaus auf das Weltall. Die große Sehnsucht, andere Planeten wie den uns nahen Mars zu erkunden und vielleicht eines Tages zu besiedeln, ist längst nicht mehr nur Bestandteil von Science-Fiction-Literatur und Fernsehunterhaltung, sondern könnte in Zukunft durch den ressourcenverschwendenden Raubbau an der Erde eine essentielle Voraussetzung für das Überleben der Menschheit darstellen. Auch vor diesem Hintergrund suchen Astrobiologen heutzutage nach außerirdischen Lebensformen im Weltall, in der Stratosphäre und auf der Erde. Ferner versuchen diese Wissenschaftler zu verstehen, ob extremophile Mikroorganismen ferne Planeten besiedeln könnten. Diese Hypothese wird dadurch gestützt, dass extreme Biotope, wie sie in Wüsten, im Packeis oder in heißen Tümpeln auf der Erde vorkommen, vergleichbar mit Landschaften auf fernen Himmelskörpern sind. Im Laufe der Evolution wurden außergewöhnliche Standorte erfolgreich durch extremste Mikroorganismen besiedelt, sodass deren Ausbreitung auf fremde Planeten ebenfalls möglich erscheint.

Sind wir allein im Universum?

Die Frage nach außerirdischem Leben beschäftigt die Menschheit schon seit Jahrhunderten und ist aufgrund der gigantischen Ausmaße des Universums durchaus plausibel. Die **Astrobiologie** ist eine Wissenschaft, die zur Beantwortung dieser und ähnlicher Fragen mindestens zwei unterschiedliche Herangehensweisen verfolgt: Astrobiologen suchen nicht nur nach potenziell bewohnbaren Planeten, sie eruieren zudem die Möglichkeit, welche bereits bekannten Himmelskörper bewohnbar sein könnten. Dabei achten sie darauf, welche Voraussetzungen mindestens erfüllt sein müssen, damit neue Lebensräume erschlossen werden könnten. Insbesondere die Bedingungen auf der Erde und die Überlebensstrategien, die Tiere, Pflanzen und Mikroorganismen entwickelt haben, stehen dabei im Fokus des Interesses.

Zunächst müssen wir uns in diesem Zusammenhang klarmachen, dass es hier nicht nur darum geht, intelligentes außerirdisches Leben zu finden. Mit Gewissheit können wir zum jetzigen Zeitpunkt nur sagen, dass es keinen Beweis für außerirdische Lebensformen gibt. Wir haben aber auch keinen Beweis dafür, dass es nirgendwo außerirdisches Leben geben kann. Berücksichtigen wir die immense Größe des Universums, ist es nicht unmöglich, dass es einen zweiten oder eine Vielzahl von Planeten gibt, die ebenfalls besiedelt sind. Wenn wir die gigantische Zeitspanne seit dem **Urknall** in unsere Überlegungen mit einbeziehen und dabei beachten, dass der Mensch in der kosmischen Zeitgeschichte (mehr als 14 Mrd. Jahre) erst einen Wimpernschlag lang (etwa 50 Jahre) nach Signalen von intelligentem Leben sucht, ist es fast undenkbar, ausgerechnet jetzt außerirdisches Leben auf einem fremden Planeten zu finden. Da wir aus vorherigen Kapiteln wissen, dass praktisch jede ökologische Nische der Erde von Lebewesen besiedelt ist, scheint es sehr wahrscheinlich, dass auch auf anderen Planeten irgendwann Leben entstanden ist. Jedoch ist dabei besonders zu berücksichtigen, dass intelligente Lebewesen in der Lage sein müssten, unsere Signale zu verstehen und zu beantworten. Oder die Außerirdischen müssten Kontakt zu uns aufnehmen, damit ihre Existenz eindeutig bewiesen wäre. Noch unwahrscheinlicher wird ein derartiger Zufall, wenn wir mit einkalkulieren, wie lange unsere Signale durch den Kosmos reisen müssen, um die gigantische Entfernungen zu anderen Planeten zurückzulegen. Kritiker der Astrobiologie monieren, dass diese Wissenschaft paradox sei: Auch wenn das gesamte Universum von Leben nur so wimmeln würde, sei es nahezu unmöglich, einen Beweis dafür sowohl jetzt als auch später zu finden. Zentrale Kernfragen könnten somit lauten, ob die Astrobiologie also erst den Gegenstand ihrer Forschung beweisen muss, bevor ernstzunehmende Forschung gemacht werden kann? Und ob die gewählten Forschungsansätze über Illusionen von UFOs und Marsmännchen, wie sie in der Science-Fiction-Literatur vorkommen, hinausgehen?

Voraussetzungen für außeririsches Leben

Im zweiten Blickwinkel der Astrobiologie wird nach Antworten gesucht, wie das Leben auf der Erde entstanden sein könnte und ob Lebewesen, die von unserem Planeten stammen, prinzipiell in der Lage wären, auf anderen Himmelskörpern zu überleben. Hier geht es also darum zu untersuchen, ob messbare und rational verständliche Voraussetzungen gegeben sind, die experimentell überprüft und bestätigt werden können.

Dazu untersuchen Astrobiologen extreme Biotope auf der Erde und vergleichen diese mit möglichen Pendants im Universum. So könnten beispielsweise die subglazialen Bereiche der vereisten Planeten wie dem Jupitermond Europa womöglich außerirdisches Leben beherbergen, da auf der Erde unter zahlreichen Gletschern in der wässrigen Phase mikroskopisch kleine Lebewesen entdeckt wurden und die vorherrschenden Bedingungen sehr gut vergleichbar sind. Das Wasser im kürzlich angebohrten Wostoksee (Kap. 4, Abschn. „Mehrere hundert Seen unter den Gletschern der Antarktis") hatte zum Beispiel seit etwa 15 Mio. Jahren keinen Kontakt mehr zur Erdoberfläche und ist unvorstellbar sauber. Möglicherweise stellt es sogar das klarste und reinste Wasser auf der Erde dar und ist somit vergleichbar mit hypothetischen Wasserquellen auf fernen Planeten. Sollten im Wostoksee tatsächlich eines Tages unbekannte und lebendige Zellen gefunden werden, dann wird es schwieriger zu argumentieren, warum es in subglazialen Seen auf fernen Planeten keine mikroskopisch kleinen Außerirdischen geben sollte.

Auch die extrem trockenen und von Eis bedeckten Landschaften in Peru und Chile wurden mit anderen Planeten verglichen. Bei Studien zur mikrobiellen Vielfalt wurden zahlreiche Bakterien und eukaryotische Mikroorganismen (vielzellige Tiere und Pilze) identifiziert. Eine Form der Konservierung ist besonders oft an kalten und trockenen Standorten zu beobachten, da diese Bedingungen den Abbau von organischen Materialien verlangsamen. Bei Bohrungen in Grönland und der Antarktis wurde gut erhaltene DNS gefunden, die vermutlich viele Millionen Jahre alt ist. Und wir haben bereits das anaerobe

Archaeon *Methanogenium frigidum* kennengelernt, das vom Grund eines Salzsees in der Antarktis isoliert wurde und Methan produzieren kann (Kap. 4, Abschn. „Welche genetische und physiologische Ausstattung erleichtert das Leben im Eis?"). Nachdem diese Mikrobe auch auf dem Grund der Tiefsee in eisiger Kälte gefunden wurde, spekulierten ihre Entdecker, ob diese Mikroorganismen oder mögliche Verwandte nicht auch unter der Eisdecke des Jupitermonds Europa überleben könnten. Die Entdeckung der Cryophilen und die damit verbundenen Erkenntnisse unterstützen ein Szenario, in dem fremde Eisplaneten besiedelt sein könnten und bieten vielfältige Ansätze für das Fachgebiet der Astrobiologie. Wir können auf spannende Forschungsergebnisse hoffen.

Sind Extremophile vielleicht selbst Außerirdische?

Aufgrund ihrer außergewöhnlichen Charakteristika wirken manche heimischen Mikroben auf uns schon selbst wie Außerirdische. Wenn wir uns verschiedene Spitzenreiter aus unterschiedlichsten Kategorien anschauen, wie das kleinste und das größte Bakterium der Welt, wirken diese im Vergleich zu vielen anderen Mikroorganismen äußerst befremdlich. So ist *Pelagibacter ubique* beispielsweise das am häufigsten vorkommende Bakterium auf unserem Planeten und praktisch in allen Ozeanen der Erde anzutreffen. Mit einer durchschnittlichen Größe von 0,1–0,2 Millionstel Metern gehört es außerdem auch zu den kleinsten freilebenden Einzellern überhaupt und steht im krassen Gegensatz zu *Thiomargarita namibiensis*. Diese Mikroben werden nämlich etwa 0,75 mm groß und sind damit etwa 3750- bis 7500-mal so groß wie *P. ubique* und für den Menschen bereits mit bloßem Auge und ohne Vergrößerungshilfe sichtbar. Ein weiteres ausgefallenes Phänomen sind magnetotaktische Mikroben, die sogenannte Magnetosomen in der Zelle einlagern, mit denen sie sich am Magnetfeld der Erde orientieren können und anhand derer sie aus einer Flüssigkultur mit einem Magneten isoliert werden können. Trotz dieser Auffälligkeiten sind solche Bakterien aber genauso wenig extremophil und wahrscheinlich auch keine Außerirdischen, wie das schnellste Bakterium der Welt *(Kasten 11.1 – Das schnellste Bakterium der Welt)*.

Kasten 11.1 – Das schnellste Bakterium der Welt

Wenn wir ein Bakterium als schnell bezeichnen, dann geht es normalerweise um die Wachstumsgeschwindigkeit. Das heißt, wie lange ein Bakterium für seine Verdopplung braucht. Unser liebstes Laborbakterium *Escherichia coli* ist unter optimalen Bedingungen schon ziemlich schnell und teilt sich bei bester Sauerstoffversorgung und einer Temperatur von angenehmen 37 °C etwa alle 20–25 min. Der renommierte Mikrobiologe Gerhard Gottschalk hat in seinem Buch „Welt der Bakterien" in einem einfachen Rechenbeispiel auf beeindruckende Weise dargestellt, was passieren würde, wenn *E. coli* genug zu fressen hätte und sich kontinuierlich teilen könnte (Gottschalk 2015): Nach 48 h wären aus einem einzigen Bakterium etwa so viele Zellen entstanden, dass ihre Biomasse das Gewicht der Erde 1000-fach übersteigen würde.

Obwohl die Verdopplungszeit von *E. coli* schon ganz passabel ist, gibt es Bakterien, die sich noch schneller teilen. Nach allem, was wir bisher wissen, ist ein winziger

Halophiler die schnellste Mikrobe von allen. Das salzliebende Bakterium *Vibrio natriegens* wurde bereits 1961 von R. G. Eagon physiologisch untersucht und eine Verdopplungszeit bei optimalen Bedingungen von 9,8 min ermittelt (Eagon 1962). Trotz dieser unglaublichen Wachstumsrate interessierte sich die wissenschaftliche Gemeinschaft lange Zeit nicht für *V. natriegens,* bis vor einigen Jahren die Genome von zwei Stämmen dieses Bakteriums sequenziert wurden, um dem ungewöhnlichen Verhalten auf die Schliche zu kommen. Richtig an Fahrt hat die Arbeit an dieser Mikrobe aber erst 2016 aufgenommen, als ein Team um Daniel G. Gibson in einer umfangreichen Studie zeigte, wie einfach mit *V. natriegens* im Labor gearbeitet werden kann (Weinstock et al. 2016).

Gibson und sein Team zeigten, dass es möglich ist, *V. natriegens* mit fremder DNS zu verändern, diese DNS zu vermehren und unter regulierbaren Bedingungen rekombinante Proteine zu produzieren. Aufgrund des rasanten Wachstums produziert diese kleine Mikrobe bereits innerhalb von wenigen Stunden genug DNS und Proteine, sodass diese untersucht werden können. Experimente, die bei *E. coli* einen ganzen Tag dauern, sind mit *V. natriegens* bereits nach wenigen Stunden erledigt. Außerdem ist *V. natriegens* sehr robust und lässt sich lange lagern. Gibson und sein Team postulierten, dass dieses Bakterium viele Vorteile im Vergleich zu *E. coli,* Hefe und anderen Laborstämmen hat. Aufgrund seines schnellen Wachstums weist *V. natriegens* ein riesiges Potenzial für die Biotechnologiebranche auf, da jeder längere Kultivierungsprozess viel Geld kostet.

Wenn Astrobiologen jedoch spekulieren, dass Bakterien selbst Außerirdische sind, dann meinen sie eben nicht den Zwerg *P. ubique* oder das schnell wachsende Bakterium *Vibrio natriegens* im Speziellen, sondern alle Lebewesen im Allgemeinen. Einige Wissenschaftler vertreten die

Meinung, dass Extremophile die ersten Außerirdischen waren, die unseren Planeten besiedelt haben. So besagt die **Panspermie**-Hypothese, dass die Erde einst mit einem Meteoriten kollidiert ist, der auf seiner Oberfläche oder im Inneren äußerst widerstandsfähige Lebewesen beherbergte. Auf diesem Wege ist es der Hypothese zufolge zu einer Besamung der Erde mit bereits lebensfähigen Zellen gekommen. Wir wissen heute, dass derartige Zusammenstöße, vor allem mit sehr kleinen Himmelskörpern, häufig in der langen Erdgeschichte vorgekommen sind und weiterhin passieren werden. So rieseln beispielsweise etwa 300 kg Natrium pro Tag auf die Erde, welches durch Meteoriten transportiert wird.

Obwohl die Panspermie-Hypothese von einigen hochangesehenen Wissenschaftlern wie dem Nobelpreisträger und Mitentdecker der DNS-Doppelhelix Francis Crick (1916–2004) unterstützt wird, ist sie bis heute äußerst umstritten. Es gibt zwar keinen eindeutigen Beweis für ihre Richtigkeit, aber einige physiologische Charakteristika von Extremophilen lassen diese und ähnliche Theorien für manche Evolutionsbiologen durchaus plausibel erscheinen. Ein vergleichbarer Nährstoffmangel und das Fehlen von Wasser wird etwa von den in hyperariden Wüsten lebenden Mikroben sehr gut toleriert (Kap. 2, Abschn. „Vergiftete, verstrahlte und hungernde Extremophile"). Auch sind manche Radiotoleranten in der Lage, ionisierende Strahlung in einer Dosis auszuhalten, wie sie auf einem durch das Weltall fliegenden Meteoriten vorherrscht (Kap. 9, Abschn. „Im Schlaraffenland der Radiotoleranten"). Bis vor einigen Jahren meldeten sich an dieser Stelle ebenfalls sehr schnell Kritiker, die bestritten, dass lebende Zellen überleben und wachsen können, wenn sie mit mehreren tausenden Stundenkilometern durch das Weltall reisen und einem Vielfachen der Erdbeschleunigung ausgesetzt sind. Eine Studie unter Leitung von Koki Horikoshi (Kap. 3) widerlegte diese Zweifel jedoch kürzlich und zeigte, dass selbst unser altbekanntes Darmbakterium *Escherichia coli* noch bei einer 403.627-fachen Erdbeschleunigung wachsen, Biomasse aufbauen und sich teilen kann (Deguchi et al. 2011). Im Vergleich dazu, verliert der Mensch bei einer etwa fünffachen Erdbeschleunigung bereits das Bewusstsein. Es wird davon ausgegangen, dass Meteoriten auf der Erde einschlugen, die etwa mit der 300.000-fachen Erdbeschleunigung durch das Weltall reisten. Psychrophile oder auch die Sporen von Mesophilen können theoretisch auch die kalten Temperaturen im Weltall überdauern. Dennoch bleiben einige Zweifel an der Panspermie-Hypothese. Unklar ist vor allem die Überlebenswahrscheinlichkeit bei enormer Hitzeerzeugung durch Eintritt in die Erdatmosphäre und während des anschließenden Aufpralls auf die Erdoberfläche.

Das Arsenbakterium der NASA

Falls außerirdische Mikroben bereits unter uns leben, müssten wir diese erst einmal finden, damit wir sie untersuchen und verstehen können. Gelingt uns das, müssen wir anschließend alle Kritiker überzeugen. Das Astrobiologie-Institut der Nationalen Aeronautik- und Raumfahrtbehörde (NASA) unternahm eine entsprechende Offensive und veröffentlichte 2010 spektakuläre Ergebnisse über die Entdeckung des Bakterienstammes GFAJ-1. Die Wissenschaftler suchten nach Extremophilen im Mono Lake, einem Natronsee in Kalifornien, der nicht nur extrem alkalisch ist, sondern auch viel Salz und Arsen enthält. Für Fische sind diese Bedingungen zu lebensfeindlich, allerdings haben sich Salzfliegen, einige Vögel und Urzeitkrebse optimal an diese Umstände angepasst und bilden mit dem im See lebenden pflanzlichen Plankton eine vollständige, aber kurze Nahrungskette. Da es keine Konkurrenten gibt, besiedeln die wenigen Tier- und Mikrobenarten zahlreich den See.

Einige Wissenschaftler um Felisa Wolfe-Simon suchten nach Bakterien, die hohe Arsenkonzentrationen tolerieren, und setzten dazu im Labor verschiedene Proben steigenden Arsenkonzentrationen aus (Wolfe-Simon et al. 2011). Sie isolierten den Stamm GFAJ-1 und konnten zeigen, dass dieses Bakterium bei Zugabe von Arsen zwar langsamer wuchs, aber dennoch überlebte. Es wurde spekuliert, dass GFAJ-1 auf Phosphor als Bestandteil der DNS verzichten und Arsen stattdessen in die DNS einbauen kann. Phosphor stellt als ein Hauptbestandteil der DNS ein essentielles Atom für alle bekannten Lebewesen auf der Erde dar. Wird Phosphor über das Kulturmedium zugeführt, wächst GFAJ-1 schneller und besser, sodass die Autoren die Hypothese aufstellten, dass Arsen lediglich als Alternative zu Phosphor für den Aufbau von Nukleinsäuren dienen kann. Diese gewagte Aussage ist ungemein beeindruckend, da sie besagt, dass sich dieses Bakterium von allen anderen bekannten Lebensformen, das heißt von allen Bakterien, Pilzen, Algen, Tieren und Pflanzen, im Aufbau seiner DNS unterscheidet.

Die Entdeckung löste Staunen und Bewunderung in der Fachwelt aus, aber rief auch Zweifel bei zahlreichen Mikrobiologen und Biochemikern hervor. Dies führte dazu, dass sich verschiedene Experten auf GFAJ-1 stürzten, sobald der Stamm von der NASA freigegeben wurde, um die Studie zu untermauern oder zu widerlegen. Bereits bevor die ersten Ergebnisse aus diesen Untersuchungen veröffentlicht wurden, erklärte eine Gruppe von Chemikern, dass ein Nukleinsäuremolekül, in welchem Phosphor durch Arsen ersetzt werden würde, nur für weniger als eine Sekunde stabil sein könnte (Tawfik und Viola 2012). Im Gegensatz dazu ist „normale" DNS mit Phosphor enorm stabil und kann selbst aus sehr alten Proben von Mammuts oder Dinosauriern isoliert werden. Bereits zwei Jahre später konnte die Arbeitsgruppe von Rosemary J. Redfield nachweisen, dass Arsen zwar in den untersuchten Nukleinsäurefraktionen vorhanden ist, aber nicht in die DNS eingebaut wird. Das widerlegte die Aussagen der vorherigen Arbeit (Reaves et al. 2012).

Eine anschließende Studie, die von den beiden Mikrobiologen Tobias Erb und Julia Vorholt geleitet wurde, beschrieb das Wachstumsverhalten und die Physiologie von GFAJ-1 im Detail (Erb et al. 2012). Dieses Bakterium fühlt sich bei einem alkalischen pH-Wert am wohlsten und ist extrem arsenresistent, wobei es noch Bedingungen toleriert, bei denen die 25.000-fache Menge Arsen verglichen mit Phosphor im Medium vorhanden ist. Auf Phosphor vollständig verzichten kann dieser Stamm aber nicht und er baut Arsen auch nicht in Biomoleküle ein. So spannend die Vorstellung von einem Bakterium ist, das sich im Hinblick auf seine DNS vollständig von allen Tieren,

Pflanzen und niederen Lebewesen unterscheidet, GFAJ-1 ist nicht die gesuchte „außerirdische" Lebensform. Es ist aber ein echter Extremophiler und kann der Gruppe der toxitoleranten Haloalkaliphilen zugeordnet werden.

Mikroorganismen aus dem Weltall

Auch die Suche außerhalb unseres Planeten bietet interessante Forschungsperspektiven. Um extraterrestrische Lebensformen zu entdecken, müssen wir uns theoretisch gar nicht weit von der Erde entfernen und könnten lebende Zellen schon in der Erdatmosphäre suchen. Die Stratosphäre gehört zur mittleren Schicht der Erdatmosphäre und befindet sich in einer Höhe von etwa 7–50 km. Zur Erde hin wird sie von der wesentlich kälteren Troposphäre abgegrenzt, die auch als untere Atmosphäre oder Wettersphäre bezeichnet wird, während darüber die Meso- und die Thermosphäre liegen. In der Troposphäre befindet sich fast der gesamte Wasserdampf und die Luft der Atmosphäre, welche durch die Reflexion der Sonnenstrahlen auf der Erdoberfläche von der Unterseite erwärmt wird und sich an der Grenze zur Stratosphäre auf etwa −50 bis −75 °C abkühlt. Da kalte Gase innerhalb der Troposphäre absinken und dafür warme Luft von der Erdoberfläche aus nach oben steigt, kommt es zu einer ständigen Durchmischung der Luft in der Troposphäre, die das Wetter bestimmen *(Kasten 11.2 – Extremophile Mikroorganismen in der Troposphäre)*. Im Gegensatz dazu führt das Ozon in der darüberliegenden Stratosphäre dazu, dass die Temperatur ansteigt und an der Grenze zur Mesosphäre wieder etwa 0 °C erreicht. Aufgrund dieses Temperaturunterschieds kondensiert der aufsteigende Wasserdampf an der Grenzschicht zwischen Troposphäre und Stratosphäre, sodass es praktisch zu keinem Stoffaustausch zwischen den beiden Schichten kommen kann.

> **Kasten 11.2 – Extremophile Mikroorganismen in der Troposphäre**
>
> In der Troposphäre ist die Luft stellenweise extrem trocken, es entstehen aber auch Wolken, Regentropfen und Schnee. Studien ergaben, dass Bakterien bis zu 20 % aller Partikel in der Troposphäre ausmachen könnten. Die **Biozönose** ist durchaus variabel und wird vor allem durch Stürme und Vulkanausbrüche beeinflusst. In einer Höhe von 10 km wurden Luftproben über dem Atlantik und dem nordamerikanischen Kontinent genommen, die mehr als 300 verschiedene Bakterien- und Pilzarten enthielten. Extremophile Mikroorganismen, die in diesen Höhen vorkommen, können dabei das Klima entscheidend beeinflussen. Es wurde spekuliert, dass diese Bakterien an der Entstehung von Regen und Schnee direkt beteiligt sind. Ebenso wie leblose Partikel und Sporen dienen Bakterienzellen als Ausgangspunkte für die sogenannte Keimbildung, bei der Wassermoleküle sich um eine einzelne Zelle oder einen leblosen Partikel sammeln, sodass Tropfen und bei eisigen Temperaturen Schneeflocken oder Eis entstehen. Anschließend regnen die Zellen ab. Das passiert vor allem in Regionen, wo die Luft wenig Staub und andere Schmutzpartikel enthält.

Wenn es keinen Stoffaustausch zwischen Erde und Stratosphäre gibt, dann wäre es extrem spannend, Mikroben aus der Stratosphäre zu isolieren, da sie außerirdischen

Ursprungs sein könnten. Deshalb versuchen Wissenschaftler bereits seit den 1960er-Jahren, Proben aus der Stratosphäre zu nehmen, um außerirdische Lebewesen zu entdecken. Besonders durch die Studien des umstrittenen britischen Astrobiologen Milton Wainwright nimmt dieses Forschungsfeld im 21. Jahrhundert von Zeit zu Zeit immer wieder an Fahrt auf, führt zu aufregenden, aber meist kurzen Spekulationen und ruft gleichzeitig hartnäckige Zweifler auf den Plan. Nachdem eine Studie der Indian Space Research Organization (ISRO) bereits 2001 auf Bakterien in der Stratosphäre hinwies, isolierten Wainwright und seine Kollegen kurze Zeit später ebenfalls zwei Bakterienarten und einen Pilz aus Proben, die aus einer Höhe von 41 km über der Erdoberfläche stammten (Wainwright et al. 2003). Die beiden praktisch nicht zu entkräftenden Hauptkritikpunkte der Zweifler dieser Arbeiten waren, dass es sich bei den bisher isolierten Zellen entweder um Verunreinigungen während der Probennahme oder der anschließenden Analyse handeln würde oder dass die Zellen etwa durch Vulkanausbrüche möglicherweise die Stratosphäre erreicht haben könnten.

Die Forschergruppe um den Astrobiologen Jayant Narlikar bestätigte 2009 die Ergebnisse der ISRO und bekräftigte, dass bei der erneuten Probennahme eine Kontamination ausgeschlossen werden kann. In dieser Studie wurde etwa ein Dutzend Bakterien und Pilze isoliert, von denen die meisten zwar Ähnlichkeiten zu Verwandten auf der Erde aufwiesen, aber auch drei unbekannte Bakterienarten beschrieben werden konnten. Interessanterweise waren diese Mikroben erstaunlich resistent gegenüber erbgutschädigender Strahlung, wodurch sie in die Gruppe der radiotoleranten Extremophilen eingeordnet werden können (Kap. 2, Abschn. „Vergiftete, verstrahlte und hungernde Extremophile"). Im Gegensatz dazu formulierte Wainwright einige Jahre später eine Hypothese, deren „Wahrheit irgendwo da draußen" zwischen Wissenschaft und Science Fiction zu sein scheint. In einer Probe aus 27 km Höhe entdeckte er die harte Zellhülle (eine sogenannte Fustel) von auf der Erde beheimateten Kieselalgen. Aufgrund der Größe spekulierten Wainwright und seine Co-Autoren, dass ein derartiges Partikel unmöglich von der Erde in die Stratosphäre geschleudert worden sein kann und dort auch nur für einen kurzen Zeitraum stabil verbleiben würde (Wainwright et al. 2013a). Das Partikel könnte jedoch in einem Meteoriten eingeschlossen gewesen sein, was einen außerirdischen Ursprung bekräftigen würde. Etwa zeitgleich wurde eine weitere Abhandlung veröffentlicht, in der in Meteoritenpartikeln in Sri Lanka ebenfalls Spuren von Kieselalgen entdeckt wurden. Das verleitete Wainwright und seine Kollegen zu der Hypothese, dass die Panspermie andauert. Und schon wurden die Kritiker der Panspermie-Hypothese wieder laut. Anschließend veröffentlichte Wainwright eine weitere Arbeit mit Aufnahmen eines Titanpartikels, das im Inneren möglicherweise biologisches Material enthält und als eine Art Transportbehältnis fungiert (Wainwright et al. 2013b). Er wies darauf hin, dass in dieser Probe ein mikroskopisch kleiner Krater entdeckt wurde, der auf einen Einschlag deutet und daraus resultierte, dass das Partikel mit hoher Geschwindigkeit durch das Weltall flog. Wainwright provozierte die Öffentlichkeit weiter, indem er spekulierte, dass dies jedoch bisher kein Beweis dafür sei, dass intelligentes außerirdisches Leben die Panspermie koordiniert.

Verstummen werden alle Kritiker erst dann, wenn lebende Organismen entdeckt werden, deren außerirdischer Ursprung zweifelsfrei nachgewiesen werden kann. Und sie müssen sich in mindestens einem Punkt gravierend von dem Leben auf der Erde unterscheiden, etwa in der Zusammensetzung ihrer DNS wie beim vermeintlichen Arsenbakterium der NASA oder im Aufbau von Proteinen mit unnatürlichen Aminosäuren oder vollkommen fremden Bausteinen. Die Astrobiologie ist somit ein überaus spannendes, zeitweise an Science Fiction erinnerndes und sehr unterhaltsames Fachgebiet, das eine gewissenhafte Durchführung und mutige Forschungsansätze erfordert, um uns alle am Ende vielleicht überzeugen zu können.

12

Tummelten sich extremophile Mikroorganismen schon in der Ursuppe?

Am Ende begeben wir uns zurück an den Anfang. Damit ist allerdings nicht der Anfang des Buches gemeint, sondern der Moment, als die erste lebende Zelle entstanden ist. An dieser Stelle werden wir die Astrobiologie wieder verlassen, da wir vermutlich auf der Erde bleiben können, um unserem allerersten gemeinsamen Vorfahren zu begegnen. Es überrascht uns zwar mittlerweile nicht mehr, aber auch hier wird es wieder ziemlich ungemütlich. Als das Leben auf der Erde vor fast vier Milliarden Jahren entstanden ist, war es nämlich nicht nur heiß, es gab auch keinen Sauerstoff, kosmische Strahlung gelangte praktisch ungefiltert auf die Erde und auch eine Belastung mit toxischen Chemikalien war wahrscheinlich allgegenwärtig. Da wir bereits gelernt haben, dass Leben ganz ohne Wasser nicht möglich ist, werden wir unseren Einzeller wahrscheinlich in einem Tümpel oder am Grund des Urmeers finden. Gesucht wird also ein anaerober, toxi- und radiotoleranter sowie thermophiler Überlebenskünstler, der in der Lage gewesen ist, in einer extrem lebensfeindlichen Umgebung Energie zu gewinnen, zu wachsen, sich zu vermehren und vor allem zu überleben.

Fragen zur Entstehung des Lebens

Aus einer Wolke von Staub und Gas bildete sich vor etwa 4,5 Mrd. Jahren unsere Erde. Zunächst war sie noch überaus lebensfeindlich und wurde kontinuierlich von im Weltall umherfliegenden Gesteinsbrocken und vielleicht auch von Eisklumpen getroffen, wobei sie sich zunächst enorm aufheizte. Irgendwann bildeten sich erste

Meere, die größtenteils noch aus heißer Lava bestanden, bevor die Oberfläche der Erde schließlich abkühlen konnte. Das Leben ist erdgeschichtlich gesehen schon kurz nach der Entstehung der Erde selbst entstanden. Neueste Forschungsergebnisse zeigen, dass schon nach etwa 700 Mio. Jahren die ersten Zellen den Planeten bevölkerten (Dodd et al. 2017). Die Entstehung des Lebens stellt die Wissenschaft allerdings noch immer vor eine Menge Fragen, die bisher nur teilweise beantwortet werden konnten: Wie ist das Leben genau entstanden? Wo ist das Leben entstanden? Wie sahen die ersten Lebewesen aus? Woraus gewannen sie die lebensnotwendige Energie? Welche zellulären Funktionen mussten mindestens vorhanden gewesen sein, damit ein Organismus überleben konnte?

Nachdem wir bereits etwas über die umstrittene Panspermie-Hypothese gehört haben, werden wir in diesem Kapitel die Möglichkeit einer Besiedelung durch außerirdische Zellen auf der Erde außer Acht lassen (Kap. 11, Abschn. „Sind Extremophile vielleicht selbst Außerirdische?"). Betrachten wir also zunächst die vorherrschenden Bedingungen auf unserem Planeten und vernachlässigen die Weiten des Weltalls. Wenn das Leben vor mehr als 3,5 Mrd. Jahren entstanden ist, dann mussten die ersten Lebewesen extremsten physikalischen Bedingungen trotzen. Die Erde hatte sich zwar mittlerweile weitgehend abgekühlt und war von gigantischen Ozeanen und kleinen Tümpeln bedeckt. Allerdings wären die vorherrschenden Bedingungen nicht mit einem entspannten Aufenthalt am Baggersee oder den heutigen Stränden vergleichbar gewesen. Hohe Temperaturen, extreme Strahlenbelastungen und giftige Chemikalien bestimmten den zu besiedelnden

Lebensraum. In der Erdatmosphäre war noch kein oder nur sehr wenig molekularer Sauerstoff zu finden, dafür waren vermutlich die Konzentrationen an Kohlenstoffmonoxid, Methan, Stickstoff, Wasserdampf und Wasserstoff besonders hoch.

In einem der bekanntesten Experimente der Wissenschaftsgeschichte stellte der US-amerikanische Chemiestudent Stanley Miller diese hypothetischen Bedingungen nach (Miller 1953). Er simulierte eine erwärmte, milchige und lichtdurchflutete Ursuppe unter einer Atmosphäre, wie sie seinerzeit vermutlich herrschte, und beschoss die Lösung mit elektrischer Energie, um mögliche Gewitterblitze nachzuahmen. Anschließend konnte Miller zeigen, dass in dem völlig abgedichteten Behälter aus abiotischen Verbindungen organische Moleküle entstanden waren. Dabei ist es gelungen, vor allem Aminosäuren und später auch Nukleinsäurebestandteile nachzuweisen, wie sie heute in allen Lebewesen auf der Erde vorkommen. Jedoch kann diese Theorie nicht erklären, wie aus einfachen organischen Verbindungen tatsächlich komplexe Makromoleküle entstanden sind und sich schließlich erste Zellen formen konnten.

Es ist durchaus möglich, dass die ersten längeren Nukleinsäuren unter extrem sauren Bedingungen entstanden sind, weshalb der pyrimidinreiche Aufbau von Nukleinsäuren in heute lebenden, säureliebenden Mikroben Hinweise auf die ursprüngliche Struktur der DNS geben könnte. Die metallhaltigen und sauren Habitate der heute noch lebenden Azidophilen ähneln noch immer den Bedingungen, wie sie vielleicht vor Urzeiten auf der Erde vorherrschten. Dabei könnte es sich sogar um eine der ersten ökologischen Nischen handeln, die jemals besiedelt wurde. Auch die genetische Ausstattung der Azidophilen gibt weitere Hinweise auf eine extrem isolierte Stellung dieser Mikroben im Stammbaum des Lebens, da sie sich auch in ihrer DNS-Sequenz enorm von anderen Lebewesen unterscheiden. Während Säureliebende vermutlich sehr ursprünglich sind, weisen Alkaliphile ein geringeres evolutionäres Alter auf und ihre Anpassung wurde erst durch die Sedimentation von Mineralien und ausreichenden Mengen an Kohlenstoffdioxid in der Atmosphäre begünstigt. Salzhaltige Umgebungen sind vermutlich erst aufgetreten, nachdem es eine trockene Phase gegeben hat, die zu einer Konzentrationserhöhung von Salz im Zuge der Verdunstung von Flüssigkeit geführt hat. Leicht verständlich ist die Evolution der kälteliebenden Mikroorganismen, die erst entstanden sein können, nachdem sich die Erde vollständig abgekühlt hatte. Manche hitzeliebenden Einzeller sind dagegen wahrscheinlich lebende Fossilien, die seit lang vergangenen Zeiten praktisch unverändert geblieben sind. Vielleicht sind sie so ursprünglich, dass sogar der erste gemeinsame Vorfahr aller Lebewesen auf der Erde ein hitzeliebender Extremophiler war.

LUCA – der ursprünglichste Extremophile

Der uns bereits gut bekannte Karl Stetter formulierte schon im Jahre 1992 seine Hypothese, dass die von ihm entdeckten hyperthermophilen Mikroorganismen die Erde vielleicht bereits vor fast vier Milliarden Jahren besiedelten

(Überblick in Stetter 2006). Allerdings ist das durchaus umstritten. Andere Wissenschaftler konterten, dass heute lebende Hyperthermophile erst später entstanden sind und sich anschließend an ihren extremen Lebensraum angepasst haben. Um einen passenden Lebensraum für eine hyperthermophile Mikrobe vor vier Milliarden Jahren zu finden, reicht es nicht aus, dass wir uns nur in Stanley Millers mit Ursuppe gefüllten, warmen Tümpeln umschauen. Wir dürfen außerdem nicht vergessen, dass auch hier noch eine große Lücke zwischen der Bildung der ersten organischen Moleküle, über komplexere Makromoleküle bis hin zur ersten funktionsfähigen Zelle klafft. Da wir diese Lücke nicht schließen können, werden wir einen Sprung machen und uns direkt die Voraussetzungen zur Besiedelung der ursprünglichen Erde durch einen potenziellen hyperthermophilen Einzeller anschauen.

Wie jedes Lebewesen benötigte auch die erste Zelle auf unserem Planeten bereits eine erreichbare Energiequelle. Vor allem für den Betrieb, der in unserem Gedankenexperiment bereits vorhandenen **Ribosomen,** musste ausreichend Energie vorhanden sein. Schätzungsweise fließen mehr als 75 % der gesamten Energie aller lebenden Zellen in die Proteinbiosynthese. Wir wissen, dass die benötigte Energie in den meisten Lebewesen entweder durch die sauerstoffabhängige Verbrennung von Zuckern in den Kraftwerken unserer Zellen, den sogenannten Mitochondrien, oder durch die lichtabhängige Fixierung von Kohlenstoffdioxid während der Photosynthese gewonnen wird. Chemolithoautotrophe Bakterien und Archaeen sind jedoch in der Lage, reduzierte Kohlenstoffverbindungen zu produzieren und dazu Stickstoff, Kohlenstoffdioxid und Wasserstoff zu nutzen, ohne von Licht und Sauerstoff abhängig zu sein. Ideale Voraussetzungen also, um sich auf der ursprünglichen Erde anzusiedeln.

Große Teile der noch sehr jungen Erde waren nämlich von einem etwa 10.000 m tiefen Urmeer bedeckt, dessen Grund der heutigen Tiefsee ähnelte. Die Dunkelheit schützte vor der schädigenden Wirkung des ultravioletten Lichts und der hohe Druck könnte förderlich gewesen sein, um erste zelluläre Gebilde zusammenzuhalten. Chemische Energie strömte schon in rauen Mengen aus dem Erdinneren und ergoss sich vor allem zwischen den tektonischen Platten ins Meer. Derartige Bedingungen sind auch heute noch an den Hydrothermalquellen der Tiefsee zu finden (Kap. 6, Abschn. „Rauchende Schornsteine auf dem Grund der Tiefsee und heiße Quellen"). In Spalten nahe der Schwarzen Raucher sinkt kaltes Wasser hinab und erhitzt sich durch die Nähe zu unterirdischen Magmakammern bis auf etwa 1000 °C. Anschließend steigt es auf und transportiert Wasserstoff, Kohlenstoffdioxid, Schwefelwasserstoff und weitere Verbindungen mit aus dem Erdboden hinaus ins offene Meer. Wenn das Wasser den Schwarzen Raucher verlässt und sich ins Meer ergießt, ist es jedoch noch immer zu heiß, um Leben zu ermöglichen. Wie wir bereits gesehen haben, toleriert die hyperthermophilste Mikrobe, die wir kennen, Temperaturen von bis zu 122 °C, während die Schwarzen Raucher etwa 300 bis 400 °C heiß sind (Kap. 6, Abschn. „Heiß, Heißer, Hyperthermophile"). Erst in einiger Entfernung finden wir deshalb besonders vielfältige Ökosysteme mit bereits komplexen Lebewesen. Damit der ursprünglichste Extremophile die konzentrierte chemische Energie sofort nutzen konnte, gibt es aber möglicherweise noch eine andere Lösung.

Auf der Suche nach **LUCA** (engl. *Latest universal common ancestor*) ist auch der texanische Evolutionsbiologe William Martin, der an der Universität in Düsseldorf lehrt. In seinen überaus spannenden Studien verknüpft er biochemische Erkenntnisse, um seine Evolutionshypothesen zu stützen (Martin 2009). Um Energie in Form von **Adenosintriphosphat** (ATP) zu generieren, nutzen chemolithoautotrophe Mikroben den Mechanismus der Chemiosmose. Dabei wird ein Protonengradient über die Membran aufgebaut, um mit der gespeicherten Energie ein ATP-produzierendes Enzym anzutreiben. Die weniger heißen Raucher, die in einiger Entfernung der tektonischen Platten ohne direkten Kontakt zu Magmakammern vorkommen, könnten ideale Bedingungen zum Überleben der ältesten chemolithoautotrophen Mikroben geboten haben, da sie teilweise extrem nährstoffreiches und basisches Wasser ausstoßen. Martin postulierte, dass ein geochemischer pH-Gradient zu dem leicht sauren Meerwasser im Urmeer ein natürliches chemiosmotisches Potenzial zur Folge hatte, das von ursprünglichen Einzellern direkt an der Hydrothermalquelle genutzt wurde.

Mithilfe stammesgeschichtlicher Untersuchungen machten Martin und sein Team sich schließlich auf die Suche nach der genetischen Grundausstattung von LUCA, die die Voraussetzungen dafür bot, unter diesen urzeitlichen Bedingungen zu überleben (Martin et al. 2017). Dazu ermittelten sie, welche Gene so ursprünglich sind, dass sie im Genom von LUCA bereits vorhanden gewesen sind und an Bakterien und Archaeen weitergegeben wurden. Gene, die sich durch **horizontalen Gentransfer** zwischen beiden Domänen verbreiteten, wurden ausgeschlossen, sodass am Ende noch 355 Gene übrigblieben. Interessanterweise kodierten sie vornehmlich für Enzyme, die typischerweise in anaeroben Bakterien und Archaeen mit einem chemolithoautotrophen Lebensstil vorkommen. Das bedeutet, dass LUCA möglicherweise in der Erdkruste lebte, auf ähnliche Art und Weise Kohlenstoffdioxid fixierte und dabei Wasserstoff verbrauchte wie die heute vorkommenden methanogene Archaeen und **acetogene Bakterien.** Genetische Hinweise auf eine thermophile Lebensweise konnten ebenfalls aus den Daten gewonnen werden, sodass LUCA scheinbar ein anaerober, thermophiler und chemolithoautotropher Einzeller gewesen ist.

Das Leben nach LUCA

Den überzeugendsten Theorien zum Trotz, bleiben die Fragen, wie LUCA entstanden ist und wie unser ältester Vorfahr ausgesehen hat, für immer unbeantwortet. Oder zumindest solange, bis die Entstehung des Lebens im Labor vollständig nachgestellt werden kann. Trotzdem ist es nicht verwunderlich, dass erst kürzlich in versteinerten Niederschlagssedimenten von Hydrothermalquellen, deren Alter auf 3,7 bis 4,2 Mrd. Jahre geschätzt wurde, Spuren von mikrobiellen Fossilien gefunden werden konnten (Dodd et al. 2017). Egal wie alt LUCA wirklich ist, zweifellos stammen alle heute noch lebenden Pro- und Eukaryoten ebenso wie alle ausgestorbenen Lebewesen der Erde von diesem winzigen Einzeller ab. Die Wege der Evolution verzweigten sich in viele Richtungen und brachten die wundersamsten Kreaturen hervor. Die Mikroben, welche wir in den vergangenen Kapiteln kennengelernt haben, beeindrucken uns durch ihre Fähigkeit, besonders extremen Bedingungen zu trotzen. Echte Extremophile müssen aber nicht unbedingt durch eine besondere „Superkraft" auffallen, es gibt auch so manche Exoten, die uns mit dem Verlust einer Fähigkeit überraschen, die außer ihnen jedes andere Lebewesen auf dem Planeten besitzt. Der Verlust eines Enzyms im Laufe der Evolution zwingt beispielsweise einem winzigen Mikroorganismus einen extremen Lebenswandel auf, da dieses verlorene Enzym eigentlich essentiell für die Funktionalität aller Zellen ist *(Kasten 12.1 – Nur einem Bakterium fehlt eine Carboanhydrase).*

Kasten 12.1 – Nur einem Bakterium fehlt eine Carboanhydrase

Extremophile erscheinen nicht nur aufgrund einer besonderen Fähigkeit als extrem, auch der Verlust eines spezifischen Merkmals kann ein „gewöhnliches" Bakterium zu einer extremen Mikrobe machen. Schwer zu kultivierenden Lebewesen fehlt oft eine essentielle Funktion und dieses Defizit wird mit unterschiedlichen Strategien kompensiert. Das Unvermögen, einen wichtigen Nährstoff oder eine andere lebenswichtige Komponente herstellen zu können, wird beispielsweise dadurch ausgeglichen, dass dieses fehlende Element bereits in ihrer jeweiligen ökologischen Nische vorhanden ist. Ein klassisches Beispiel ist ein winziges Bakterium mit dem Namen *Symbiobacterium thermophilum,* das als bisher einziger bekannter Mikroorganismus das Enzym Carboanhydrase nicht selbst herstellen kann (Nishida et al. 2009).

Carboanhydrasen sind Enzyme, die dafür sorgen, dass aus Kohlenstoffdioxid und Wasser Hydrogenkarbonat entsteht und umgekehrt. Hydrogenkarbonat ist ein wichtiges Molekül, das bei vielen Stoffwechselreaktionen, aber auch bei der Entgiftung von toxischen Molekülen, benötigt wird. Alle anderen bekannten Lebewesen brauchen mindestens eine Carboanhydrase zum Überleben. Werden die Gene, die für diese Enzyme kodieren, künstlich im Labor entfernt, können die Organismen in der Regel nicht mehr leben. Die Umwandlung von Kohlenstoffdioxid zu Hydrogenkarbonat läuft in wässriger Lösung zwar spontan, aber äußerst langsam ab, während Carboanhydrasen die Umsatzraten auf bis zu 1.000.000 Moleküle pro Sekunde erhöhen können. Dadurch wird die Produktion von Hydrogenkarbonat immens gesteigert.

Eben weil sie so wichtig sind, wurden Carboanhydrasen im Zuge der Evolution gleich mehrfach erfunden. Jede einzelne Carboanhydrase-Familie (zurzeit sind sieben Familien bekannt, Del Prete et al. 2017) katalysiert immer die gleiche Reaktion, allerdings in verschiedenen Lebewesen, in unterschiedlichen Geweben, zu verschiedenen Zeitpunkten der Entwicklung oder sogar in verschiedenen Bereichen der Zelle, wie den Mitochondrien, dem Zytoplasma oder in der Zellmembran. In unserem Körper sind Carboanhydrasen zum Beispiel an der Bildung von Harn oder der Beladung der roten Blutkörperchen mit Sauerstoff beteiligt. Am Beispiel des Menschen lässt sich eindrucksvoll zeigen, wie explosionsartig sich diese Enzyme vermehrt und an verschiedene Bedingungen angepasst haben. Der Tiefseeschwamm, welcher im Stammbaum der Tiere eine sehr ursprüngliche Art darstellt und damit weit am Anfang steht, weist nur eine Carboanhydrase auf, während der Mensch 16 Carboanhydrasen besitzt. Vermutlich stammen die Carboanhydrasen von Schwamm und Mensch von einem gemeinsamen Vorläufer ab.

Und dieses so wichtige Enzym fehlt nun dem armen kleinen Bakterium *S. thermophilum,* welches dennoch Hydrogenkarbonat so dringend benötigt. Und wie löst dieses Bakterium jetzt sein Problem? *S. thermophilum* ist so clever, dass es ausschließlich eine ökologische Nische besiedelt, die enorm viel Kohlenstoffdioxid bereithält, welches dann spontan zu Hydrogenkarbonat umgewandelt wird, um ein Gleichgewicht zu erreichen. Aber woher kommt die hohe Konzentration an Kohlenstoffdioxid? *S. thermophilum* lebt in enger Gesellschaft mit einem anderen Bakterium aus der Gattung *Bacillus* zusammen, welches selbst viel atmet und eine ausreichende Menge Kohlenstoffdioxid ausstößt, das wiederum einfach in die kleine Mikrobe diffundiert. Im wässrigen Milieu in der Zelle entsteht spontan genug Hydrogenkarbonat, um das Überleben von *S. thermophilum* zu sichern.

Nach nunmehr vier Milliarden Jahren der Evolution und zahlreichen spektakulären Entdeckungen können wir uns mittlerweile fast keinen Lebensraum mehr vorstellen, der nicht von dem einen oder mehreren Extremophilen bevölkert wird. Dennoch mögen wir uns abschließend wieder daran erinnern, dass die Extremophilen in der Überzahl sind und wahrscheinlich denken würden (wenn sie denn denken könnten), dass die Lebensweise des Menschen viel ungewöhnlicher ist. Da unser natürlicher Lebensraum nicht besonders säuerlich, heiß oder salzhaltig ist, würden wir diesen kleinen Überlebenskünstlern möglicherweise selbst „extrem" erscheinen. Und das sind wir ja auch – extrem gut (oder auch nur so gut, wie es möglich ist) an unsere persönliche Komfortzone angepasst!

Anhang

Es mag zwar meine eigene Herausforderung gewesen sein, ein ganzes Buch über ein Thema zu schreiben, das mich fasziniert und begeistert. Dennoch ist es nicht möglich, einen mit vielen wissenschaftlichen Beobachtungen, Erkenntnissen und Errungenschaften gefüllten Text ohne die direkte und indirekte Hilfe von einer ganzen Reihe von Menschen zu schreiben.

Zunächst möchte ich mich bei den unzähligen Wissenschaftlerinnen und Wissenschaftlern bedanken, die durch spektakuläre Entdeckungen, ausdauernde Arbeiten und beeindruckende Geschichten dieses Buch überhaupt erst mit Themen gefüllt haben. Voller Ehrfurcht stehe ich vor den Pionieren, die das Forschungsfeld der Extremophilen begründet und vorangebracht haben. Einige von ihnen habe ich in eigenen Kapiteln oder in kurzen Abschnitten vorgestellt, dennoch fehlen viele weitere Namen, deren

© Springer-Verlag GmbH Deutschland 2018

S. Elleuche, *Extreme Lebensräume: Wie Mikroben unseren Planeten erobern*, https://doi.org/10.1007/978-3-662-56015-0

Arbeiten ich keinesfalls dadurch schmälern möchte, dass sie nicht erwähnt werden. Um allen großen Errungenschaften auf dem Gebiet gerecht zu werden, reicht ein kurzes Buch einfach nicht aus. Ich freue mich sehr darüber, dass ich ihre Arbeiten lesen und so manchem Vortrag auf zahlreichen Konferenzen lauschen durfte.

Ganz besonders herzlich möchte ich mich bei meinen ehemaligen Kollegen Dr. Carola Schröder und Dr. Christian Schäfers bedanken, die sich durch ihre emsige Ausdauer beim fachlichen Korrekturlesen unzähliger Rohfassungen der einzelnen Kapitel auszeichneten. Ihren zahlreichen Verbesserungen und Anmerkungen ist es zu verdanken, dass der Text nun in einem fachlichen Gewand steckt. Auch Sylvia Wiese und Dr. Marek Wieczorek haben mir mit ihren konstruktiven Anmerkungen bei einigen Kapiteln sehr geholfen. Den Lektorinnen des Springer Verlags, Barbara Lühker und Stefanie Wolf, sowie Daniela Schmidt von wissen und worte, danke ich dafür, dass sie mir mit Rat und Tat und enorm viel Geduld zur Seite gestanden haben. Sie beantworteten meine unzähligen Fragen und haben durch ihre konstruktiven Anmerkungen in besonderem Maße zur Finalisierung der Texte beigetragen. Alle im Text verbliebenen Fehler, die es bis in die Endfassung geschafft haben, gehören mir ganz alleine.

Ferner möchte ich mich auch bei meinen beiden wissenschaftlichen Mentoren bedanken, die indirekt ebenfalls einen großen Anteil an diesem Buch haben. Meine Doktormutter Professor Stefanie Pöggeler aus Göttingen hat mit ihrer Begeisterung für stimmige Veröffentlichungen in mir möglicherweise den Spaß am Schreiben geweckt. Ich hoffe, dass sie sich besonders darüber freut, in einem kurzen Kasten in diesem Buch Schnittpunkte zu ihrem eigenen Forschungsthema zu finden. Außerdem möchte ich mich herzlich bei Professor Garabed Antranikian aus Hamburg bedanken, der mich durch seine wegweisenden Arbeiten zu den Enzymen der Extremophilen sowie die Möglichkeit, meine Habilitation in seinem Institut durchführen zu dürfen, überhaupt erst auf dieses spannende Forschungsgebiet aufmerksam gemacht hat. Zahlreiche Gespräche mit ehemaligen und aktuellen Mitarbeiterinnen und Mitarbeitern an eben diesem Institut und die Möglichkeit, für das wissenschaftliche Journal *Extremophiles — Microbial Life under Extreme Conditions* arbeiten zu dürfen, verschafften mir tiefe Einblicke in die reichhaltigen Facetten dieses Themenfeldes.

Und zum Schluss bedanke ich mich noch bei meinem „dänischen Freundeskreis" und meiner wundervollen Familie, die mich immer daran erinnern, dass es neben Enzymen und den Extremophilen auch noch andere wichtige Dinge im Leben gibt.

Glossar

Abiotisch Umweltfaktoren, die nicht auf den Einfluss von Lebewesen zurückzuführen sind, beispielsweise klimatische Einflüsse oder die mineralische Zusammensetzung von Böden

Acetogene Bakterien Diese Mikroben leben ohne Sauerstoff und bilden Essigsäure, sogenanntes Acetat, als einziges organisches Endprodukt

Adenosintriphosphat Dieses Molekül fungiert als Hauptenergiequelle in lebenden Zellen

Afrikanischer Grabenbruch Dehnungszone, die sich im Osten Afrikas bis nach Südostasien erstreckt und durch die Trennung der Afrikanischen und Arabischen → *Tektonischen Platten* entstanden ist

Amylolytische Enzyme Stärke und andere Polysaccharide abbauende Enzyme. Die entstehenden Produkte sind in der Regel Einfachzucker und/oder kleine Oligosaccharide

Anaerobe Mikroorganismen, die ohne Luftsauerstoff überleben

© Springer-Verlag GmbH Deutschland 2018
S. Elleuche, *Extreme Lebensräume: Wie Mikroben unseren Planeten erobern*, https://doi.org/10.1007/978-3-662-56015-0

Archaea/Archaeen Die → *dritte Domäne* des Lebens neben den → *Bakterien* und → *Eukaryoten*. Umfasst eine große Gruppe einzelliger Lebewesen, die viele → *Extremophile* aufweist

Autotrophe Lebewesen, die in der Lage sind, energieabhängig Biomasse aus anorganischen Stoffen aufzubauen. → *Photoautotrophe* nutzen Licht als Energiequelle, während → *Chemolithoautotrophe* eine chemische Energiequelle nutzen

Asphaltvulkan Ein Vulkan auf dem Grund des Meeres, aus dem Asphalt austritt, der aus Erdöl erzeugt wird

Astrobiologie Früher auch als Exobiologie bezeichnet. Ein Zweig der Wissenschaft, der ebenso versucht, Fragen nach der Entstehung des Lebens zu beantworten wie nach Beweisen für außerirdische Lebensformen zu suchen

Bakterien Gehören mit den → *Archaeen* zu den → *Prokaryoten*. Umfasst eine große Gruppe einzelliger → *Mikroorganismen* ohne Zellkern

Bakterioruberine Bakterielle Klasse von Pigmenten, die besonders bei Halophilen verbreitet sind und einen Schutz vor ultraviolettem Licht bieten

Biofilm Ansammlung von → *Mikroben,* die eine schleimige Schicht bilden und dauerhaft miteinander verbunden sind. Bei Zahnbelag handelt es sich ebenso um Biofilme wie bei der glitschigen Oberfläche im Inneren von Abflussrohren

Biokatalysator Zumeist → *Enzyme,* die eine Reaktion beschleunigen/katalysieren. Bei dem gezielten Einsatz von ganzen Zellen zur Stoffumwandlung, werden diese auch als → *Ganzzellbiokatalysatoren* bezeichnet

Biolaugung Auch Biomineralisierung, bezeichnet einen mikrobiellen Prozess, der zur Gewinnung von Schwermetallen aus ihren Erzen führt

Biotisch Umweltfaktoren, die auf den Einfluss von Lebewesen zurückzuführen sind

Biozement Kalziumkarbonat, das durch *Sporosarcina pasteurii* produziert wird und zur Herstellung von Zement genutzt werden kann

Biozönose Gemeinschaft von Lebewesen in einem abgrenzbaren → *Habitat*

Bohrkern Eine zylindrische Form, die aus einem geeigneten Bohrgerät entnommen wird, das beispielsweise eine Bohrung in Stein, Eis oder das Tiefseesediment erlaubt

Calderen Entstehen in Vulkanen, deren Magmakammern normalerweise entleert sind und einen Kessel (das spanische Wort ist Caldera) nach einer Explosion oder einem Einsturz bilden. Calderen sind auch auf fernen Planeten wie dem Mars und der Venus entdeckt worden

Chaperone Spezialisierte → *Proteine,* die anderen Proteinen nach der Biosynthese helfen, sich in ihre korrekte Struktur zu falten

Challengertief Die vermutlich tiefste Stelle der Weltmeere befindet sich im →*Marianengraben* im pazifischen Ozean

Chemolithoautotrophe → *Mikroben,* die Biomasse aus anorganischen Stoffen aufbauen und dabei eine chemische Energiequelle nutzen

Codon Nukleotidtriplett, das entweder für eine Aminosäure kodiert oder die Sequenz eines Stoppsignals darstellt

Domänen des Lebens, drei Von Carl Woese vorgeschlagene systematische Einteilung von allen Lebewesen, in der → *Archaeen* und → *Bakterien* den → *Eukaryoten* gegenübergestellt werden und gemeinsam die → *Prokaryoten* bilden

Enzyme Proteinmoleküle, die eine spezifische Reaktion katalysieren; werden auch als → *Biokatalysatoren* bezeichnet

Erbgut Stellt die Gesamtheit aller Erbanlagen dar und wird auch als → *Genom* bezeichnet

Eukaryoten Umfasst die große Gruppe von Lebewesen und manchen Einzellern mit einem echten Zellkern. Werden den → *Prokaryoten* gegenübergestellt

Exponentielles Wachstum → *Mikroben* können sich bei einem unerschöpflichen Nahrungsvorrat ohne Beeinträchtigungen durch Fressfeinde und Gifte in gleichen zeitlichen Abständen verdoppeln

Extremophile Ein Überbegriff für Lebewesen, die mindestens im Hinblick auf einen definierbaren physikalischen oder chemischen Parameter aus menschlicher Sicht als extrem angesehen werden. In diesem Buch werden vornehmlich → *Mikroben,* die unter extremen Bedingungen leben, als Extremophile zusammengefasst

Extremozyme → *Enzyme* aus → *extremophilen Mikroorganismen,* die oft unter extremen Bedingungen aktiv und langzeitstabil sind. Aus diesem Grund sind sie vor allem für biotechnologische Anwendungen von großem Interesse

Fumarol Austrittsstelle von Gasen und Wasserdampf in vulkanisch aktiven Gebieten

Ganzzellbiokatalysatoren → *Biokatalysator*

Gen Träger der Erbinformation, der während der Reproduktion an die Nachkommen weitergegeben wird

Genom Die Gesamtheit aller → *Gene* in einer Zelle oder einem Lebewesen

Grampositive Bakterien → *Mikroben* mit einer mehrschichtigen, aus → *Peptidoglykan* bestehenden Zellwand. Mithilfe der Gramfärbung können sie von gramnegativen Bakterien unterschieden werden, die eine dünnere Zellwand besitzen

Guano Verwitterte Exkremente von Seevögeln und Pinguinen, die besonders phosphat- und stickstoffhaltig sind und als Düngemittel verwendet werden

Habitat Lebensraum, der durch spezifische Faktoren bestimmt und von einer definierten Gruppe von Lebewesen bewohnt wird

Hämoglobin Ein Proteinkomplex, der aus mehreren Untereinheiten besteht und im Blut den Sauerstoff bindet, um dessen Verteilung im Körper zu gewährleisten

Heterotrophe Nutzen die von anderen Lebewesen hergestellten organischen Verbindungen, um sich zu ernähren.

Horizontaler Gentransfer Fremdes Erbgut wird aus der Umwelt aufgenommen oder von anderen Lebewesen ungeschlechtlich erhalten und in das eigene → *Genom* eingebaut

Hydrolytisch/Hydrolyse Spaltung einer chemischen Verbindung mithilfe von Wasser. Diese Reaktionen werden innerhalb der Enzyme durch die große Gruppe der Hydrolasen durchgeführt

Kälteschockproteine Proteine, die als Folge eines Kältestimulus gebildet werden

Karotinoide Eine in der Natur weit verbreitete Gruppe von Pigmenten, deren Farbspektrum sich über gelb und rot erstreckt. Manche Karotinoide sind als Futtermittelzusatz zugelassen, sodass beispielsweise auch in Gefangenschaft gezüchteter Lachs eine kräftig rotgefärbte Fleischfarbe erhält

Kompatible Solute Kleine, organische Moleküle, die als Osmolyte in der Zelle dazu dienen, den Wasserhaushalt zu regulieren

Kryosphäre Auch Permafrost- oder Dauerfrostzone. Als Permafrost werden Böden bezeichnet, die laut Definition für mindestens zwei aufeinanderfolgende Jahre Temperaturen von 0 °C nicht überschreiten und dabei nicht dauerhaft von Eis bedeckt werden

Lignocellulose Hauptbestandteil der pflanzlichen Zellwand bestehend aus den Polysacchariden Cellulose und Hemicellulose und dem aromatischen Biopolymer Lignin

Lipase Fettspaltende → *Enzyme* mit unzähligen technischen Anwendungsmöglichkeiten beispielsweise in der Waschmittelindustrie oder bei der Herstellung von Seifen

LUCA *Latest universal common ancestor* ist der erste gemeinsame Vorfahre aller Lebewesen

Marianengraben Ein Graben in der Tiefsee des pazifischen Ozeans. Hier sind vermutlich die tiefsten Stellen des Planeten zu finden

Metagenom Gesamtheit der genetischen Information einer Population oder eines → *Habitats*

Mikroben/Mikroorganismen Sammelbegriff, der alle → *Prokaryoten* und niedere → *Eukaryoten* umfasst. Mikroben sind meist einzellig, allerdings existieren vor allem bei den Pilzen auch vielzellige Mikroben. In diesem Buch werden ganze Gruppen von Lebewesen als Mikroben/Mikroorganismen bezeichnet, ohne zwischen Pro- und Eukaryoten zu unterscheiden. Dazu gehören → *Bakterien,* → *Archaeen,* Hefen, manche Algen und Protisten sowie einige niedere eukaryotische Vielzeller wie filamentöse Pilze und andere Algen

Myzel Die fadenförmigen Pilzzellen ohne Fruchtkörper, die ein Geflecht bilden und ein flächenmäßiges Wachstum erlauben

Natronsee Ein See mit einem hohen pH-Wert und einem erhöhten Salzgehalt

Ökologische Nische Alle Umweltfaktoren, die das Leben eines Organismus in einem → *Habitat* beeinflussen

Osmotischer Druck Der Druck auf einen Raum, der durch das Einströmen einer Flüssigkeit durch eine Membran ausgelöst wird, um die Menge an gelösten Teilchen auf einer Seite der Membran zu verdünnen

Panspermie Die Theorie der „Planetenbesamung" besagt, dass sich Mikroben im Universum auf Meteoriten bewegen und durch Einschläge fremde Planeten, wie die Erde, erreichen können

Pektinase Pektinabbauende Enzyme, die beispielsweise bei der Fruchtsaftgewinnung in der Lebensmittelindustrie eingesetzt werden

Peptidoglykan Eine zuckerhaltige Schicht, die in der bakteriellen Zellwand vorkommt

Photoautotrophe Lebewesen, die ihre organische Biomasse selbstständig aufbauen können und dabei Licht als Energiequelle nutzen. Dabei handelt es sich um alle Lebewesen, die Photosynthese betreiben können

Polymerasekettenreaktion Eine molekularbiologische Methode, bei der sich definierte DNS-Abschnitte millionenfach kopieren lassen

Primärproduzenten Fixieren Kohlenstoffdioxid und stellen Sauerstoff und Kohlenhydrate her

Primer Kurze DNS-Fragmente, die als Startermoleküle für die → *Polymerasekettenreaktion* eingesetzt werden

Prokaryoten Umfasst die große Gruppe der Einzeller ohne echten Zellkern. Dazu werden alle → *Bakterien* und → *Archaeen* gezählt. Werden den → *Eukaryoten* gegenübergestellt

Proteasen Peptidspaltende → *Enzyme* werden auch Peptidasen genannt. Sie katalysieren die → *hydrolytische* Spaltung von Peptidbindungen und generieren kleine Peptide oder einzelne Aminosäuren

Protein Ein Makromolekül bestehend aus Aminosäuren, die eine definierte Reihenfolge aufweisen. Proteine können beispielsweise als → *Enzyme* oder Strukturproteine fungieren

Proteom Die Gesamtheit aller → *Proteine* in einer Zelle oder einem Lebewesen

Psychrozyme → *Enzyme,* die bei extrem kalten Bedingungen ein optimales Aktivitätsprofil aufweisen

Rekombinante Proteine Fremdproteine, die mithilfe von gentechnisch veränderten Organismen hergestellt wurden. Zumeist werden → *Bakterien,* Hefen oder Säugerzelllinien verwendet, die unter Laborbedingungen einfach zu kontrollieren sind und durch gentechnische Verfahren dazu gezwungen werden, fremde Proteine herzustellen

Ribosomale Gene Gene, die in ribosomale RNS übersetzt werden und dann ein wichtiger Bestandteil der → *Ribosomen* sind

Ribosomen Bestehen aus ribosomaler RNS und Proteinen und sind hauptverantwortlich für die Herstellung von Proteinen im Zellplasma, in den Mitochondrien und in anderen Zellorganellen

Schlammtopf Heiße und überwiegend trockene Quelle, deren geringe Menge an Wasser sich mit Erde und Schlamm vermischt

Schwarzer Raucher → *Fumarole* auf dem Grund der Tiefsee, die heißen und schwarzen Wasserdampf ausstoßen

Solfatar, solfatarische Felder Bereiche, an denen schwefelhaltiger, heißer Dampf ausströmt. Namensgebend ist der italienische Vulkankrater nahe der Stadt Neapel

Subglazial Unter einer dauerhaften Eisschicht oder einem Gletscher

Tektonische Platten Die fragmentierte Struktur der Erdoberfläche lässt sich in sieben große tektonische Platten (auch Kontinentalplatten) einteilen

Thermozyme → *Enzyme,* die bei extrem heißen Bedingungen ein optimales Aktivitätsprofil aufweisen

Tundra Ein kalter Lebensraum, in dem niedrige Pflanzen, Moose und Algen zumeist auf einem Permafrostboden dominieren

Urknall Der Beginn des Universums vor mehr als 14 Mrd. Jahren

Weiße Raucher karbonathaltige Fumarole auf dem Grund der Tiefsee, die in einiger Entfernung der tektonischen Platten vorkommen und heißen Wasserdampf ausstoßen

Literatur

Für die Recherche wurden unzählige Originalpublikationen, Übersichtsartikel, Bücher, Dokumentationen, Internetseiten und persönliche Gespräche bei Meetings, Konferenzen und per Email genutzt, die hier nicht alle gelistet werden können. Bitte verstehen Sie die angegebene Literatur als Einladung zum Stöbern, Vertiefen und Weiterlesen, ohne dass ein Anspruch auf Vollständigkeit gegeben werden kann. Eine Fülle an Details zu jedem in diesem Buch behandelten Thema, können in dem Standardwerk der Extremophilen nachgelesen werden: Horikoshi K, Antranikian G, Bull AT, Robb FT, Stetter KO (2011) Extremophiles Handbook. Springer, Japan

© Springer-Verlag GmbH Deutschland 2018
S. Elleuche, *Extreme Lebensräume: Wie Mikroben unseren Planeten erobern*, https://doi.org/10.1007/978-3-662-56015-0

Kapitel 1. Tiere suchen ein Zuhause

Boothby TC, Tapia H, Brozena AH, Piszkiewicz S, Smith AE, Giovannini I, Rebecchi L, Pielak GJ, Koshland D, Goldstein B (2017) Tardigrades use intrinsically disordered proteins to survive desiccation. Mol Cell 65:975–984

Boothby TC, Tenlen JR, Smith FW, Wang JR, Patanella KA, Nishimura EO, Tintori SC, Li Q, Jones CD, Yandell M, Messina DN, Glasscock J, Goldstein B (2015) Evidence for extensive horizontal gene transfer from the draft genome of a tardigrade. Proc Natl Acad Sci U S A 112:15976–15981

Hashimoto T, Horikawa DD, Saito Y, Kuwahara H, Kozuka-Hata H, Shin-I T, Minakuchi Y, Ohishi K, Motoyama A, Aizu T, Enomoto A, Kondo K, Tanaka S, Hara Y, Koshikawa S, Sagara H, Miura T, Yokobori S, Miyagawa K, Suzuki Y, Kubo T, Oyama M, Kohara Y, Fujiyama A, Arakawa K, Katayama T, Toyoda A, Kunieda T (2016) Extremotolerant tardigrade genome and improved radiotolerance of human cultured cells by tardigrade-unique protein. Nat Commun 7:12808

Kaminer W (2009) Meine russischen Nachbarn. Goldmann, München

Kegel B (2015) Die Herrscher der Welt – Wie Mikroben unser Leben bestimmen. DuMont, Köln

Kock K-H (2006) Eisfische – Fische ohne Blut. ForschungsReport 2:38–40

Koutsovoulos G, Kumar S, Laetsch DR, Stevens L, Daub J, Conlon C, Maroon H, Thomas F, Aboobaker AA, Blaxter M (2016) No evidence for extensive horizontal gene transfer in the genome of the tardigrade *Hypsibius dujardini*. Proc Natl Acad Sci U S A 113:5053–5058

Martin CH, Crawford JE, Turner BJ, Simons LH (2016) Diabolical survival in Death Valley: recent pupfish colonization, gene flow and genetic assimilation in the smallest species range on earth. Proc Biol Sci 283:20152334

Nielsen J, Hedeholm RB, Heinemeier J, Bushnell PG, Christiansen JS, Olsen J, Ramsey CB, Brill RW, Simon M, Steffensen KF, Steffensen JF (2016) Eye lens radiocarbon reveals centuries of longevity in the Greenland shark (*Somniosus microcephalus*). Science 353:702–704

Staley JT, Gosink JJ (1999) Poles apart: biodiversity and biogeography of sea ice bacteria. Annu Rev Microbiol 53:189–215

Anmerkung: Zur Erstellung dieses Kapitel wurden Informationen aus unzähligen Naturdokumentationen wie „Frozen Planet: Eisige Welten", „Home", „Life: Das Wunder Leben I und II" „Planet Erde I", „Planet Erde II: Eine Erde, viele Welten", „Überleben", „Unser blauer Planet" und „Unsere Erde" genutzt.

Kapitel 2. Klein und extrem – Extremophile Mikroorganismen

MacElroy RD (1974) Some comments on the evolution of extremophiles. Biosystems 6:74–75

Madigan MT, Marrs BL (1997) Extremophiles. Sci Am 276:82–87

Morita RY (1975) Psychrophilic bacteria. Bacteriol Rev 39:144–167

Kapitel 3. Pioniere der Extremophilenforschung

Albers S-V, Forterre P, Prangishvilli D, Schleper C (2013) The legacy of Carl Woese and Wolfram Zillig: from phylogeny to landmark discoveries. Nat Rev Microbiol 11:713–719

Antranikian G, Suleiman M, Schäfers C, Adams MWW, Bartolucci S, Blamey JM, Birkeland NK, Bonch-Osmolovskaya E, Costa MS da, Cowan D, Danson M, Forterre P, Kelly R, Ishino Y, Littlechild J, Moracci M, Noll K, Oshima T, Robb F, Rossi M, Santos H, Schönheit P, Sterner R, Thauer R, Thomm M, Wiegel J, Stetter KO (2017) Diversity of bacteria and archaea from two shallow marine hydrothermal vents from Vulcano Island. Extremophiles 21:733–742

Brock TD (1978) Thermophilic microorganisms and life at high temperatures. Springer, New York

Brock TD, Brock KM, Belly RT, Weiss RL (1972) *Sulfolobus*: a new genus of sulfur-oxidizing bacteria living at low pH and high temperature. Arch Mikrobiol 84:54–68

Brock TD, Freeze H (1969) *Thermus aquaticus* gen. n. and sp. n., a nonsporulating extreme thermophile. J Bacteriol 98:289–297

Bult CJ, White O, Olsen GJ, Zhou L, Fleischmann RD, Sutton GG, Blake JA, FitzGerald LM, Clayton RA, Gocayne JD, Kerlavage AR, Dougherty BA, Tomb JF, Adams MD, Reich CI, Overbeek R, Kirkness EF, Weinstock KG, Merrick JM, Glodek A, Scott JL, Geoghagen NS, Venter JC (1996) Complete genome sequence of the methanogenic archaeon, *Methanococcus jannaschii*. Science 273:1058–1073

Cameron J (2014) James Cameron's Deepsea Challenge. Dokumentarfilm

Chester FD (1898) Report of the mycologist: bacteriological work. Del Agric Exp Stn Bull 10:47–137

Horikoshi K (2016) Extremophiles – Where it all began. Springer, Tokyo

Horikoshi K, Iida S (1958) Lysis of fungal mycelia by bacterial enzymes. Nature 181:917–918

Morita RY (1989) In memoriam Dr Claude E. ZoBell. Mar Ecol Prog Ser 58:1–2

Stetter KO (2006) History of discovery of the first hyperthermophiles. Extremophiles 10:357–362

Zobell CE, Johnson FH (1949) The influence of hydrostatic pressure on the growth and viability of terrestrial and marine bacteria. J Bacteriol 57:179–189

Kapitel 4. Temperaturen unter Null sind doch nicht so kalt

Achberger AM, Brox TI, Skidmore ML, Christner BC (2011) Expression and partial characterization of an ice-binding protein from a bacterium isolated at a depth of 3,519 m in the Vostok ice core. Antarctica Front Microbiol 2:255

Al Khudary R, Stösser NI, Qoura F, Antranikian G (2008) *Pseudoalteromonas arctica* sp. nov., an aerobic, psychrotolerant, marine bacterium isolated from Spitzbergen. Int J Syst Evol Microbiol 58:2018–2024

Breezee J, Cady N, Staley JT (2004) Subfreezing growth of the sea ice bacterium *"Psychromonas ingrahamii"*. Microb Ecol 47:300–304

D'Elia T, Veerapaneni R, Theraisnathan V, Rogers SO (2009) Isolation of fungi from Lake Vostok accretion ice. Mycologia 101:751–763

Groudieva T, Grote R, Antranikian G (2003) *Psychromonas arctica* sp. nov., a novel psychrotolerant, biofilm-forming bacterium isolated from Spitzbergen. Int J Syst Evol Microbiol 53:539–545

Groudieva T, Kambourova M, Yusef H, Royter M, Grote R, Trinks H, Antranikian G (2004) Diversity and cold-active hydrolytic enzymes of culturable bacteria associated with Arctic sea ice, Spitzbergen. Extremophiles 8:475–488

Junge K, Eicken H, Deming JW (2003) Motility of *Colwellia psychrerythraea* strain 34H at subzero temperatures. Appl Environ Microbiol 69:4282–4284

Kim HJ, Park S, Lee JM, Park S, Jung W, Kang JS, Joo HM, Seo KW, Kang SH (2008) *Moritella dasanensis* sp. nov., a psychrophilic bacterium isolated from the Arctic ocean. Int J Syst Evol Microbiol 58:817–820

Lansing A (2000) 635 Tage im Eis: Die Shackleton-Expedition. Wilhelm Goldmann Verlag, München

Médigue C, Krin E, Pascal G, Barbe V, Bernsel A, Bertin PN, Cheung F, Cruveiller S, D'Amico S, Duilio A, Fang G, Feller G, Ho C, Mangenot S, Marino G, Nilsson J, Parrilli E, Rocha EP, Rouy Z, Sekowska A, Tutino ML, Vallenet D, Heijne G von, Danchin A (2005) Coping with cold: the genome of the versatile marine Antarctica bacterium *Pseudoalteromonas haloplanktis* TAC125. Genome Res 15:1325–1335

Mikucki JA, Priscu JC (2007) Bacterial diversity associated with Blood Falls, a subglacial outflow from the Taylor Glacier. Antarctica Appl Environ Microbiol 73:4029–4039

Rodrigues DF, Goris J, Vishnivetskaya T, Gilichinsky D, Thomashow MF, Tiedje JM (2006) Characterization of Exiguobacterium isolates from the Siberian permafrost. Description of *Exiguobacterium sibiricum* sp. nov. Extremophiles 10:285–294

Saunders NF, Thomas T, Curmi PM, Mattick JS, Kuczek E, Slade R, Davis J, Franzmann PD, Boone D, Rusterholtz K, Feldman R, Gates C, Bench S, Sowers K, Kadner K, Aerts A, Dehal P, Detter C, Glavina T, Lucas S, Richardson P, Larimer F, Hauser L, Land M, Cavicchioli R (2003) Mechanisms of thermal adaptation revealed from the genomes of the Antarctic Archaea *Methanogenium frigidum* and *Methanococcoides burtonii*. Genome Res 13:1580–1588

Siegert MJ, Ellis-Evans JC, Tranter M, Mayer C, Petit JR, Salamatin A, Priscu JC (2001) Physical, chemical and biological processes in Lake Vostok and other Antarctic subglacial lakes. Nature 414:603–609

Trinks H (2004) Das Spitzbergen-Experiment: Ein Forscher, eine Frau und die Theorie vom Ursprung des Lebens. Frederking & Thaler, München

Trinks H (2013) Eine Suche nach dem Leben: Autobiographische Erzählung. Frankfurter Literaturverlag GmbH, Frankfurt a. M.

Wadham JL, Bottrell SH, Tranter M, Raiswell R (2004) Stable isotope evidence for microbial sulphate reduction at the bed of a polythermal high Arctic glacier. Earth Planet Sci Lett 219:341–355

Wadham JL, Tranter M, Tulaczyk S, Sharp M (2008) Subglacial methanogenesis: a potential climatic amplifier? Global Biogeochem. Cycles 22. https://doi.org/10.1029/2007GB002951

Kapitel 5. Unter Druck gesetzt

Black SL, Dawson A, Ward FB, Allen RJ (2013) Genes required for growth at high hydrostatic pressure in *Escherichia coli* K-12 identified by genome-wide screening. PLoS One 8:e73995

Borgonie G, García-Moyano A, Litthauer D, Bert W, Bester A, Heerden E van, Möller C, Erasmus M, Onstott TC (2011) Nematoda from the terrestrial deep subsurface of South Africa. Nature 474:79–82

Inagaki F, Hinrichs KU, Kubo Y, Bowles MW, Heuer VB, Hong WL, Hoshino T, Ijiri A, Imachi H, Ito M, Kaneko M, Lever MA, Lin YS, Methé BA, Morita S, Morono Y, Tanikawa W, Bihan M, Bowden SA, Elvert M, Glombitza

C, Gross D, Harrington GJ, Hori T, Li K, Limmer D, Liu CH, Murayama M, Ohkouchi N, Ono S, Park YS, Phillips SC, Prieto-Mollar X, Purkey M, Riedinger N, Sanada Y, Sauvage J, Snyder G, Susilawati R, Takano Y, Tasumi E, Terada T, Tomaru H, Trembath-Reichert E, Wang DT, Yamada Y (2015) Exploring deep microbial life in coal-bearing sediment down to ~2.5 km below the ocean floor. Science 349:420–424

Kawano H, Nakasone K, Matsumoto M, Yoshida Y, Usami R, Kato C, Abe F (2004) Differential pressure resistance in the activity of RNA polymerase isolated from *Shewanella violacea* and *Escherichia coli*. Extremophiles 8:367–375

Kusube M, Kyaw TS, Tanikawa K, Chastain RA, Hardy KM, Cameron J, Bartlett DH (2017) *Colwellia marinimaniae* sp. nov., a hyperpiezophilic species isolated from an amphipod within the Challenger Deep, Mariana Trench. Int J Syst Evol Microbiol 67:824–831

Parkes RJ, Cragg BA, Bale SJ, Getlifff JM, Goodman K, Rochelle PA, Fry JC, Weightman AJ, Harvey SM (1994) Deep bacterial biosphere in Pacific Ocean sediments. Nature 371:410–413

Vezzi A, Campanaro S, D'Angelo M, Simonato F, Vitulo N, Lauro FM, Cestaro A, Malacrida G, Simionati B, Cannata N, Romualdi C, Bartlett DH, Valle G (2005) Life at depth: *Photobacterium profundum* genome sequence and expression analysis. Science 307:1459–1461

Wang F, Wang J, Jian H, Zhang B, Li S, Wang F, Zeng X, Gao L, Bartlett DH, Yu J, Hu S, Xiao X (2008) Environmental adaptation: genomic analysis of the piezotolerant and psychrotolerant deep-sea iron reducing bacterium *Shewanella piezotolerans* WP3. PLoS One 3:e1937

Winchester S (2012) Der Atlantik – Biographie eines Ozeans. Knaus, München

Yayanos AA, Dietz AS, Van Boxtel R (1981) Obligately baro-philic bacterium from the Mariana trench. Proc Natl Acad Sci U S A 78:5212–5215

Kapitel 6. Hitzeliebende Mikroben in Wüsten, Schlammtöpfen und kochendem Wasser

Blöchl E, Rachel R, Burggraf S, Hafenbradl D, Jannasch HW, Stetter KO (1997) *Pyrolobus fumarii*, gen. and sp. nov., repre-sents a novel group of archaea, extending the upper tempera-ture limit for life to 113 degrees C. Extremophiles 1:14–21

Cunha L, Montiel R, Novo M, Orozco-terWengel P, Rodrigues A, Morgan AJ, Kille P (2014) Living on a volcano's edge: genetic isolation of an extremophile terrestrial metazoan. Heredity (Edinb) 112:132–142

Früh-Green GL, Kelley DS, Bernasconi SM, Karson JA, Ludwig KA, Butterfield DA, Boschi C, Proskurowski G (2003) 30,000 years of hydrothermal activity at the lost city vent field. Science 301:495–498

Huber H, Hohn MJ, Rachel R, Fuchs T, Wimmer VC, Stetter KO (2002) A new phylum of Archaea represented by a nano-sized hyperthermophilic symbiont. Nature 417:63–67

Huber R, Kristjansson JK, Stetter KO (1987) *Pyrobaculum* gen. nov., a new genus of neutrophilic, rod-shaped archaebacteria from continental solfataras growing optimally at 100°C. Arch Microbiol 149:95–101

Huber R, Langworthy TA, König H, Thomm M, Woese CR, Sleytr UB, Stetter KO (1986) *Thermotoga maritima* sp. nov. represents a new genus of unique extremely thermo-philic eubacteria growing up to 90°C. Arch Microbiol 144:324–333

Huber R, Wilharm T, Huber D, Trincone A, Burggraf S, König H, Reinhard R, Rockinger I, Fricke H, Stetter KO (1992) *Aquifex pyrophilus* gen. nov. sp. nov., represents a novel group of marine hyperthermophilic hydrogen-oxidizing Bacteria. Syst Appl Microbiol 15:340–351

Jolivet E, L'Haridon S, Corre E, Forterre P, Prieur D (2003) *Thermococcus gammatolerans* sp. nov., a hyperthermophilic archaeon from a deep-sea hydrothermal vent that resists ionizing radiation. Int J Syst Evol Microbiol 53:847–851

Keller M, Braun FJ, Dirmeier R, Hafenbradl D, Burggraf S, Rachel R, Stetter KO (1995) *Thermococcus alcaliphilus* sp. nov., a new hyperthermophilic archaeum growing on polysulfide at alkaline pH. Arch Microbiol 164:390–395

Kristjansson JK, Alfredsson GA (1983) Distribution of *Thermus* spp. in icelandic hot springs and a thermal gradient. Appl Environ Microbiol 45:1785–1789

Merkel AY, Pimenov NV, Rusanov II, Slobodkin AI, Slobodkina GB, Tarnovetckii IY, Frolov EN, Dubin AV, Perevalova AA, Bonch-Osmolovskaya EA (2017) Microbial diversity and autotrophic activity in Kamchatka hot springs. Extremophiles 21:307–317

Nesbø CL, Bradnan DM, Adebusuyi A, Dlutek M, Petrus AK, Foght J, Doolittle WF, Noll KM (2012) *Mesotoga prima* gen. nov., sp. nov., the first described mesophilic species of the Thermotogales. Extremophiles 16:387–393

Plümper O, King HE, Geisler T, Liu Y, Pabst S, Savov IP, Rost D, Zack T (2017) Subduction zone forearc serpentinites as incubators for deep microbial life. Proc Natl Acad Sci U S A 114:4324–4329

Stetter KO, Thomm M, Winter J, Wildgruber G, Huber H, Zillig W, Jané-Covic D, König H, Palm P, Wunderl S (1981) *Methanothermus fervidus*, sp. nov., a novel extremely thermophilic methanogen isolated from an Icelandic hot spring. Zbl. Bkt Hyg I Abt Orig C 2:166–178

Takai K, Nakamura K, Toki T, Tsunogai U, Miyazaki M, Miyazaki J, Hirayama H, Nakagawa S, Nunoura T, Horikoshi K (2008) Cell proliferation at 122°C and isotopically heavy CH_4 production by a hyperthermophilic methanogen under high-pressure cultivation. Proc Natl Acad Sci U S A 105:10949–10954

Vollmer M, Shaw JA, Nugent PW (2017) Wie Farben in Thermalquellen entstehen – Heiße Physik im Yellowstone-Park. Phys Unserer Zeit 48:37–42

Waters E, Hohn MJ, Ahel I, Graham DE, Adams MD, Barnstead M, Beeson KY, Bibbs L, Bolanos R, Keller M, Kretz K, Lin X, Mathur E, Ni J, Podar M, Richardson T, Sutton GG, Simon M, Soll D, Stetter KO, Short JM, Noordewier M (2003) The genome of *Nanoarchaeum equitans*: insights into early archaeal evolution and derived parasitism. Proc Natl Acad Sci U S A 100:12984–12988

Kapitel 7. Überleben in gesättigten Salzlösungen

Bickel-Sandkötter S, Ufer M, Steinert K, Dane M (1995) Leben im Salz – Halophile Archaea. Biol Unserer Zeit 25:380–389

Debez A, Belghith I, Friesen F, Montzka C, Elleuche S (2017) Facing the challenge of sustainable bioenergy production: could halophytes be part of the solution? J Biol Eng 11:27

Deutsch CE (1994) Characterization of a novel salt-tolerant *Bacillus* sp. from the nasal cavities of desert iguanas. FEMS Microbiol Lett 121:55–60

Eder W, Jahnke LL, Schmidt M, Huber R (2001) Microbial diversity of the brine-seawater interface of the Kebrit Deep,

Red Sea, studied via 16S rRNA gene sequences and cultivation methods. Appl Environ Microbiol 67:3077–3085

León MJ, Fernández AB, Ghai R, Sánchez-Porro C, Rodriguez-Valera F, Ventosa A (2014) From metagenomics to pure culture: isolation and characterization of the moderately halophilic bacterium *Spiribacter salinus* gen. nov., sp. nov. Appl Environ Microbiol 80:3850–3857

Magesin R, Schinner F (2001) Potential of halotolerant microorganisms for biotechnology. Extremophiles 5:73–83

Mountfort DO, Rainey FA, Burghardt J, Kaspar HF, Stackebrandt E (1998) *Psychromonas antarcticus* gen. nov., sp. nov., A new aerotolerant anaerobic, halophilic psychrophile isolated from pond sediment of the McMurdo ice shelf, Antarctica. Arch Microbiol 169:231–238

Mullakhanbhai MF, Larsen H (1975) *Halobacterium volcanii* spec. nov., a Dead Sea halobacterium with a moderate salt requirement. Arch Microbiol 104:207–214

Narasingarao P, Podell S, Ugalde JA, Brochier-Armanet C, Emerson JB, Brocks JJ, Heidelberg KB, Banfield JF, Allen EE (2012) *De novo* metagenomic assembly reveals abundant novel major lineage of *Archaea* in hypersaline microbial communities. ISME J 6:81–93

Oren A (2008) Microbial life at high salt concentrations: phylogenetic and metabolic diversity. Saline Systems 4:2

Oren A (2015) Halophilic microbial communities and their environments. Curr Opin Biotechnol 33:119–124

Oren A, Ventosa A (1999) Benjamin Elazari Volcani (1915–1999): Sixty-three years of studies of the microobiology of the Dead Sea. Internatl Microbiol 2:195–198

Pfeifer F (2017) *Halobacterium salinarum* – Mikrobe des Jahres 2017, Rote Überlebenskünstler in Salzlagunen. BIOspektrum 23:11–13

Ventosa A, Haba RR de la, Sánchez-Porro C, Papke RT (2015) Microbial diversity of hypersaline environments: a metagenomic approach. Curr Opin Microbiol 25:80–87

Vreeland RH, Rosenzweig WD, Powers DW (2000) Isolation of a 250 million-year-old halotolerant bacterium from a primary salt crystal. Nature 407:897–900

Zajc J, Liu Y, Dai W, Yang Z, Hu J, Gostinčar C, Gunde-Cimerman N (2013) Genome and transcriptome sequencing of the halophilic fungus *Wallemia ichthyophaga*: haloadaptations present and absent. BMC Genomics 14:617

Zimmermann P, Pfeifer F (2004) Leben am Rande der Löslichkeit von Kochsalz: Salzliebende Mikroorganismen. Biol Unserer Zeit 34:80–87

Kapitel 8. Überleben in Säure und Lauge

Baker-Austin C, Dopson M (2007) Life in acid: pH homeostasis in acidophiles. TRENDS Microbiol 15:165–171

Ciaramella M, Napoli A, Rossi M (2005) Another extreme genome: how to live at pH 0. TRENDS Microbiol 13:49–51

Fütterer O, Angelov A, Liesegang H, Gottschalk G, Schleper C, Schepers B, Dock C, Antranikian G, Liebl W (2004) Genome sequence of *Picrophilus torridus* and its implications for life around pH 0. Proc Natl Acad Sci U S A 101:9091–9096

López de Saro FJ, Díaz-Maldonado H, Amils R (2015) Microbial evolution: the view from the acidophiles. In: Bakermans C (Hrsg) Microbial evolution under extreme conditions. De Gruyter, Berlin, S 19–30

Schleper C, Pühler G, Klenk H-P, Zillig W (1996) *Picrophilus oshimae* and *Picrophilus torridus* fam. nov., gen. nov., sp. nov., two species of hyperacidophilic, thermophilic, heterotrophic, aerobic Archaea. Int J Syst Bacteriol 46:814–815

Schleper C, Pühler G, Kühlmorgen B, Zillig W (1995) Life at extremely low pH. Nature 375:741–742

Serour E, Antranikian G (2002) Novel thermoactive glucoamylases from the thermoacidophilic Archaea *Thermoplasma acidophilum*, *Picrophilus torridus* and *Picrophilus oshimae*. Antonie Van Leeuwenhoek 81:73–83

Thongaram T, Kosono S, Ohkuma M, Hongoh Y, Kitada M, Yoshinaka T, Trakulnaleamsai S, Noparatnaraporn N, Kudo T (2003) Gut of higher termites as a niche for alkaliphiles as shown by culture-based and culture-independent studies. Microbes Environ 18:152–159

Waksman SA, Joffe JS (1921) Acid production by a new sulfur-oxidizing bacterium. Science 53:216

Kapitel 9. Katastrophale Lebensräume

Bastos AE, Moon DH, Rossi A, Trevors JT, Tsai SM (2000) Salt-tolerant phenol-degrading microorganisms isolated from Amazonian soil samples. Arch Microbiol 174:346–352

Boetius A (2010) Winzige Helfer gegen die Pest. Forschung 3:5–9

Brim H, McFarlan SC, Fredrickson JK, Minton KW, Zhai M, Wackett LP, Daly MJ (2000) Engineering *Deinococcus radiodurans* for metal remediation in radioactive mixed waste environments. Nat Biotechnol 18:85–90

Dadachova E, Bryan RA, Huang X, Moadel T, Schweitzer AD, Aisen P, Nosanchuk JD, Casadevall A (2007) Ionizing radiation changes the electronic properties of melanin and enhances the growth of melanized fungi. PLoS One 2:e457

Daly M (2009) A new perspective on radiation resistance based on *Deinococcus radiodurans*. Nat Rev Microbiol 7:237–245

Fathepure BZ (2014) Recent studies in microbial degradation of petroleum hydrocarbons in hypersaline environments. Front Microbiol 5:173

Inoue A, Horikoshi K (1989) A *Pseudomonas* thrives in high concentrations of toluene. Nature 338:264–266

Luque-Almagro VM, Moreno-Vivián C, Roldán MD (2016) Biodegradation of cyanide wastes from mining and jewelry industries. Curr Opin Biotechnol 38:9–13

Podbregar N, Lohmann D (2013) Im Fokus: Strategien der Evolution – Geniale Anpassungen und folgenreiche Fehltritte. Springer Spektrum, Berlin

Reineke W, Schlömann M (2015) Umweltmikrobiologie. Springer Spektrum, Berlin

Rubin-Blum M, Antony CP, Borowski C, Sayavedra L, Pape T, Sahling H, Bohrmann G, Kleiner M, Redmond MC, Valentine DL, Dubilier N (2017) Short-chain alkanes fuel mussel and sponge *Cycloclasticus* symbionts from deep-sea gas and oil seeps. Nat Microbiol 2:17093

Seckbach J, Rampelotto PH (2015) Polyextremophiles. C Bakermans: Microbial evolution under extreme conditions. De Gruyter, Berlin, S 153–170

Temple KL, Colmer AR (1951) The autotrophic oxidation of iron by a new bacterium, *Thiobacillus ferrooxidans*. J Bacteriol 62:605–611

Widdel F (2010) Abbau von Erdöl durch Bakterien – Grundlegendes aus mikrobiologischer Sicht. MPI-Bremen, Bremen

Yoshida S, Hiraga K, Takehana T, Taniguchi I, Yamaji H, Maeda Y, Toyohara K, Miyamoto K, Kimura Y, Oda K (2016) A bacterium that degrades and assimilates poly(ethylene terephthalate). Science 351:1196–1199

Kapitel 10. Extremozyme – Die Enzyme der extremophilen Mikroben

Adams MWW, Perler FB, Kelly RM (1995) Extremozymes: expanding the limits of biocatalysis. Biotechnology 13:662–668

Bertoldo C, Antranikian G (2002) Starch-hydrolyzing enzymes from thermophilic archaea and bacteria. Curr Opin Chem Biol 6:151–160

Garibyan L, Avashia N (2013) Polymerase chain reaction. J Invest Dermat 133:1–4

Graham JE, Clark ME, Nadler DC, Huffer S, Chokhawala HA, Rowland SE, Blanch HW, Clark DS, Robb FT (2011) Identification and characterization of a multidomain hyperthermophilic cellulase from an archaeal enrichment. Nat Commun 2:375

Hess M, Sczyrba A, Egan R, Kim TW, Chokhawala H, Schroth G, Luo S, Clark DS, Chen F, Zhang T, Mackie RI, Pennacchio LA, Tringe SG, Visel A, Woyke T, Wang Z, Rubin EM (2011) Metagenomic discovery of biomass-degrading genes and genomes from cow rumen. Science 331:463–467

Ilmberger N, Güllert S, Dannenberg J, Rabausch U, Torres J, Wemheuer B, Alawi M, Poehlein A, Chow J, Turaev D, Rattei T, Schmeisser C, Salomon J, Olsen PB, Daniel R, Grundhoff A, Borchert MS, Streit WR (2014) A comparative metagenome survey of the fecal microbiota of a breast- and a plant-fed Asian elephant reveals an unexpectedly high diversity of glycoside hydrolase family enzymes. PLoS One 9:e106707

Jacquet L (2015) Zwischen Himmel und Eis. Dokumentarfilm

Jordan F (2017) Amazon macht $200 Mrd. Umsatz in 2016, davon $30 Mrd. in Deutschland. Marketplace Analytics 18.02.2017

Kobayashi H, Hatada Y, Tsubouchi T, Nagahama T, Takami H (2012) The Hadal Amphipod *Hirondellea gigas* possessing a unique cellulase for digesting wooden debris buried in the deepest seafloor. PLoS One 7:e42727

Koch R, Spreinat A, Lemke K, Antranikian G (1991) Purification and properties of a hyperthermoactive α-amylase from the archaeobacterium *Pyrococcus woesei*. Arch Microbiol 155:572–578

Leggewie C, Puls M, Eggert T (2010) Identifizierung und Expression neuer Biokatalysatoren. CIT 82:1–8

Liebl W, Angelov A, Juergensen J, Chow J, Loeschcke A, Drepper T, Classen T, Pietruszka J, Ehrenreich A, Streit WR, Jaeger KE (2014) Alternative hosts for functional (meta) genome analysis. Appl Microbiol Biotechnol 98:8099–8109

Mirete S, Morgante V, González-Pastor JE (2016) Functional metagenomics of extreme environments. Curr Opin Biotechnol 38:143–149

Mullis KB (1990) The unusual origin of the polymerase chain reaction. Sci Am 262:56–65

Osterath B, Rao N, Lütz S, Liese A (2007) Technische Anwendung von Enzymen: Weiße Wäsche und Grüne Chemie. Chem Unserer Zeit 41:324–333

Sahm H, Antranikian G, Stahmann K-P, Takors R (2013) Industrielle Mikrobiologie. Springer Spektrum, Berlin

Schrauwers A, Poolman B (2013) Synthetische Biologie – Der Mensch als Schöpfer? Springer Spektrum, Berlin

Kapitel 11. Von vermeintlich Außerirdischen bis zum schnellsten Bakterium der Welt

Deguchi S, Shimoshige H, Tsudome M, Mukai SA, Corkery RW, Ito S, Horikoshi K (2011) Microbial growth at hyperaccelerations up to 403,627 x g. Proc Natl Acad Sci U S A 108:7997–8002

Eagon RG (1962) *Pseudomonas natriegens*, a marine bacterium with a generation time of less than 10 minutes. J Bacteriol 83:736–737

Erb TJ, Kiefer P, Hattendorf B, Günther D, Vorholt JA (2012) GFAJ-1 is an arsenate-resistant, phosphate-dependent organism. Science 337:467–470

Gottschalk G (2015) Welt der Bakterien, Archaeen und Viren. Wiley-VCH & Co. KGaA, Weinheim

Reaves ML, Sinha S, Rabinowitz JD, Kruglyak L, Redfield RJ (2012) Absence of detectable arsenate in DNA from arsenate-grown GFAJ-1 cells. Science 337:470–473

Tawfik DS, Viola RE (2012) Arsenate replacing phosphate – alternative life chemistries and ion promiscuity. Biochemistry 50:1128–1134

Wainwright M, Wickramasinghe NC, Narlikar JV, Rajaratnam P (2003) Microorganisms cultured from stratospheric air samples obtained at 41 km. FEMS Microbiol Lett 218:161–165

Wainwright M, Rose CE, Baker AJ, Briston KJ, Wickramasinghe NC (2013a) Isolation of a diatom frustule fragment from the lower stratosphere (22–27 km) – Evidence for a cosmic origin. J Cosmol 22:1063–1068

Wainwright M, Rose CE, Baker AJ, Karolla R, Wickramasinghe NC (2013b) Biology associated with a titanium sphere isolated from the stratosphere. J Cosmol 23:11117–11125

Weinstock MT, Hesek ED, Wilson CM, Gibson DG (2016) *Vibrio natriegens* as a fast-growing host for molecular biology. Nat Methods 13:849–851

Wolfe-Simon F, Switzer Blum J, Kulp TR, Gordon GW, Hoeft SE, Pett-Ridge J, Stolz JF, Webb SM, Weber PK, Davies PC, Anbar AD, Oremland RS (2011) A bacterium that can grow by using arsenic instead of phosphorus. Science 332:1163–1166

Kapitel 12. Tummelten sich extremophile Mikroben schon in der Ursuppe?

Del Prete S, Perfetto R, Rossi M, Alasmary FAS, Osman SM, AlOthman Z, Supuran CT, Capasso C (2017) A one-step procedure for immobilising the thermostable carbonic anhydrase (SspCA) on the surface membrane of *Escherichia coli*. J Enzyme Inhib Med Chem 32:1120–1128

Dodd MS, Papineau D, Grenne T, Slack JF, Rittner M, Pirajno F, O'Neil J, Little CT (2017) Evidence for early life in Earth's oldest hydrothermal vent precipitates. Nature 543:60–64

Martin WF (2009) Alles hat einen Anfang, auch die Evolution: Hydrothermalquellen und der Ursprung des Lebens. Biol Unserer Zeit 39:166–174

Martin WF, Zimorski V, Weiss MC (2017) Frühe Evolution: Wo lebten die ersten Zellen – und wovon? Biol. Unserer Zeit 47:186–192

Miller SL (1953) A production of amino acids under possible primitive earth conditions. Science 117:528–529

Nishida H, Beppu T. Ueda K (2009) *Symbiobacterium* lost carbonic anhydrase in the course of evolution. J Mol Evol 68:90–96

Stetter KO (2006) Hyperthermophiles in the history of life. Philos. Trans R Soc Lond B Biol Sci 361:1837–1842

Sachverzeichnis

A

Abiotisch 26, 83, 91

Acidithiobacillus ferrooxidans 186, 209

Afrikanischer Grabenbruch 130, 181, 277

Alkaliphile 38, 46, 54, 64–66, 68, 149, 178, 180, 183, 184, 230, 265

Alkalitolerante 46

Amils, Ricardo 187

Amylase 229

Anaerobe 277

Anderson, Arthur 212

Antarktika 129

Antarktis 4, 20–22, 53, 81, 82, 87, 91, 92, 94–96, 98–102, 106, 163, 247

Antranikian, Garabed 90, 190

Aquifex pyrophilus 146

Artemia salina 47

Aspergillus niger 185

Aspergillus oryzae 65

Asphaltvulkan 198, 278

Astrobiologie 52, 130, 244, 246, 248, 252, 259, 278

Atacamawüste 3, 91, 130

Außerirdischer 27, 245, 247, 248, 250

Autotrophe 278

© Springer-Verlag GmbH Deutschland 2018

S. Elleuche, *Extreme Lebensräume: Wie Mikroben unseren Planeten erobern*, https://doi.org/10.1007/978-3-662-56015-0

Azidophile 38, 45, 46, 178, 185, 187, 188, 190–192, 264
Azoren 137, 138

B

Bacillus circulans 66
Bacillus pasteurii 64
Bacillus pseudofirmis 66
Bacillus subtilis 66
Bakterioruberine 160, 161, 163, 164, 187, 278
Barophile 44
Bärtierchen 12–16, 21, 172
Beduinen 3, 129
Bioethanol 236
Biofilm 51, 135, 141, 166, 278
Biokatalysator 87, 216–219, 221, 229, 237, 278, 279
Biolaugung 65, 186, 209, 278
Bioraffinerie 236, 239
Biotechnologie 190, 217, 226, 228
Biotisch 26, 83
Biozement 64, 278
Biozönose 256, 279
Blaualgen 51, 52, 93, 165, 166, 183
Blobfisch 113
Blutschnee 95
Bohrkern 63, 99, 102, 279

Bonch-Osmolovskaya, Elizaveta 137
Brennstoffe, fossile 157, 197
Brewer, William 69
Brock, Thomas 39, 69–72, 134

C

Caldera 97, 140, 279
Cameron, James 60, 116
Carboanhydrase 270
Cellulase 184, 232, 237, 239, 240
Cellulose 180, 235, 236, 239, 281
Challengertief 11, 60, 279
Chaperon 191, 279
Chasmoendolithen 51
Chester, Frederick Dixon 64
Chryseobacterium 102
Clostridium paradoxum 179
Codon 224, 225, 279
Colwellia marinimaniae 116
Colwellia psychrerythraea 87
Crick, Francis 251
Cryophile 38, 42, 94, 248
Cryptoendolithen 52
Cyanobakterien 49, 51, 89, 136, 197

D

de Silves, Diogo 139

Deepwater Horizon 199, 200
Deinococcus radiodurans 87,
	160, 210
Desoxyribonukleinsäure
	(DNS) 40, 48, 74,
	222–227, 235, 247,
	250, 251, 253, 254,
	259, 264
DNS s.
	Desoxyribonukleinsäure
Druck, osmotischer 167, 169
Dunaliella 47, 161, 165, 171
Dunaliella acidophila 185
Dunaliella salina 158

E

Eagon, R.G. 250
Eintagsfliege 17
Eisbär 4, 82
Eisfrosch 5
Eishai 19
Eiskrokodilfisch 4, 5
Elazari-Volcani, Benjamin 162
Endolithen 38, 50, 94
Endospore 120, 179
Enzyme 26, 71, 87, 104, 105,
	126, 151, 169, 170,
	174, 184, 190, 191,
	193, 203, 204, 217–
	219, 227–232, 237,
	238, 240, 269–271,
	278–284
	amylolytische 277

Erb, Tobias 254
Erbgut 14, 15, 24, 279, 281
Erdöl 197–200, 202, 278
Escherichia coli 63, 66, 117,
	137, 211, 223, 224,
	249, 250, 252
Eskimo 3
Evolution 14, 30, 95, 125,
	145, 148, 151, 188,
	213, 238, 265, 269,
	271, 272
Exiguobacterium sibiricum 88
Extremophile 33–39, 44, 45,
	47–49, 52, 54, 55, 69,
	73, 85, 94, 117, 119,
	123, 133, 136, 144,
	147, 151, 166, 171,
	178, 205–207, 214,
	220–222, 224, 225,
	233, 240, 251, 253,
	256, 258, 267, 270,
	272, 278, 280
Extremozyme 179, 219, 220,
	222, 224, 225, 280
Extremsportler 32, 33
Exxon Valdez 199

F

Felder, solfatarische 192
Fennek 7
Flamingo 161
Flechten 52, 88, 89
Frostschutzmittel 6

Fumarol 140, 141, 143, 188, 280, 284

G

Ganzzellbiokatalysator 219, 278, 280
Gasblase 83, 167
Gasvesikel 51
Gen 280
Genom 8, 14, 15, 73, 74, 105, 125, 145, 150, 160, 190, 211, 222, 223, 239, 240, 250, 268, 279–281
Gentransfer, horizontaler 14, 269, 281
Gespensterfisch 10
Geysir 69, 134, 137, 143
GFAJ-1 253, 254
Gibson, Daniel G. 250
Glas, vulkanisches 122
Gletscher 24, 84, 91, 92, 95, 96, 98–102, 142, 221, 247
Glukose 6, 233, 234, 236
Gottschalk, Gerhard 249
Guano 90, 280

H

Habitat 10, 280
Haemophilus influenza 74
Halicephalobus mephisto 123

Haloalkaliphile 53, 181
Haloarchaea 159–161
Halobacteria 159
Halobacterium salinarum 160, 161
Halomonas titanicae 202
Halophile 38, 155, 167, 168, 172
Halophyten 156, 157
Haloquadratum walsbyi 158, 173
Halotolerante 172
Hämoglobin 5, 280
Hansen, Christian 231
Harnstoff 65
Häutungstiere 13
Hess, Matthias 237
Heterotrophe 280
Hirondellea gigas 11, 115, 238
Hitzeschockantwort 26
Homöostase 191
Horikoshi, Koki 64–68, 115, 149, 184, 205, 252
Hyperpiezophile 116
Hyperthermophile 38, 40, 41, 54, 73, 76, 132, 136, 145–147, 239, 266
Hypolithen 50, 52

I

Ideonella sakaiensis 204
Ignicoccus hospitalis 145

Inoue, Akira 205
Island 72, 98, 135, 137,
    142–144, 146

K

Kälteschockantwort 26, 105
Kälteschockprotein 105
Kängururatte 9
Karotin 95
Karotinoide 161, 281
Killifisch 17, 19
Klimaerwärmung 82
Kochsalz 47
Kohlenwasserstoff 197,
    199–202, 205, 206
Koji-Pilz 217
Kryosphäre 82, 281

L

Lebensmittelindustrie 116,
    117, 174, 230, 233–
    236, 282
Liebl, Wolfgang 190
Lignocellulose 235–238, 240,
    281
Lipase 229, 281
Litchfield, Carol 156
LUCA (latest universal com-
    mon ancestor) 268, 269,
    281

M

MacElroy, Robert 34
Magnetosomen 249
Marianengraben 11, 44, 60,
    68, 82, 86, 114–117,
    238, 279, 281
Mars 76, 187, 279
Martin, Christopher 8
Martin, William 268
Melanin 163, 213
Mesophile 38, 85
Mesotoga prima 151
Metagenom 85, 87, 100, 221,
    222, 237, 282
Metalltolerante 38
Meteorit 251, 252, 258
Methan 74, 89, 99, 100, 132,
    248, 264
Methanbilder 71
Methanobacterium thermoauto-
    trophicum 71
Methanococcus jannaschii 74
Methanogene 89, 100, 106,
    148, 269
Methanogenium frigidum 106,
    248
Methanohalobium evestigatum
    159
Methanopyrus kandleri 148
Methanothermus fervidus 73,
    144, 147

Miller, Stanley 264, 266
Monorhaphis chuni 113
Moose 88
Morita, Richard 42
Moritella 86
Mount Everest 82
Mullis, Kary 226, 228
Mycoplasma genitalium 74

N

Nanoarchaeum equitans 145
Nanonische 37, 93, 159
Narlikar, Jayant 257
Natranaerobius thermophilus
　　179
Natronsee 38, 179, 181, 183,
　　185, 282
Neutrophile 66, 178, 180,
　　192, 193
Nische, ökologische 21, 23,
　　34, 35, 37, 38, 52, 83,
　　101, 106, 156, 157,
　　164, 166, 179, 245,
　　265, 271, 282
Nitrile 207

O

Oligotrophe 38, 49
Oren, Aharon 163
Oshima, Tairo 189

P

Panspermie 251, 258, 263, 282
Parkes, Ronald John 119
Pascal, Blaise 114
Pascalisierung 117
Pasteur, Louis 40
Payen, Anselme 217
Pazifischer Feuerring 133
Pektinase 229, 231, 282
Pelagibacter ubique 248
Permafrost 82, 85, 88, 89,
　　100, 281, 284
Persoz, Jean-Francois 217
Pharmaindustrie 192
Photoautotrophe 49, 51, 278
Photobacterium profundum
　　125
Photosynthese 49, 50, 70, 95,
　　197, 266
Piccard, Auguste 59
Piccard, Jacques 59–61
Picrophilus oshimae 189
Picrophilus torridus 189
Piezophile 38, 44, 45, 62,
　　110, 115, 125
Pilz 34, 35, 41, 89, 94, 103,
　　158, 163, 172, 178,
　　185, 204, 207, 213,
　　217, 230, 233, 239
Plastik 204, 207
Platten, tektonische 122, 131,
　　132, 138, 267, 268, 284

Polarfuchs 7

Polyextremophile 38, 52–54, 87, 160, 185, 189, 210

Polymerasekettenreaktion 226, 283

Pontoscolex corethrurus 141

Primärproduzent 49, 81, 82, 158, 165, 283

Primer 226, 283

Protease 229, 232, 283

Protein 283

Proteom 170, 212, 283

Pseudoalteromonas haloplanktis 105

Pseudomonas pseudoalcaligenes 208

Pseudomonas putida 205

Psychrobacter 86

Psychromonas antarcticus 164

Psychromonas ingrahamii 105

Psychrophile 38, 41, 43, 80, 81, 83, 86, 94

Psychrotolerante 42, 85, 94

Psychrozyme 126, 230, 283

Pyrit 187, 209

Pyrobaculum islandicum 147

Pyrodictium occultum 76

Pyrolobus fumarii 148

R

Radiotolerante 38, 49, 67, 160, 211, 213, 251

Redfield, Rosemary J. 254

Replikation 226

Ribonukleinsäure (RNS) 40

Riesenkalmar 111

RNS s. Ribonukleinsäure

Robb, Frank T. 239

Röhm, Otto 229

Rubin, Edward 237

S

Saccharomyces cerevisiae 74

Sahara 3, 7, 129

Saline 155, 161, 166, 173

Salinenkrebs 161, 165

Salinibacter ruber 158

Salzlake 155

Sandfisch 129

Schlammtopf 73, 141, 143, 284

Schlammvulkan 149

Schleper, Christa 188

Schwamm 20, 21, 113, 199

Schwarzer Raucher 38, 115, 131, 133, 148, 267, 284

Scytalidium acidophilum 185

Shackleton, Ernest 92, 93

Shewanella 86

Shewanella piezotolerans 125

Shewanella violacea 124

Sodacichlide 182

Sole 83

Solfatar 53, 141, 147, 284

Solute, kompatible 106, 170, 171, 174, 281
Spiribacter salinus 167
Sporosarcina pasteurii 64, 278
Sporosarcina ureae 65
Staley, James T. 22
Stetter, Karl 40, 71, 72, 75, 76, 144, 145, 147, 151, 265
Strahlung, ionisierende 24
Stratosphäre 255, 256, 258
Sulfolobus acidocaldarius 70
Sulfolobus solfataricus 72
Symbiobacterium thermophilum 270

T

Takadiastase 217
Takamine, Jokichi 217
Termiten 179, 237, 239
Teufelskärpfling 8
Thermoalkaliphile 52–54
Thermoazidophile 53, 189, 190
Thermococcus alcaliphilus 147
Thermococcus gammatolerans 147
Thermophile 38–40, 54, 172
Thermoplasma acidophilum 192
Thermotoga maritima 150

Thermozyme 126, 232, 237, 284
Thermus aquaticus 70, 134, 144, 225, 227
Thermus thermophilus 225
Thiomargarita namibiensis 249
Thomson, Sir Charles Wyville 112
Tiefseesediment 118, 120, 121, 279
Titanic 202
Toluol 202, 205
Totes Meer 162
Toxitolerante 38, 48, 205
Trichoderma reesei 220
Trieste 59, 60
Trinks, Hauke 89, 107
Tschernobyl 212, 213
Tundra 88, 90, 284

U

Uranmine 186
Urknall 245, 284
Ursuppe 264, 266

V

Vampirtintenfisch 10
Venter, Craig 74
Ventosa, Antonio 166
Versalzung 155

Vibrio natriegens 250
Vorholt, Julia 254

W

Wainwright, Milton 257, 258
Wallemia ichthyophaga 172
Walsh, Don 60, 61
Weißer Raucher 74, 131, 284
Woese, Carl 71, 159, 279
Wolfe-Simon, Felisa 253
Wostoksee 102, 103, 163, 247

X

Xerotolerante 38, 49, 123

Z

Zillig, Wolfram 71, 188
Zitronensäure 185
ZoBell, Claude 42, 61–63,
    115, 118
Zyankali 208